成果を上げる

100のメソッド

ランディングページ

株式会社ポストスケイプ著

執筆者プロフィール

近藤悦彦（こんどう・えつひこ）

1979年生まれ。2011年にコンサルティング会社の勤務を経て、株式会社ポストスケイプを設立。ランディングページを軸とした法人向けサービス「コンバージョンラボ」を立ち上げ、toC、toB 問わず延べ300案件以上のランディングページの立ち上げおよび運用改善をサポート。ディレクター・デザイナー・エンジニアを統括。

［URL］https://conversion-labo.jp

水沢矢成（みずさわ・やなり）

1980年生まれ。大手デザイン会社のプロデューサーとして、コーポレートアイデンティティ（CI）開発、ビジュアルアイデンティティ（VI）開発・ブランド開発を中心に活動。2013年よりポストスケイプに参画。アートディレクターとしてクリエイティブ全体の品質責任を担う。

［URL］https://conversion-labo.jp

大瀧将司（おおたき・まさし）

1990年生まれ。大学卒業後、フリーランスとして活動する。多くの経営者と接するうちに売上に直結させるデザインの重要性に気付き、ランディングページ制作をスタートさせる。2015年にポストスケイプにフロントエンドエンジニアとして参画。表示速度の改善、JavaScprit を使ったデザインの検証、改善しやすいコード設計が専門。

［URL］https://conversion-labo.jp

菅野将太郎（かんの・しょうたろう）

1991年生まれ。幼少期をメルボルンで過ごし、英会話とグローバルな視点を身につける。2015年にポストスケイプに参画。アクセス解析とディレクションを兼務。生命保険や買取系サービス、EC、教育サービス、ウェブプロダクト系など toB から toC まで幅広い業種 / 業態の LPO を担当。2016年に宣伝会議の講師としてランディングページディレクション基礎講座を担当。

［URL］https://conversion-labo.jp

牧野 真（まきの・まこと）

1984年生まれ。前職の EC 部門での広告運用を経て、株式会社フラットでは運用型広告のコンサルティングを担当。コンサルタントとして100社以上の販売、運用実績を持つ。現在では、株式会社フラットの販売戦略領域における責任者として、企画中および販売中の製品・サービスについて、拡販戦略の立案・販売促進を担当。

［URL］http://www.flat-inc.jp

本書に掲載されている情報は2017年12月現在のものです。以降のサービ内容や仕様の変更等により、記載されている内容が実際と異なる場合があります。また、本書に記載されている固有名詞・サイト名や URL についても、予告なく変更される場合があります。あらかじめご了承ください。

はじめに

情報収集や買い物にインターネットを利用することが当然となった今日、多くのユーザーとの接点となるランディングページは、企業のマーケティングにおいて重要な位置を占めています。Web広告からのコンバージョン獲得のためのツールにとどまらず、企業のブランドイメージにも関わる“企業の顔”といっても過言ではありません。

また、ランディングページは「作って終わり」ではなく、継続的なテストや分析・改善を繰り返していくことでコンバージョンの獲得効率を高めていく、育てていくという作業が必要不可欠です。そのため「どのように作るか」にとどまらず、「どのように作り、どのように分析し、どのように改善するか」という視点で全体を計画する必要があるといえます。本書ではそれらを踏まえ、ランディングページの「制作→分析→改善→検証→最適化」というプロセスにおける大切なポイントを100のメソッドにまとめました。

Webマーケターやディレクターをはじめ、ランディングページの制作・運用に関わるすべての担当者の間で共有しておきたい考え方や手法、チェックポイントなどを詰め込んでいます。頭から通して読むだけでなく、いま進行している作業に必要なパートや興味のあるパートを拾い読みできるように構成しているため、現場のさまざまな場面で活用できるはずです。これまで曖昧だったランディングページ運用の方針が明確になり、ビジネスを成功させる一助になれば幸いです。

2017年12月　株式会社ポストスケイプ

（ランディングページの制作・運用支援サービス“コンバージョンラボ”を運営）

CONTENTS

INTRODUCTION ランディングページとは

PART1 事前準備・制作のポイント

PART2 ランディングページを分析して課題を見つける

PART3 ランディングページを改善する

PART4 A/Bテストで検証する

PART5 実装・最適化のポイント

INTRODUCTION
ランディングページとは

ランディングページの重要性
ランディングページ制作で押さえるべきポイント
ランディングページの制作・運用で失敗しないために

INTRODUCTION

ランディングページの重要性

1ページで情報を伝えるランディングページ

一般的なWebサイトは、トップページを起点に複数の下層ページを持ち、情報の抜けや漏れがないように構成されます。これに対して、ランディングページは、**目標とするコンバージョンを獲得するために、必要な情報だけを1ページに凝縮する**という特徴があります。そのため、一般的なWebサイトのように複雑なページ遷移もありません 図01。また、ページ分析においても、1ページだからこそ問題点を特定しやすく、改善しやすいという利点があります。

ただし、「1ページの中に商品やサービスの魅力をどのような順序・レイアウトで構成して、どのようなデザインに落とし込めば効果的なのか」という点は、運用する商品やサービスによってさまざまです。しかし、どんな商品やサービスでも、ユーザーの来訪心理を想像しながら、狙いを持って制作・改善していくことは共通しています。

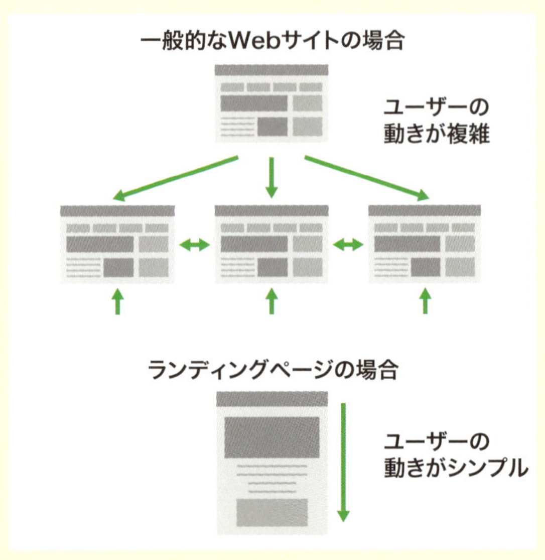

図01 一般的なWebサイトとランディングページの違い
一般的なWebサイトは複雑な構造を持ちますが、ランディングページは1ページで完結します。

Webマーケティングの成果指標となるコンバージョン率

「コンバージョン」(=ページの目標)は、日常的に議題に挙がる、ランディングページ運用における重要な指標です。「コンバージョン率」を見れば、広告投資に見合った成果が出ているかどうかが数値で浮き彫りになります 図02。

たとえば、商品購入をコンバージョンとした場合、100人のユーザーがランディングページに訪れて、そのうちの1人が商品を購入したとします。このときのコンバージョン率は「1÷100×100=1%」です。コンバージョン率が2%に向上すれば、100人に2人が商品を購入してくれることになります。つまり、**集客人数は同じ100人でも、コンバージョン率が2倍になれば売上も2倍になる**わけです。

図02 コンバージョン
「ランディングページの成果数(=コンバージョン数)÷ランディングページに訪れた人数×100」で計算します。

成果が見えるから、投資計画も立てやすい

ランディングページは「いくらの広告コストで、いくらの売り上げが上がったのか」、「どれくらいの資料請求があったのか」、「どこまで会員が増えたのか」など、**成果との関係を明確に可視化できるため、運用計画を立てやすい**点が大きなメリットです 図03。

たとえば、ランディングページのコンバージョン率が安定している場合、CPA（＝コンバージョン獲得コスト）から追加で増やしたいコンバージョン数を掛け合わせることで、追加で必要な広告予算を容易に算出することができます。

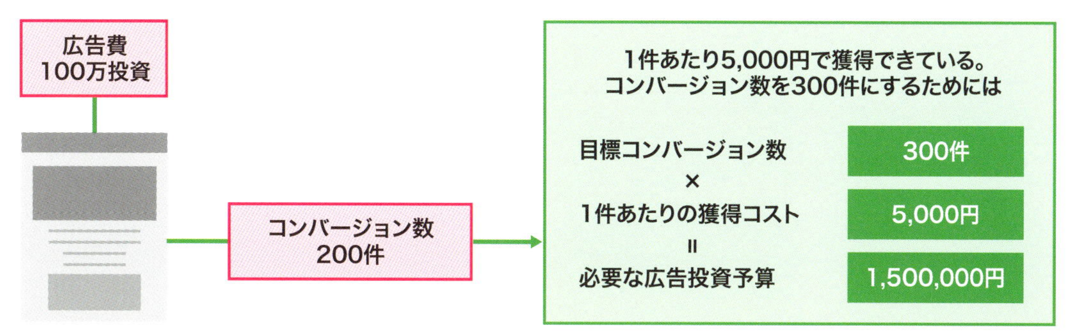

図03 ランディングページ運用の計画
決めた指標をもとに成果を視覚化できるため、運用計画を立てやすくなります。

ランディングページに欠かせない情報デザイン

自社の商品やサービスの魅力をユーザーに効果的に伝えるためには、ランディングページの作り込み、そしてその後の分析・改善は欠かせません。ブランドや商品自体の競争力ももちろん重要なファクターではありますが、**他社との差別化を図りつつそれらの魅力をわかりやすいコンテンツとして設計し、行動へと促すデザインに落とし込めるかどうかが重要です** 図04。

本書では、質の高いランディングページに近付けるよう、制作・分析・改善の方法までできる限り具体的に解説していきます。

図04 パソコン版ランディングページとスマートフォン版ランディングページの例
パソコンとスマートフォンではランディングページの見え方が異なるため、どちらで閲覧してもわかりやすいコンテンツを作ることが重要です。

INTRODUCTION

ランディングページ制作で押さえるべきポイント

行動を起こしてもらうために必要なコンテンツを準備する

ランディングページは、検索したキーワードやバナー広告に惹かれ、“もっと詳しく知りたい”という意図を持ったユーザーが流入します。「**その興味・関心からさらに、行動へと転換してもらうためのコンテンツを準備できているのかどうか**」、この点がランディングページの成果にも関わります。

目的を持ったユーザーがこのページで何を知りたいのか、それに答える情報コンテンツがしっかり用意できているのかどうかをユーザー目線で考えていく必要があります。

コンテンツ① 強みや特長の訴求コンテンツ

商品・サービス独自の強みや特長をわかりやすく整理したコンテンツはページに不可欠な要素で、来訪ユーザーの動機形成につながります。視覚的なデザインを含めた表現力も重要です。

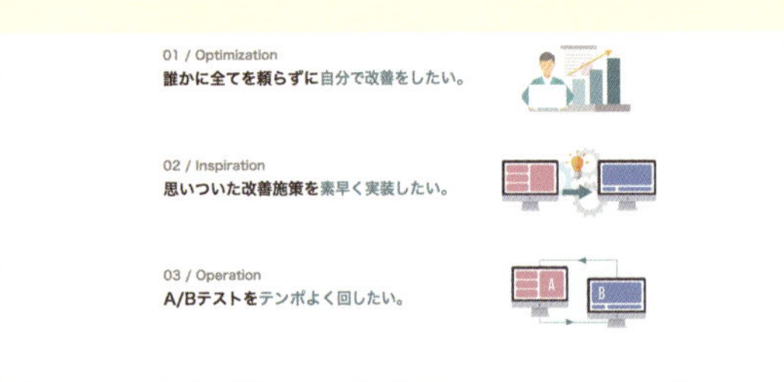

コンテンツ② ユーザーインサイトを突いたコンテンツ

ユーザーの離脱を抑えるためには、対象とするユーザーの不満を解消しニーズを満たすと感じさせる、インサイト（消費者の本音）を突いたコンテンツも必要です。ユーザー心理に沿った利点や不満を的確に言い当てられているかどうかがポイントとなります。

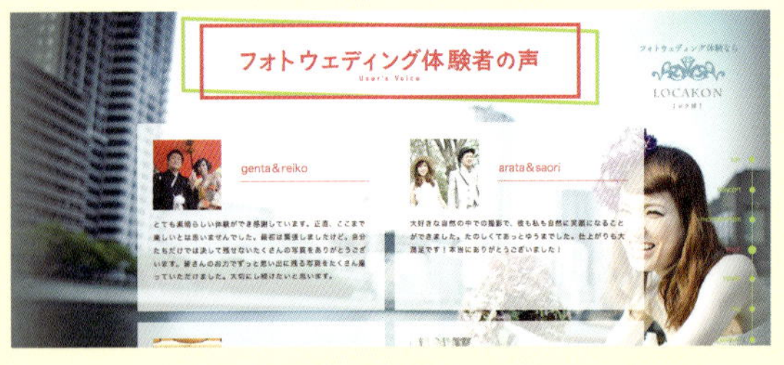

コンテンツ③ 実例や体験談などの実績コンテンツ

販売数や業歴、バックボーン、ユーザーボイス、第三者評価などはページ全体の訴求力を後押しするコンテンツとなります。これらのコンテンツのための材料集めは必要不可欠な作業です。

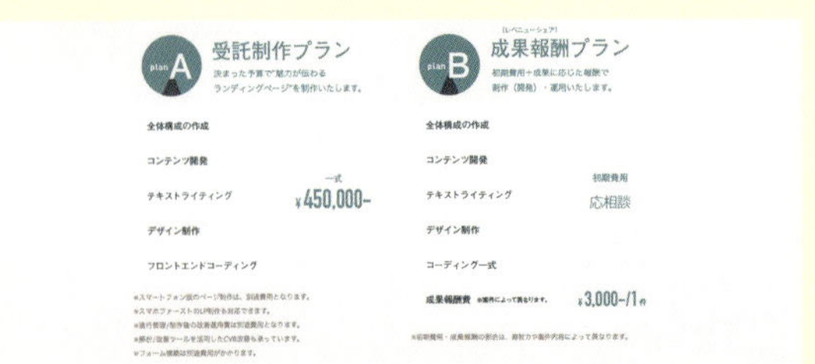

コンテンツ④ プランや金額の明示

検討段階でユーザーが意思決定の材料にするのが、料金などの金額表記です。初回無料体験や無料相談をコンバージョンに設定する場合でも、可能な範囲で金額を示して事前に費用感を把握してもらったほうが、最終的には購入や契約に結び付きやすくなります。

ランディングページ制作に必要な3つのポイント

初めてランディングページを制作する場合は、「どういう人に、何を訴求し、どんな行動を起こさせるためのランディングページなのか」を言葉で定義した、**“ランディングページの方針”を事前に決めておく**必要があります。複数の工程が連なり、数名で制作を行うランディングページの場合は、とくに各担当者が共通の認識を持っておかないと、制作進行そのものの停滞にもつながります。

そして次に、ランディングページの参考サイトを検索して、**これから制作しようとしているものにイメージが近いページを探してみましょう。**参考サイトを見る際にとくに意識しておいたほうがよい点は、自社ページと参考ページの対象ユーザーが近いかどうか、どういう情報をどんな順番で盛り込んでいるか、コンバージョン（目標）を何に設定しているのかなどです。見るポイントを意識する習慣をつけておくと、「どんな情報や素材が必要なのか」という、事前準備の段取りも見えてくるはずです。ただし、あくまで参考としての事前リサーチのため、コンテンツを流用するなどの行為は決して行ってはなりません。

そして最後に、**競合となりうる会社がどういう訴求をしているのかを事前にリサーチをする**ことも重要です。それは、複数のランディングページを確認し、比較・検討するユーザーがいるからです。そのため、ランディングページ完成後も競合と訴求内容が同じになっていないか、また比較・検討された際に自社製品のPRができているかなどを定期的にチェックしましょう 図01。

①方針を決める

コンテンツやデザインがぼけないように、ランディングページの方針を決めておく。

どんな人に
何を訴求し、
どうして
ほしいか？

ターゲット像を明確にする
ランディングページ
コンバージョンの目標を設計する

②リサーチする

イメージに近いランディングページや競合のページを、細部まで観察してみる。

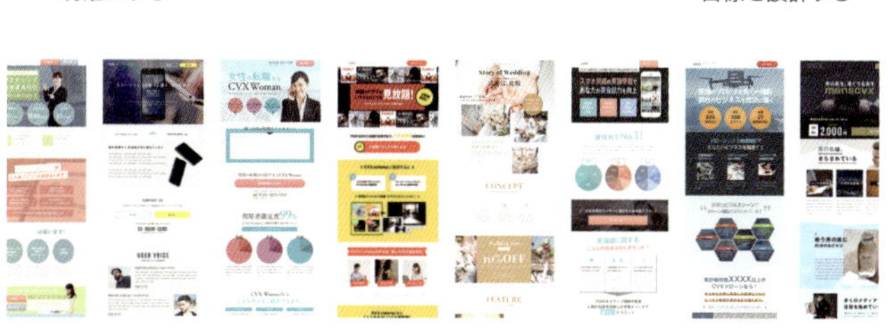

③差別化する

競合相手の訴求内容をリサーチし、自社ページと比較された際に勝てるポイントを作る。

	競合A	競合B	競合C
比較項目1	○	△	×
比較項目2	○	×	△
比較項目3	×	×	×
比較項目4	○	○	○
比較項目5	△	×	○

図01 ランディングページ制作に必要な3つのポイント

INTRODUCTION

ランディングページの制作・運用で失敗しないために

ランディングページは1つの商品やサービスに絞って制作する

ランディングページは、コンバージョン獲得のために、1つの商品やサービスに特化した情報で構成されたページです。**1ページの中で複数の商品・サービスを紹介すると、ユーザーにとって情報過多となってしまいます。**また、シナリオも作りづらいため、商品の紹介は可能でも、購入までは導けません。このようなことから、ランディングページは1ページ1商品（もしくは1サービス）に絞るのが原則です 図01。

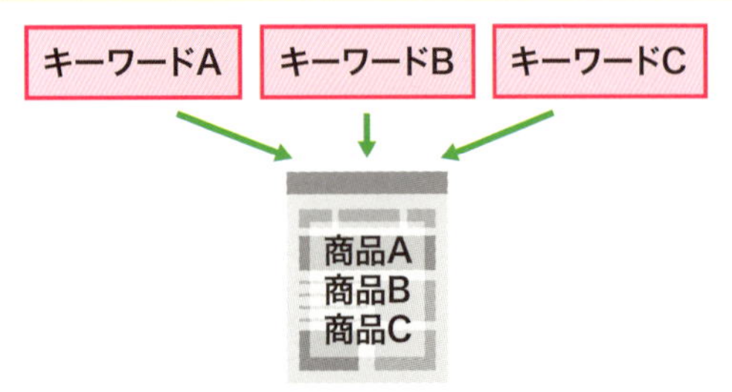
キーワードA
キーワードB
キーワードC
商品A
商品B
商品C
3つの商品を1ページで紹介すると、
情報が散漫になってしまい構成も作りづらい。

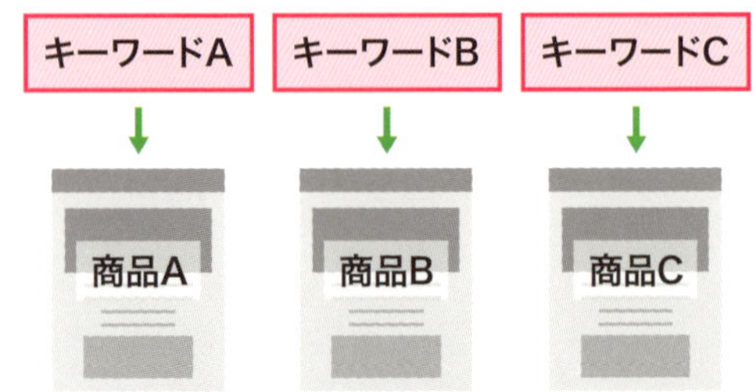
キーワードA
キーワードB
キーワードC
商品A
商品B
商品C
1つの商品に絞り、目的を達成するための
ランディングページ構成が理想的でかつ作りやすい。

図01 1商品（1サービス）に対して、1つのランディングページを用意する
複数の商品を上から下へスクロールする1ページのランディングページでまとめようとすると、情報の流れが作りづらい上に情報過多となってしまいます。そのため、ユーザーの意思決定を迷わせる原因にもつながりかねません。

3ヶ月単位でランディングページの目標を決める

ランディングページを制作し運用した結果、目標に届かない場合もあります。その際に目標値があると、現実の数字との差異を解消するための改善作業が進めやすくなります。「とりあえず制作しよう」という考えでは、運用後に成功なのか失敗なのかの判断もしづらく、何を分析するのかも曖昧になりがちです。そのため、**運用開始3ヶ月の目標数字を決めておきましょう。**とくに初期制作段階では、構成・コンテンツ・デザインはすべて仮説をもとに制作しなければなりません。立てた目標をもとに、一定期間内で仮説の精度を上げるというプロセスを踏むことで、チームに共通理解ができ、コミュニケーションの効率も向上します。

ランディングページ制作の責任者を明確にする

ランディングページの制作は、ディレクター・デザイナー・エンジニアなど、2～3名のチームで取り組むことが多いでしょう。数名が制作に携わっていると、それぞれの意見やアイデアをまとめることが難しくなってしまいます。そのため、**マーケティング面、仕様面、品質面などにおいて、意思決定を行う責任者を1名決めておく**ことが大切です。責任者を決めることで、進行上のトラブルや迷いを最小限に抑えることができます。また、この責任者は、制作を一部外注する場合なども含めさまざまな問題で正確な判断ができるように、各工程について一定の知識を持っていることが理想です。

PART 1
事前準備・制作のポイント

001　インターネット広告はすべての商材に有効な手法
002　潜在層と顕在層の特徴・傾向を把握する
003　運用型広告の特徴・傾向を把握する
004　キーワードリサーチの考え方と手順を理解する
005　ユーザーのセグメントごとにキーワード構成を考える
006　ランディングページのゴールとするコンバージョンを決める
007　ランディングページの制作工程は4つに分かれる
008　ランディングページの戦略設計は入口と出口の設計
009　ランディングページの情報設計はコンバージョンへの道筋を作ること
010　具体的なワイヤーフレームで制作意図や狙いを共有する
011　デザインのディレクションはデザイナーとの情報共有から始める
012　デザインのフィードバックはできるだけ早く、正確に行う
013　デザイン開発は3つの工程を踏む
014　UIデザインの種類と特徴を押さえる
015　トーン&マナーで第一印象が決まる
016　写真や図の活用で直感的に伝える
017　コーディングの質はコンバージョンも左右しかねない
018　いったん仕上がったあとにもう一度デザインを見直す

Method

001 インターネット広告はすべての商材に有効な手法

POINT

- ☑ インターネット広告市場の現状と、基本的な特徴を理解しておく
- ☑ 効果がひと目でわかることが、インターネット広告のいちばんの特徴
- ☑ ユーザーをセグメントして、インターネット広告の効果を最大化する

重要性を増すインターネット広告

ここ数年で一気に市場規模を拡大したインターネット広告 図01 には、さまざまな種類のものがあります。たとえばYahoo! JAPANのトップ画面に配信される「ブランドパネル」と呼ばれる予約型広告や、YouTubeの動画閲覧中に再生される動画広告、Facebook、Twitterなどで配信されるSNS型広告、Google・Yahoo!の検索結果に表示させるリスティング広告（検索連動型広告）、そしてブログなどの広告枠に配信されるディスプレイ広告など、実に多様な媒体メニューがあります。

全体的に拡大しているインターネット広告ですが、とくにその中でも、**リスティング広告とディスプレイ広告を中心とした運用型広告の比重は年々高くなり、重要性を増してきている**といえます。

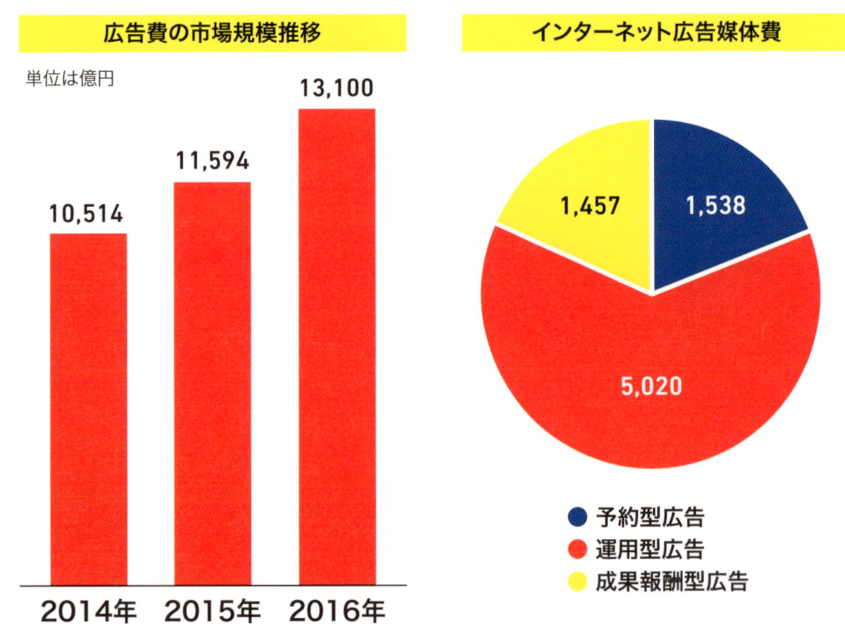

図01 インターネット広告市場の推移（媒体費＋制作費）と広告種別の広告費
「2016年 日本の広告費」株式会社電通発表のPDF資料より抜粋
http://www.dentsu.co.jp/news/release/pdf-cms/2017027-0223.pdf

インターネット広告の特徴とは

まず、インターネット広告の特徴としていちばんに挙げられるのは、広告の効果が数値として可視化できることです。この点が、テレビや新聞、雑誌といった従来型のマスメディア広告と大きく異なる点です。どのくらい広告が表示されて、どのくらいのユーザーが広告主のサイトを見て、**どのくらいの申し込みや購入に結び付いたのか、これらの結果がインターネット広告では数値として確認できます**。そのため、配信した広告が、意図した目的に即しているかどうかを、ひと目で判断することができます。

インターネット広告に向いている商材はあるのか

現在ではすでにインターネットが社会基盤になっており、ほとんどの人がインターネットを活用していることを考慮すれば、どのような商材であっても、インターネット広告のメリットを享受できると考えられます。広告主にとってもインターネット広告を使うことは当たり前になっており、「使うかどうか」で悩むのではなく、「どのように活用するか」が、より重要になってきているのです。

より具体的にいうと、**「どのようなターゲットユーザーに対して、どのような目的で広告を配信するか」という問いに対して、明確に答えられる商品・サービスであれば、インターネット広告を配信してPDCAサイクルをまわす意味はある**といえます。反対に、明確なターゲットと配信の目的がないのであれば、広告を配信しても空から広告を撒いているようなものであり、インターネット広告を配信する意味も乏しいのではないでしょうか。

少品種大量生産の時代から多品種少量生産の時代に移り変わる中で、広告の手法もマスメディア中心から、ユーザーをセグメントしターゲティングできるインターネット広告へと変化してきました。少量生産であっても、対象となるユーザーをしっかりとセグメントできていれば、そのユーザーに対して的確に広告を配信することが可能になったのです 図02 。インターネット広告は的確に活用することで、効果を最大化することが可能です。

グループ1 ・20代男性 ・独身	グループ2 ・20代男性 ・既婚	グループ3 ・30代男性 ・独身
グループ4 ・20代女性 ・独身	グループ5 ・20代女性 ・既婚	グループ6 ・30代女性 ・独身

図02 セグメントのイメージ
自社のデータなどから分析し、ターゲットとなるユーザーを絞り込むことができれば、インターネット広告はほとんどの業種で活用できます。

用語
PDCA
Plan（計画）→Do（実行）→Check（評価）→Act（改善）という4つの工程のサイクルのこと。計画を実行し、結果を評価して、計画に沿っていない部分を改善するというプロセスを繰り返していくことで全体の改善を目指していく。

Method

002 潜在層と顕在層の特徴・傾向を把握する

POINT

- 広告の媒体・メニューごとにできることを知る
- ユーザー特性を理解する
- 顕在層・潜在層のユーザーバランスを意識する

広告の媒体・メニューごとにできることを知る

インターネット広告の広告手法には多くの種類があり、それぞれどのような特徴があるのかを知ることで、広告の効果を高めることができます。広告媒体やその配信メニューの特徴を理解するためには、まずビジネスの対象となるユーザーにはどのようなタイプがいるのかを知る必要があります。

マーケティングでターゲットユーザーを考えるとき、一般的によく「顕在層」、「潜在層」という分け方をします 図01。顕在層ユーザーと潜在層ユーザーの特徴も理解しておくとよいでしょう 図02。各層に強い広告メニューについては、Method.003で解説します。

図01 顕在層と潜在層
インターネット広告では、ユーザーの心理から区別して顕在層と潜在層に分けられます。

顕在層とは

「顕在層」とは、**すでに「○○という商品が欲しい」というニーズを自覚している状態のユーザー層**のことです。ユーザーはその商品を探したり購入したりと、ニーズを満たすための行動をインターネット上で行います。

この層には、ブランドを熟知し、企業名やブランド名を検索して広告主のWebサイトに訪れるユーザーや、すでに商品やサービスを利用したことがあり、リピーターとなっているユーザーも含まれます。

潜在層とは

潜在層のユーザーは悩みを持っていても、これといった解決方法を探していません。**広告主の商品やサービスを知ることで「こんな解決方法があったのか」と、自分自身のニーズに改めて気付くことで、利用・購入をしてくれる可能性が高いユーザー**です。この層のユーザーは、注意喚起をすることで顕在層へと導くことができます。

なお、広告主の競合企業のサービスを利用しているのにも関わらず、広告主のことを知らないというユーザー層も、広告主にとっては潜在層のユーザーといえます。

見込み度

ターゲット層	特徴
顕在層 顧客	・ブランド名や企業名で指名検索する。 ・リピーターはブックマークから流入することも多い。
顕在層 一般	・業界でシェアの高い商品名や商品カテゴリで検索する。 ・競合他社の製品と比較検討中。
潜在層 一般	・商品カテゴリのことを知らないが、既存顧客と同じような属性データ・行動パターンがあるため有望な新規顧客層。
潜在層 低関心層	・まったくの低関心層。 ・直近の行動で商品・サービスを利用してくれる見込みは少ないが、ブランド認知を拡大することで今後の競争で優位に立つことができる。

図02 それぞれのターゲット層の特徴
ユーザーを顕在層と潜在層に分けたときに、それぞれのユーザーにどのような特徴があるのかを理解しておきましょう。

顕在層と潜在層のバランスが大事

すでに商品やサービスを知っている顕在層ばかりに向けて広告を配信すると、確かに費用対効果はよいのですが、新規ユーザーの流入数が減少し、最終的に売上規模が縮小してしまう可能性があります。最近では「ナーチャリング」という言葉をよく耳にしますが、オンライン上で接触した見込みユーザーに対して適切な情報配信を行い、有望な見込みユーザーへと育てていくことが重要になってきています。

このような観点から、**広告の配信においても、顕在層に向けた広告配信と潜在層に向けた広告配信をバランスよく調整し、潜在層のユーザーが顕在的なユーザーになるように戦略設計することが重要**になってきています。

用語
ナーチャリング
見込みユーザーを有望な見込みユーザーへと育成する手法。「リードナーチャリング」ともいう。

Method 003

運用型広告の特徴・傾向を把握する

POINT

- 運用型広告の特徴を理解する
- 各広告の傾向を把握する
- どの広告がどのユーザー層に強いのかを押さえておく

運用型広告の特徴を知る

顕在層と潜在層のユーザーの違いを理解したら、広告手法ごとの特徴を見ていきましょう。ここでは運用型広告の中心である、リスティング広告（検索連動型広告）、ディスプレイ広告（リマーケティングとオーディエンス拡張）、SNS型広告の特徴を解説します 図01。

リスティング広告の特徴とは

リスティング広告では、ユーザーが検索したキーワードに連動して広告が表示されます。検索キーワードはユーザー自身が入力しているため、ユーザーの検索意図を強く反映しています。そのため検索キーワードを見れば、ユーザーがどういう気持ちで検索をして広告主のWebサイトを訪問したのかがわかるのです。

検索意図などのデータをもとに、広告を出稿すべきキーワードを設計できるのがリスティング広告の特徴です。**購入意欲のない検索キーワードでは広告を表示させず、購入意欲の高いキーワードにだけ広告費をかけることができる**ということです。リスティング広告は、顕在層へのアプローチに強い広告手法といえます。

ディスプレイ広告の特徴とは

ディスプレイ広告の配信メニューには、大きく分けて顕在層向けの配信メニューと潜在層向けの配信メニューの2つがあります。

1つは、顕在層であるリピーターの囲い込みを得意とする「リマーケティング」です。リマーケティングとは、広告主のWebサイトに訪れたことのあるユーザーがほかのWebサイトなどを見ている際に、バナー広告を表示させるメニューのことです。**すでに商品を購入したことのあるユーザーに限定して配信したり、Webサイトの訪問頻度や特定のページの訪問履歴ごとにターゲットを分けたりすることができます。**

また、「動的リマーケティング」という手法もあり、ECサイトなどのページ数が

用語
EC
ネットワークを利用して、電子的に契約や決済といった商取引をすること。

多いWebサイトでは、媒体側でユーザーの行動パターンに合わせて配信するバナー画像を適宜出し分けてくれるものもあります。

もう1つの配信メニューは、潜在層のユーザーにアプローチする「オーディエンス拡張」というメニューです。オーディエンス拡張とは、**既存のユーザーと似たような行動パターンを取りながらも、まだ広告主のWebサイトを訪れたことがない潜在的な新規ユーザーにアプローチする手法**です。細かくメニューを分類すると、検索ワードターゲティングやコンテンツターゲティングなどもありますが、広告主のWebサイトに訪れたユーザーの行動パターンから導き出した新規ユーザーへのターゲティングという意味では、これらもオーディエンス拡張メニューの一部といってよいでしょう。

SNS型広告の特徴とは

Facebookなどの SNS型広告の最大の特徴は、拡散機能です。ターゲットユーザーが広告に対して、「いいね！」ボタンを押したりコメントをしてくれたりすれば、そのユーザーの友達にも広告が拡散されていく仕組みです。**昨今では企業の広告よりも、友人からの口コミの方が影響力が高いと考えられている**ため、SNS型広告の活用は無視できないものとなっています。また、ユーザー自身が入力した属性データに基づいてターゲティングできるというのも、SNS型広告の特徴です。

広告媒体・メニュー	特徴
リスティング広告（検索連動型広告）	・顕在層顧客、顕在層一般への広告出稿に強い。 ・出稿キーワードを選べる。 ・低額予算からできる。 ・ユーザーの購入意欲に合わせて広告出稿ができる。
ディスプレイ広告（リマーケティング）	・顕在層顧客への広告出稿に強い。 ・リピーターの囲い込みに強い。 ・サイト訪問者に限定して配信できる。 ・リスティング広告よりも広告の表示回数が多い。
ディスプレイ広告（オーディエンス拡張）	・潜在層一般への広告出稿に強い。 ・新規獲得に強い。 ・非認知層へのアプローチになるので獲得効率が低い。 ・リスティング広告よりも圧倒的に広告の表示回数が多い。
SNS型広告	・潜在層一般への広告出稿に強い。 ・SNS特有の拡散効果がある。 ・ユーザー自身が入力している属性データでターゲティングができる。 ・アーンドメディアとして活用できる。 ・ユーザーとのコミュニケーションができる。

図01 広告媒体・配信メニューの特徴
それぞれの特徴だけでなく、その広告・配信メニューが顕在層と潜在層のどちらに強いのかも把握しておくとよいでしょう。

用語
検索ワードターゲティング
ユーザーが過去に検索したことのある検索クエリに基づいてターゲティングする手法。リスティング広告よりも購入意欲は低いが、競合名を検索したことがあるなど、有望なユーザーにターゲティングができる。

用語
コンテンツターゲティング
掲載先のサイトの内容に基づいて、配信面をターゲティングするメニュー。広告主の商品に関連性の高いコンテンツのWebサイトを狙って広告配信をする手法。

用語
アーンドメディア
ユーザーからの信頼や評判を獲得するためのブログやSNSなどのメディアのことを指す。

Method
004 キーワードリサーチの考え方と手順を理解する

POINT

- キーワードリサーチは事前に必ず行う
- 軸ワードと掛け合わせワードを探す
- リスティングキーワードの階層について理解する

用語
SEO対策
検索エンジンの検索結果で、自社サイトをより上位掲載させるために行う取り組みのことを指す。

キーワードリサーチについて考える

Google AdWordsとYahoo!スポンサードサーチのリスティング広告において、キーワード構成はもっとも重要な要素です。広告文やランディングページも大事ですが、**出稿するキーワードによって、広告の効果は大きく変わってきます**。リスティング広告は、このキーワード構成の段階でほぼすべての効果が決まるといっても過言ではありません。

MEMO
キーワードツールを使わずにキーワード構成を考える場合、まずユーザーの検索行動を仮説立ててみましょう。あくまで仮説のため、実際に配信してみて期待していたユーザーとは別のユーザーの流入が多いようであれば、速やかに修正すれば問題ありません。

事前にすべきキーワードリサーチ

キーワード構成を考える場合、やみくもにキーワードを広告アカウントに登録しても、広告の効果は上がりません。一般的に、一日で検索されるキーワードのうち20%は、過去3ヶ月に検索されたことのないキーワードであるといわれています。キーワードをあらかじめ予測し、すべてを事前に登録しておくことはほぼ不可能でしょう。

リスティング広告を実施する前には、必ず事前のリサーチが必要になります。SEO対策などであらかじめキーワードごとの流入と効果を把握している場合は、それらのデータを使うことができるでしょう。Googleアナリティクスのデータや Google AdWordsのキーワードプランナーを使って、サイト情報からキーワードを抽出させることも効果的です。もちろん、ツールを使わずサイト内のキーワードを参考にし、ユーザーの検索ワードを考えてキーワード構成を作ることもできます。

軸ワードと掛け合わせワードを探す

ユーザーが入力するキーワードは、1語のみとは限りません。検索されているキーワードの半数以上は、「○○ 購入」や「○○ 値段 安い」など、2語や3語から成る複合ワードです。しかし、このような複合ワードを思いつく限り挙げていくことは非効率的であるため、「軸ワード」と「掛け合わせワード」という視点で考えてみましょう。**軸ワードに当てはめる要素は、広告主が提供する商品・サービスがよいでしょう。掛**

け合わせワードは、それに対するユーザーのニーズです。

たとえば家電量販店の場合は、提供する商品が「テレビ」、「冷蔵庫」、「洗濯機」といったキーワードになるため、これらが軸ワードになります。ユーザーはこれらの商品を「購入したい」、「ほかの商品と比較したい」、「安いものを探したい」など、さまざまなニーズを持っています。これを掛け合わせワードとして考えます。そうすると、「テレビ 購入」、「冷蔵庫 比較」、「洗濯機 安い」などの複合キーワードが導き出されます 図01。

購入に対する意欲

軸ワード	掛け合わせワード			
	買いたい	価格	安い	性能比較
テレビ	テレビ　買いたい	テレビ　価格	テレビ　安い	テレビ　性能比較
冷蔵庫	冷蔵庫　買いたい	冷蔵庫　価格	冷蔵庫　安い	冷蔵庫　性能比較
洗濯機	洗濯機　買いたい	洗濯機　価格	洗濯機　安い	洗濯機　性能比較

図01 軸ワードと掛け合わせワード
軸キーワードは提供している商品、掛け合わせワードはユーザーのニーズを当てはめましょう。

ターゲットごとにキーワードを考える

顕在層と潜在層とで分けて、キーワードを考えてもよいでしょう。たとえば**顕在層顧客であれば、欲しいものは決まっているため指定ワードを設定**します。**顕在層一般であれば、購入の目的や他社との比較などのワードを設定**します。**潜在層であれば、大まかにビッグワードを設定**します 図02。

このようにユーザーの行動を仮説立てして導き出したキーワードをまとめることで、のちのリスティング広告の運用管理をしやすくするとともに、効果を高めることができます。

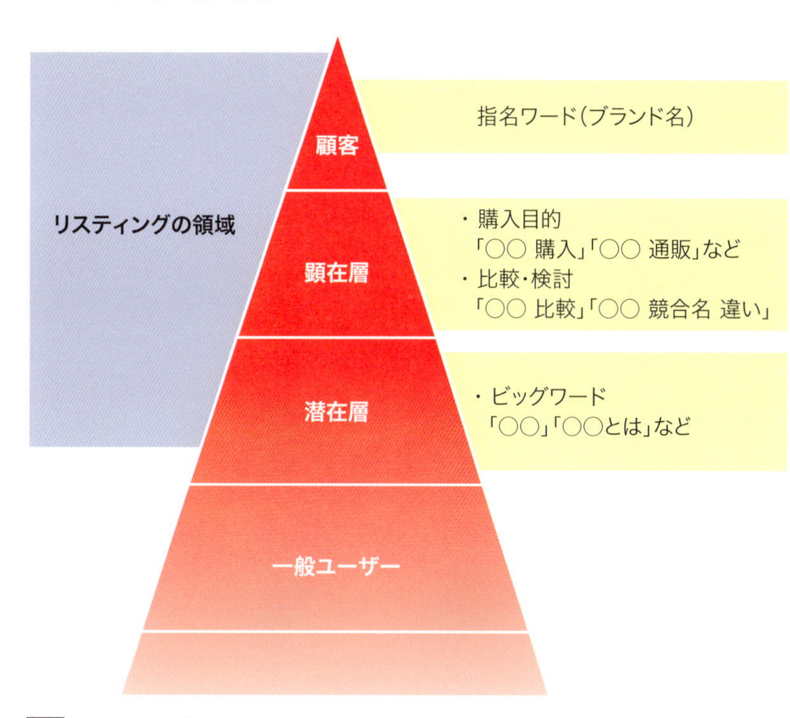

図02 リスティングキーワードの階層
検索時に使用するキーワードはユーザーごとに異なります。

Method
005 ユーザーのセグメントごとにキーワード構成を考える

POINT

- 購入意欲の度合いでユーザーをセグメントしてみる
- キーワードリサーチの結果とユーザーセグメントを当てはめる
- ランディングページとの最適な組み合わせを考える

ユーザーセグメントを考える

インターネット広告の特徴は、ユーザーをセグメントに分けてターゲティングできることだと解説しました。さらに、リスティング広告（検索連動型広告）を配信していく上では、以下のように**商品に対する購入意欲の度合いでセグメントをしていく**とよいでしょう。

ユーザーのセグメントは大きくまとまる

・購入意欲の高いリピーターや広告主のブランドを知っている顕在層
・購入意欲はあるが、広告主のブランドを知らない顕在層
・購入意欲がそこまで高くないが、商品カテゴリーに興味を持っている潜在層

各ユーザー層では、商品に対して持っている知識やイメージ、疑問点などが異なります。そのため、セグメントごとにユーザーが抱えている悩みごとをまとめると、よりわかりやすくなります。最初はあまり細分化せず、大きく分けることが大切です。

キーワード構成にユーザーセグメントを当てはめる

事前のリサーチ（Method.004）で、広告を出稿すべきキーワードが抽出できたら、次はそのキーワードをユーザーセグメントごとに割り振ってみましょう 図01。一度サービスを利用したことがある顕在層、自社名を知らないユーザー、サービスを知らない潜在層、それぞれが「このようなキーワードで検索するであろう」と考え、ユーザーの段階ごとにキーワードを落とし込んでいきます。

また、**ユーザーが抱えている悩みの視点からも検索キーワードを考えてみる**必要があります。たとえば、「肌の乾燥 対策」、「家計 節約」などのキーワードは、ユーザー自身が明確な商品イメージを持っているわけではありません。「こんな解決方法があったのか」と思わせることで、選択肢の1つとして商品を選んでくれるかもしれ

ません。悩みの視点からキーワードを考えることで、キーワード構成の幅が広がります。キーワードリサーチの結果を何度も確認しながら、抽出したキーワードに抜け漏れがないように行うとより効果的なキーワード構成ができます。

ターゲット	ユーザーの悩み	キーワード例	ランディングページの訴求要素
顕在層顧客	サイトの使いやすさ 決断の決め手	商品 ブランド名 企業名	購入を目的としてサイトを訪問しているため、購入のしやすさや会員特典など最後の後押しを用意する。
顕在層一般	他商品との違いが わからない	商品カテゴリー × 購入・比較	購入意欲はあるが比較検討中のため、他社製品との違いをアピールする。
潜在層一般	興味はあるが 初めてのことだらけ	ビッグワード	商品カテゴリについてあまり知らないため、使用感や商品特性などをユーザーメリットとして伝える。

図01 キーワード構成
確定したキーワードをユーザーごとに分けることで、効果的なキーワード構成ができます。

ユーザーセグメント・キーワード・ランディングページの組み合わせ

セグメントしたカテゴリーに対して、それぞれに最適化されたランディングページを当てることで、各ユーザーのニーズや疑問に答えることができ、効果の最大化が見込めます。

たとえば、顕在層一般であれば「他商品との違いがわからない」という悩みを抱えています。その**悩みに呼応する答えがランディングページ内にあれば、ユーザーとしては悩みが解消されるため、商品に対する購買意欲が高まる**はずです 図02。

この検索キーワードとランディングページの内容の関連性は、広告運用の観点からも重要な要素です。ランディングページ内に検索キーワードの内容を用意することで、検索キーワード・広告・ランディングページの関連性は高められます。関連性の高い広告は、広告媒体側からの評価が高く、有利に出稿できるようになります。

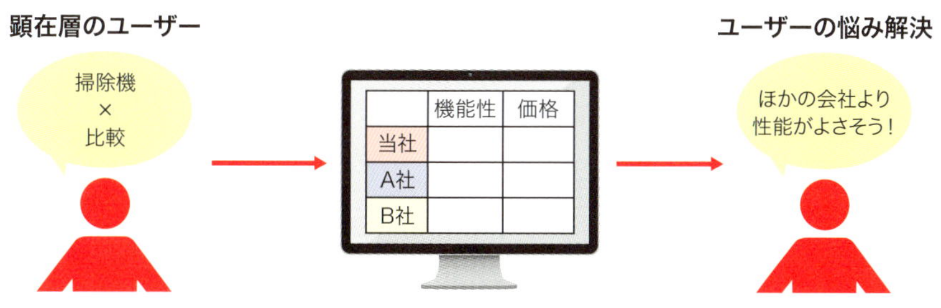

図02 キーワード構成
各ユーザーが抱える悩みを解決してあげるコンテンツを設置することで、ユーザーの購入意欲がぐんと高まります。

Method
006 ランディングページのゴールとするコンバージョンを決める

POINT
- コンバージョンを設定する
- 商品・サービスによってコンバージョンの定義はさまざま
- 計測ツールでコンバージョンの目標を決める

コンバージョンとは

コンバージョンとは、ランディングページの“成果”を示す概念的な名称です。ランディングページを活用したマーケティングでは、費用対効果を算出するにあたり、**「何をコンバージョン（成果）とするか」を、事前に定義しておく**必要があります。商品やサービス、またマーケティングの目的によって、さまざまなコンバージョンの定義が考えられます。

コンバージョンの定義を決める

たとえば、月額課金型の会員制Webサービスを運営している場合、このWebサービスの肝となるのが会員数の獲得です。そのため、ランディングページのコンバージョンの定義は、「会員登録」となるのが一般的です。さらにもう1歩踏み込んで考えた場合、「会員登録」というコンバージョンを「無料会員登録」と「有料会員登録」という2種類のコンバージョンに分けることもできます。

しかし、無料会員と有料会員では、ユーザーがコンバージョンをするまでの心理的ハードルはまったく異なります。無料会員は費用がかからないことから、ユーザー側

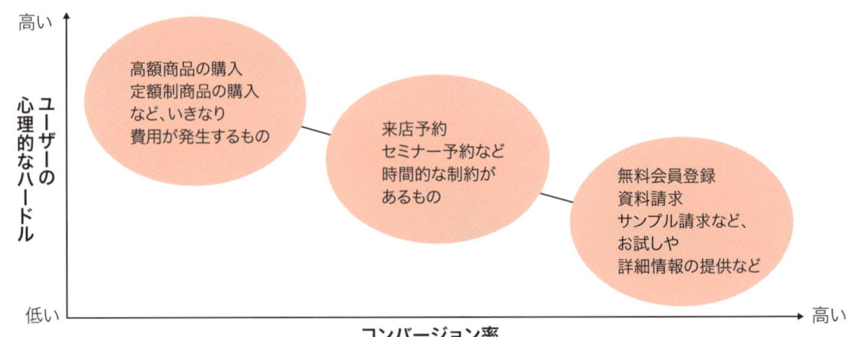

図01 コンバージョン率と心理的ハードルの相関関係
コンバージョンを設定する際に、ユーザーの心理的ハードルもあわせて考慮しておくことで、ランディングページ上で何を伝える必要があるかを考えやすくなります。

としては登録しやすい傾向があるため、コンバージョン率も有料会員と比べて高くなります。コンバージョンの定義を決めると同時に、そのコンバージョンはユーザーにとって心理的なハードルが高いのか低いのかを考えることも重要です 図01。

設定したコンバージョンの種類によって、ランディングページの作り方も当然異なってきます。**商品を購入させるために必要な情報と、サンプルを請求させるために必要な情報は、根本的に違います**。そのため、まずはコンバージョンの設定（＝ゴール）を決めたあとに、そのゴールに到達するための最適な情報を設計し、ランディングページに落とし込んでいく手順が必要不可欠です。

コンバージョンのバリエーション

一般ユーザーを相手にするBtoCではもちろん、法人が取引先になるBtoBにおいても、ランディングページは幅広く活用されています。設定するコンバージョンの種類に違いはあるものの、いくつかの目的に合わせて分類できます 図02 ～ 図05。

コンバージョン	購入する、定期購入を申し込む、カートに入れる

図02 商品の販売を目的とした場合
通販や有料課金型のWebサービス会社まで、オンラインで販売までダイレクトに完結させるもっとも多いパターン。

コンバージョン	無料で登録、無料トライアル、無料で体験する

図03 トライアルユーザーのリスト獲得を目的とした場合
無料もしくは初回限定の低価格などの条件付きで、商品・サービスをまずは体験してもらうことを目的に設定されるパターン。

コンバージョン	資料を請求する、見積もりを依頼する

図04 資料請求や見積もり依頼を目的とした場合
商品サービスの詳細や費用などをもっと知りたいと思っている関心度の高いユーザーを集めたい場合に設定されるパターン。

コンバージョン	来店の予約をする、セミナーに参加する

図05 来店予約やセミナーを目的とした場合
セミナー・イベントへの集客、人を介する販売活動が必要な場合に設定されるパターン。

計測ツールでコンバージョンの目標を決める

コンバージョンを**Googleアナリティクスなどの計測ツール上で設定し、完了ページまでの到達率を定点観測していく**ことで、「一週間でどれくらいのコンバージョンが獲得できているのか」、「月単位の推移で見たときにコンバージョン率はよいのか悪いのか」などのデータを蓄積できます。Googleアナリティクスについては、第2章で解説します。

MEMO
最初に設定したコンバージョンでは成果が上がらないという場合もあるため、状況に合わせて変更することも必要です。自社の商品・サービスの場合、「何をコンバージョンに設定するのがもっともよいのか」を考えましょう。

Method
007 ランディングページの制作工程は4つに分かれる

POINT
- 成果を出すランディングページは、デザイン業務だけでは作れない
- 制作工程は、戦略設計→情報開発→デザイン開発→実装に分かれる
- 各工程ごとに重要なポイントを押さえる

ランディングページのローンチまでの4つの工程

ランディングページは見た目のデザインが主に注目されがちですが、制作を行う場合、デザイン制作の前後にも重要な業務工程があります。ここでローンチまでの工程で大事な4つのポイントを確認しておきましょう 図01 ～ 図04 。

①戦略設計

- 競合ランディングページの訴求内容・コンテンツを把握しているか？
- ターゲットを想定できているか？（属性・志向・ニーズ）
- 想定ターゲットが検索しそうなキーワードを押さえているか？
- コンバージョンの内容を定めているか？
  （例）資料請求なのか？・お試し購入なのか？・本商品の購入なのか？

図01 戦略設計で押さえておきたいポイント
想定するユーザーを思い浮かべながら、ランディングページ上で行動してもらいたい目標（コンバージョン）を定め、ページの訴求テーマを設計していくことが大切です。

②情報開発

- 有効なキャッチコピーになっているか？
  ①ユーザーのニーズや志向を捉えているか？
  ②自社の商品やサービスならではの強みや魅力を訴求できているか？
  ③競合他社にはない強みを訴求できているか？
- 必要なコンテンツを配置できているか？
- コンテンツに独自性があるか？
- 必要素材を検討・選定できているか？
  （例）写真素材・事例情報・データなどの数値情報　など
- エントリーフォームの仕様は固まっているか？

図02 情報開発で押さえておきたいポイント
商品やサービスの強みをアピールするための情報設計・コンテンツを洗い出すことで、足りない点や見直しが必要な点が具体的に浮かび上がってきます。

③デザイン開発

- ☑ デザインのトーン&マナーは定めているか？
  ⇒ベンチマークサイトなどの設定
- ☑ 色彩設計はできているか？
  ⇒メインカラー・サブカラー・コンバージョンカラーの設計
  ⇒配色のバランス　など
- ☑ 飽きさせないレイアウト設計ができているか？
  ⇒強調点とそうではない点を明確にしたジャンプ率の高いデザイン
- ☑ フォントの設計はできているか？
  ①デザインとトーン&マナーに合わせたフォントを選定できているか？
  ②HTMLテキストと画像テキストの切り分けができているか？
- ☑ メインビジュアルは訴求力のあるデザインになっているか？
- ☑ 各種パーツの作り込みはしっかりと行えているか？
  ⇒アイコン・イラスト・図解などの制作
- ☑ 写真素材の切り取り／加工はきれいに行われているか？

図03 デザイン開発で押さえておきたいポイント
ランディングページにおけるデザインの役割は、1ページに縦長に続くそれぞれのセクションを、ユーザーに飽きずに見てもらえるようなビジュアルで直感的に表現することです。

④コーディング実装

- ☑ ユーザーの目線の動きを妨げない適切な動きのある表現が設計・実装できているか？
  ⇒各種エフェクト・ギミックの設計と実装
- ☑ 表示速度を考慮した画像容量になっているか？
- ☑ 各種デバイスでの表示に問題がないか？
- ☑ 各種ブラウザでの表示に問題がないか？
- ☑ 運用・分析のためのタグの設置が完了しているか？
- ☑ ユーザーが迷わないフォームの実装が行われているか？
- ☑ 実装したフォームが設置サーバー上で適切に動作するか？

図04 コーディング実装で押さえておきたいポイント
ページ上でスムーズにコンバージョンまで完結するために、「見やすい」、「使いやすい」、「見つけやすい」と感じる心地よい体験や空気感を作るのが、最終工程となるコーディングの役割です。

どんなタイプのランディングページであっても、基本的にこの流れは変わりません。それぞれの業務工程における品質が担保されるからこそ、機能するランディングページが完成するともいえます。制作期間の中で無駄なロスを極力なくすためにも、制作工程を1つずつ分解して考えながら、各工程においてポイントを押さえて作業を進めていきましょう。

用語
ベンチマーク
競合と比較するために行う、あらかじめ定めた指標による性能測定のこと。

用語
ジャンプ率
画像や文字などの、大小サイズの比率の違い。比率の違いが大きくなるほどジャンプ率も高くなる。

用語
ギミック
「ユーザーがボタンにマウスを合わせたら色が変わる」、「一定の箇所までスクロールすると出現するアニメーションがある」など、“ユーザーが○○したらこうする”という仕掛け。ほかにも「ボタンをクリックすると非表示だったコンテンツが表示される」、「ページを開いた瞬間ファーストビューの動画の再生が始まる」などがある。

Method 008

ランディングページの戦略設計は入口と出口の設計

POINT

- 戦略設計には"入口の設計"と"出口の設計"がある
- 制作方針が定まらない場合、他社のリサーチから始める手もある
- 全体を俯瞰することで、自社の強みや推すべきポイントが見えてくる

俯瞰して自社の魅力を捉える

ランディングページにおける戦略設計は、これからプロモーションをしようとしている商品やサービスについて、「どんなユーザーに」、「何を訴求し」、「どんな行動を起こしてもらうのか」を具体的に決めていく工程にあたります。それらを具体的に決めるためには、**インターネット広告からどんなユーザーを流入させるのかという"入口の設計"と、広告流入ユーザーにどんなコンバージョンをさせたいかという"出口の設計"**を、まずは決める必要があります 図01。

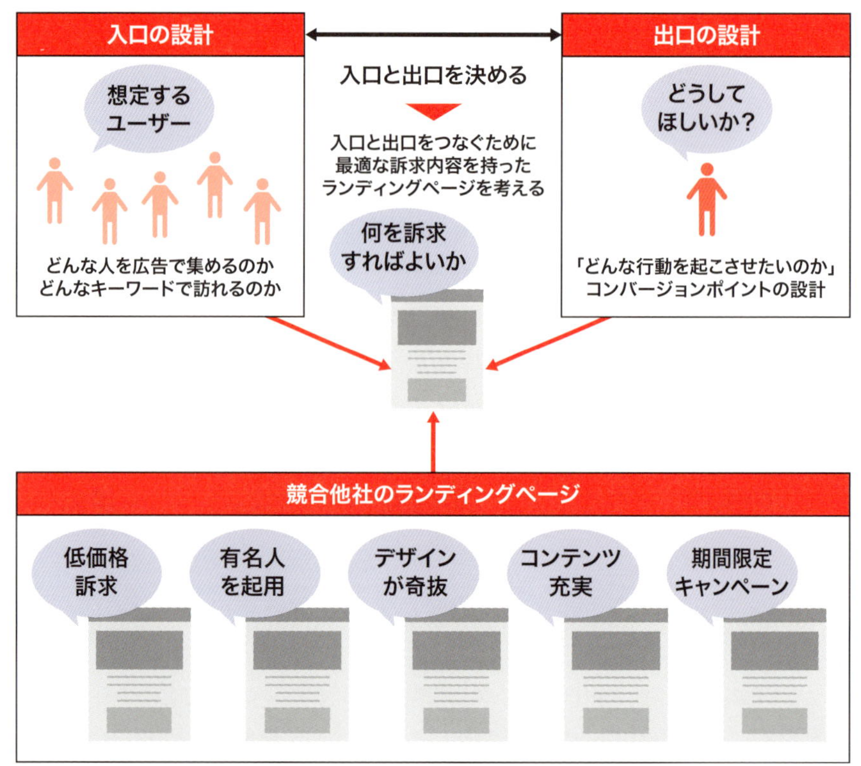

図01 入口と出口の戦略設計
戦略設計においては入口と出口を決めたのち、ランディングページの訴求テーマを考えていきます。

競合ランディングページの分析

とくに、意識する競合ページについては、ページ構成やコンテンツ内容を目視でチェックしながら、それぞれの訴求内容を一覧表にまとめることで、各社の違いや共通点も見えてきます 図02。

	競合 A	競合 B	競合 C
販売実績	◎	△	◎
メディア掲載	△	◎	○
差別化コンテンツ	△	◎	×
体験談	○	×	○
販売価格	×	×	○
キャンペーン	有り	無し	無し
CTA の種類	2つ	1つ	2つ

図02 競合ページの比較表
販売実績やメディア掲載の有無など、複数の視点から比較することが大切です。

なかなか制作方針が定まらない場合には、このような方法でリサーチすることも効果的です。なお、この段階では、見た目のデザインをチェックすることよりも、**「どういうコンテンツがあるのか」、「なぜ、このランディングページの構成なのか」という点に着目しながら観察していくと、他社の戦略理解も深まり、自社の差別化要素を考えるきっかけや材料にもつながります**。上記のプロセスを経ることで、最終的にランディングページの方向性を定められるようになるはずです 図03。

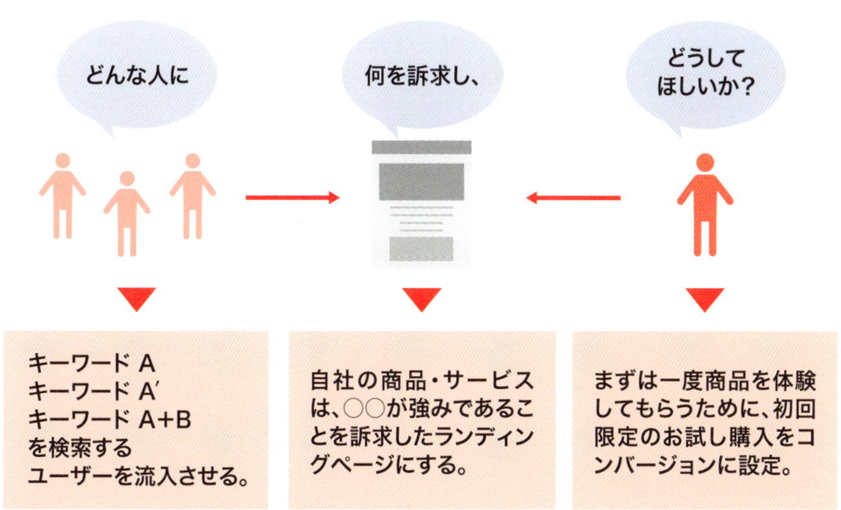

図03 シンプルな戦略設計の例
制作方針が決まらない場合は、競合ページのリサーチをすることで、シンプルな戦略設計を立てやすくなります。

Method
009 ランディングページの情報設計はコンバージョンへの道筋を作ること

POINT

- ページ→セクション→要素という構造を理解する
- 小さな要素を起点にして全体の構成を組み立てる
- トライ&エラーをしながら最善な見せ方を探る

情報そのものを組み立てる

情報設計は、全体のシナリオと細部の情報を具現化していく工程で、一般的には、「ワイヤーフレームを設計する」などといわれます。**流入してきたユーザーに対して、どんな順番でメッセージを伝え、どのようにしてコンバージョンへ至らせるのか**、要素を整理して具現化していきます。情報設計における作業は、詳細なテキストの作成や構成、レイアウト、写真素材の選定および配置など多岐に渡ります。ここでは、実際にランディングページの要素を分解してみましょう 図01。そうすることで、「何を」、「どの順番で」、「どのように表現しているのか」が見えてきます。

図01 ランディングページに必要な要素
特にスマートフォンの場合は、パソコンほど情報量を詰め込めないため、伝えたい情報の取捨選択が重要となります。

これらの小さな要素で1つのセクションを作り、それらを効果的に組み立てていく（構成する）図02 ことで、ランディングページ全体のコンテンツができると考えればよいのです。もちろん実際にはトライ＆エラーを繰り返しながら、ベストな見せ方を探っていくことになります 図03。

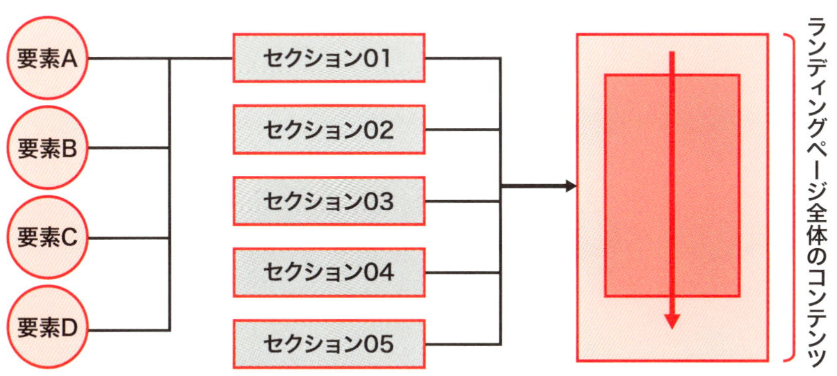

図02 効果的な情報設計の流れ
要素をセクションにまとめ、コンテンツを組み立てていきます。

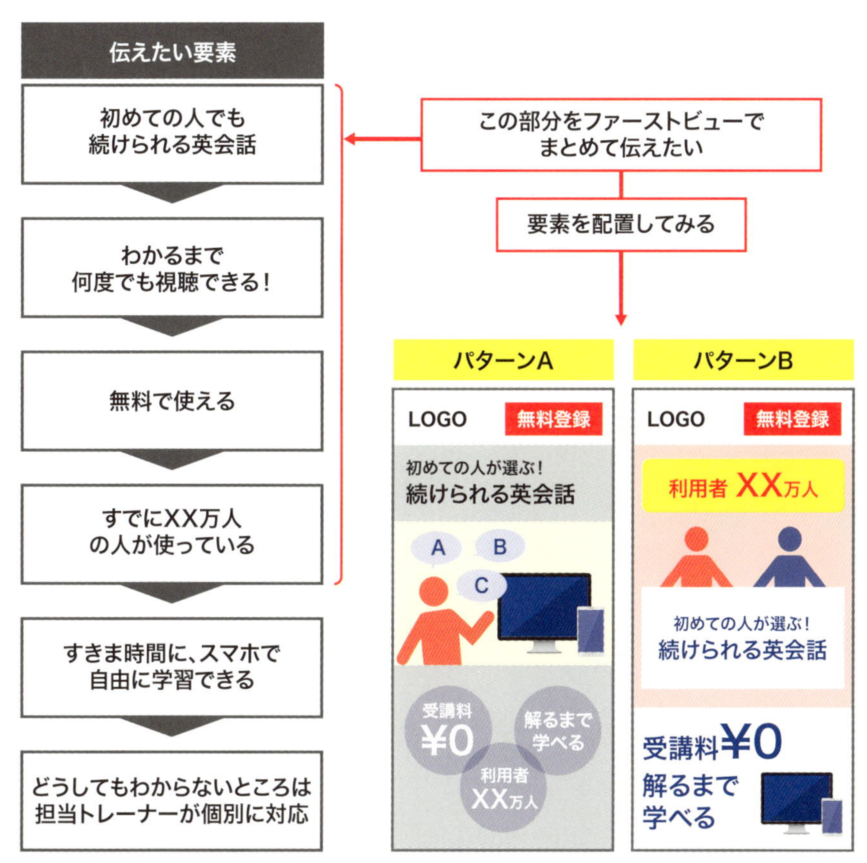

図03 要素の配置
複数のパターンを試しながら、ベストなランディングページを探っていきます。

Method

010 具体的なワイヤーフレームで制作意図や狙いを共有する

POINT

- ☑ どこまで具体的にプロトタイプを作れるかが、その後の成果にも影響する
- ☑ 作成意図や狙いを共有すれば、作業や連携がスムーズに進む
- ☑ 完成後は分析・検証に基づいた改善を繰り返し、コンバージョン率を向上していく

用語

プロトタイプ
改良することを前提として作られた、試作段階のもの。

ワイヤーフレームを作る＝プロトタイプを作る

複数人でランディングページを作る場合や一部の作業を外部に依頼する場合、これから作ろうとしているランディングページの完成イメージを、関係者内で正確に共有することはかんたんではありません。**具体的なイメージを共有するためには、完成形の手前となるプロトタイプに落とし込み、チーム内で共有することが必要です**。チーム内で作成意図や狙いを具体的に共有することで、意思疎通や認識のズレなどをすり合わせていくことができます。そして、客観的な指摘やフィードバックを受けながらさらに磨きをかけていくこともできるでしょう。また、デザイナーやフロントエンドを担当するスタッフも交えて意思の共有を行えば、その後の工程や作業での連携がスムーズになります。

①わかりにくいワイヤーフレーム

曖昧なワイヤーフレームは、ページそのものの戦略や方針が見えないため、手戻りも多く、あとからコンテンツを追加したり削除したりするなど、関わるメンバーを疲弊させてしまう原因にもなりかねません 図01。

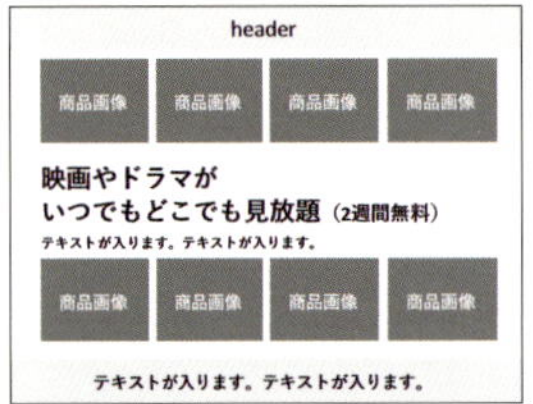

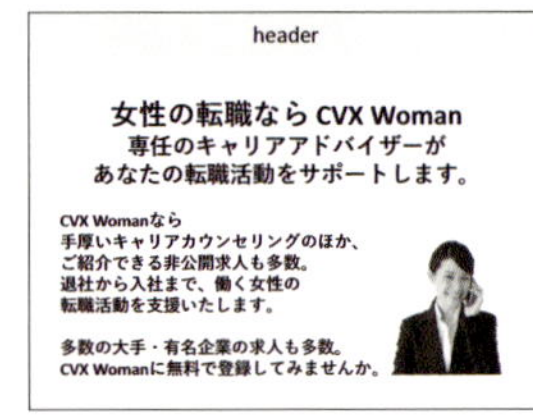

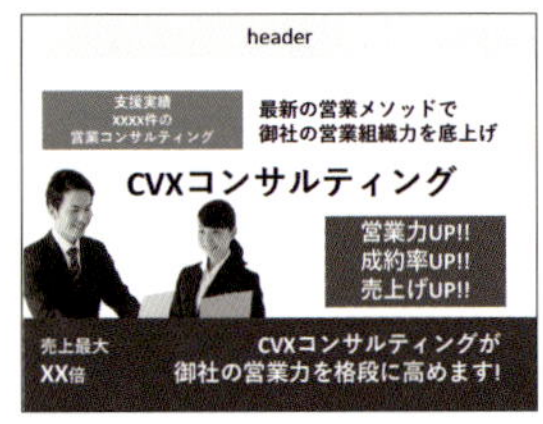

図01 わかりにくいワイヤーフレームの例
完成形をイメージできないため、認識のズレが生じやすく余計な工程の発生にもつながります。

②わかりやすいワイヤーフレーム

具体的なワイヤーフレーム 図02 であれば作成後の検証もしやすく、関係者を巻き込んでの意思共有がしやすくなります。そのため建設的な議論や、新たな気付きや見落としていたポイント、変更したほうがよい箇所などについて具体的に話し合うことができるでしょう。また、よいランディングページを作成するには、ワイヤーフレームの説明

書も必要不可欠であるといえます 図03。

図02 わかりやすいワイヤーフレームの例
完成形のイメージを共有できるため、改善点などについての建設的な議論が可能です。

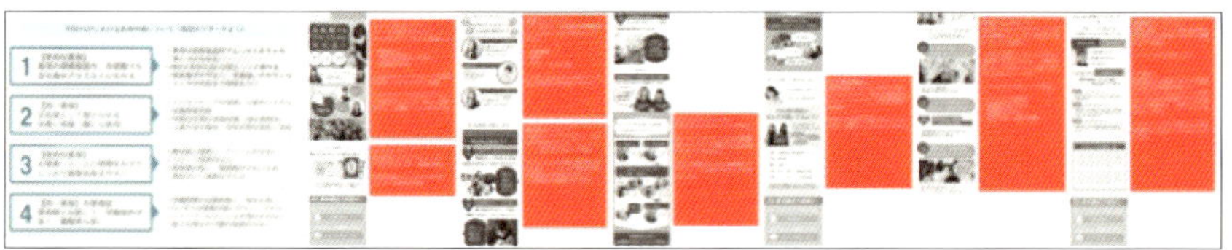

図03 ワイヤーフレームの説明書
事前調査を踏まえた設計意図の整理や、セクションごとの構成要素の詳細な説明を記載します。

作り込んだものだからこそ、改善もしやすくなる

初期の制作段階で複数の視点から検証することで得られた知見は、運用開始後の改修にも活かされ、チーム全体の連携もスムーズになります。**ヒートマップなどの分析ツールで当初の狙い通りの動きをしているのかどうか、定期的に分析・検証しながら、さらに改善を積み重ねることで、最適なページの見せ方が見えてきます** 図04。

改善前

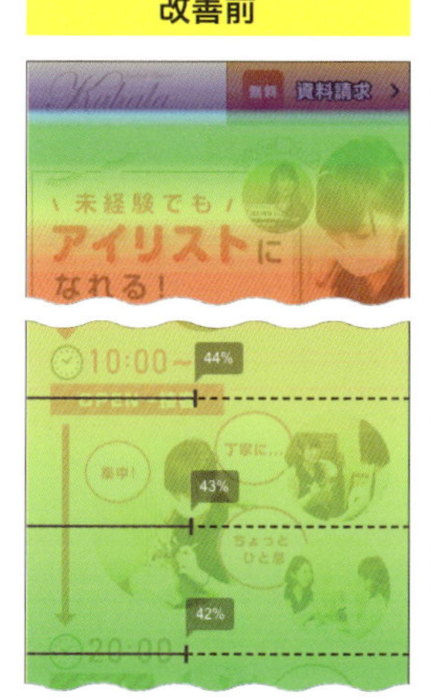

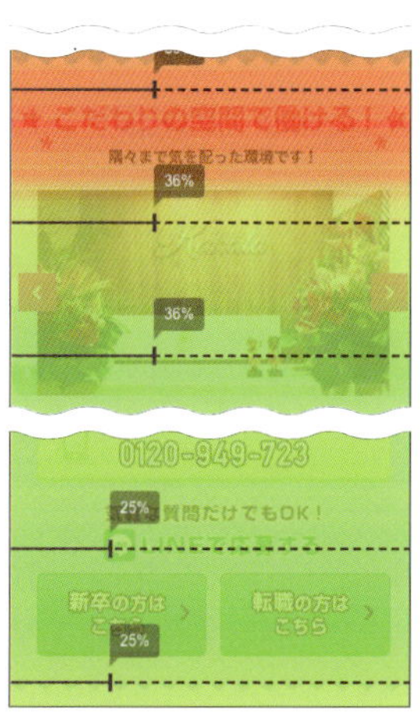

改善後

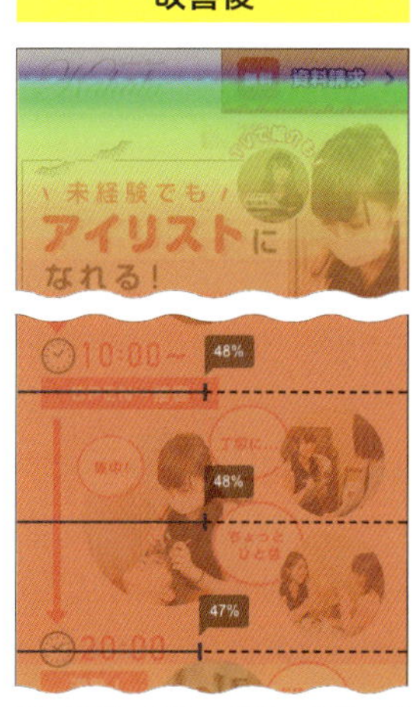

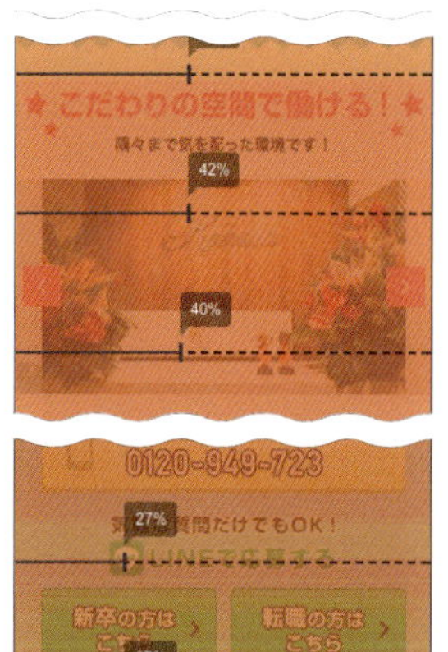

図04 ヒートマップによる改善前と改善後のパフォーマンス比較
あまり見られていなかった箇所と注目度の高い箇所の順序の入れ替えなどを行った結果、ページ全体の注目度も上昇しました。初期制作でしっかり作り込んでいれば、小さな改修で大きなインパクトを得られることもあります。

Method
011 デザインのディレクションはデザイナーとの情報共有から始める

POINT

- デザインの依頼方法を見直すことで、イメージ通りのデザインを実現する
- 依頼する側からの積極的な情報提供が理想通りのデザインにつながる
- “前提情報”の違いがイメージのギャップを生む

理想通りのデザインを実現するために

ランディングページでは、Method.009で解説した情報設計に加えて、「デザイン」がとても重要な要素となります。デザインには、情報を視覚的にわかりやすくしたり、強調したい情報をより印象付けたりするなど、ユーザーの情報理解を手助けする効果があり、ランディングページの作成において非常に重要な役割を担っています。そのため、**どんなに有益な情報や面白いコンテンツを揃えたとしても、デザインの質が追いついていなければ、ユーザーの関心を得られないこともあります**。

Webデザインは専門知識が必要な分野であるため、ランディングページのデザインはデザインのプロであるデザイナーに依頼する場合がほとんどでしょう。しかし、何度も検証を重ねて納得のいくワイヤーフレームを作成できたのにも関わらず、デザイナーから上がってきたデザインがイメージとまったく違うという経験を持つ人も多いのではないでしょうか。また、なんとかイメージに近付けるために修正の指示を出しても、ちっとも理想に近付かないことも珍しくはありません。ここでは、そのような事態を未然に防ぐための方法と、そのような事態に陥ってしまったときの対処法や考え方について解説します。

依頼する側の協力が不可欠

ランディングページのデザイン確認では、Method.013で解説する3つの開発工程をきちんと理解し、それぞれの工程で的確なサポートを行う必要があります。

一般的に、縦長で情報量が多くなりがちなランディングページのデザインを決める際には、ページ全体のストーリーを理解し、ページ内の情報の優劣を決定する必要があります。**情報の優先順位を決め、「とくに目立たせたい情報は何か」を決定するためには、デザイナー的な感覚ではなく、ディレクター的な感覚が必要**になります。情報の優先順位は、ワイヤーフレームの作成段階（Method.010参照）で決定していることが多いため、デザインを依頼する際には、ワイヤーフレームを渡すだけではなく粒度の細かい情報共有を行い、ディレクターの設計意図をズレなく正確に、デザイナーに伝えることが大切です。

デザイナーと知識レベルを合わせる

事前知識がない限り、初めて出会う商材に関するデザイナーの知識や情報は、一般のユーザーと同じ程度です。そのため魅力的なデザイン作成には、参考となるワイヤーフレームや最低限のデザインルール、完成イメージなどを伝えるだけでは不十分です。

商材の特徴はもちろん、構成案の意図や企画段階での話し合いの内容まで、細かく情報を共有することで、ディレクターとデザイナーとの情報量の差をなくし、理想のデザインに近付けることができます。また、ディレクターはその商材について徹底的にリサーチを行っているため、自分が自覚しているよりも前提情報を多く持っているものです。ディレクターが商品の魅力を100%伝えたと思っていても、前提情報がない相手には70%も伝わっていない、ということは多々あります 図01。

図01 情報量の差によるすれ違いの例（求人サイトの場合）
前提情報の有無によって、同じ情報でも受け取り方は違うものです。

このような知識レベルの差を、「デザイナーの知識・リサーチ不足」といってしまうことはかんたんです。しかし、それではいつまで経っても理想のデザインは実現できません。大量の情報をすべて正確にアウトプットすることは骨の折れる作業ですが、この作業をしっかり行うことが、結果的に理想のデザインを完成するための近道になるのです。

そうはいっても、あれもこれも伝えようとして、情報量が多すぎてしまい、かえって共通認識を持つことが難しくなってしまうこともあるでしょう。デザインを依頼する際に、どのような情報を伝えるべきかがわからない場合は、最低限以下の情報をデザイナーに共有することで、理想のデザインイメージに近付けることができるかもしれません。

デザイナーに共有すべき情報の一例

- 制作の目的、背景、狙い
- 商材の概要
- 商材の特徴や強み
- ターゲットユーザーの情報
- 競合情報
- 訴求ポイント
- シナリオの意図
- ベンチマークサイト

Method
012 デザインのフィードバックはできるだけ早く、正確に行う

POINT

- ☑ デザインの修正指示を行う際には、依頼時とは異なる発想が必要
- ☑ デザインの知識がない場合は「チェックリスト」を作っておくとよい
- ☑ フィードバック時にはディレクターとしての目線で指示を出す

チェックリストを作り デザインのフィードバックをスピーディーに行う

デザイナーとしっかり意思疎通を行い、十分なサポートをしても、制作したデザインが一発で完成することはほとんどありません。上がってきたアウトプットを検証してブラッシュアップを繰り返し、デザインの違和感をなくしていく作業が必要です。また、デザイナーはデザインしながら色やフォント、余白の使い方など、さまざまな検証を重ねることでベストなデザインを作り上げていきます。この検証工程があるかないかで、ランディングページデザインの品質が大きく左右されます。検証時間をなるべく多く確保するためには、上がってきたデザイン案に対し、スピーディーかつ的確にフィードバックを行う必要があります。

ここでディレクションの仕方を誤ると、デザインの方向性にズレが生じたり、理想のデザインイメージから遠ざかりプロジェクトの進行が遅れてしまったりする可能性もあります。とはいえデザインのフィードバックは、専門知識のない人にとっては、感覚的で曖昧な印象があり、理解しづらいものです。しかし、大雑把な指示ではデザイナーも作業のしようがありません。

デザインに関する知識がない場合は、デザインチェックリスト 図01 を作成しておくことで、スムーズな進行が可能になる場合があります。あらかじめデザイン面で確認することを決めておくことで、迅速なフィードバックを実現できます。

デザインチェックリスト(一例)

- ☑ ファーストビューから受ける印象
- ☑ 文字の視認性と可読性
- ☑ ボタンなどの操作性
- ☑ ボタンのカラーや位置の適切さ
- ☑ 目線の動きの想定
- ☑ トーン&マナーの統一感
- ☑ 写真選定の適切さ
- ☑ コンテンツの区切りのわかりやすさ

図01 デザインチェックリストの例
あらかじめチェックするポイントを絞ることで、デザイナーから上がってきたデザインに対して、迅速にフィードバックを返すことが可能になります。

リリース後のデザイン改修にも活用できる、デザインのフィードバックの考え方

①「ユーザー視点」を忘れない

大前提としてランディングページは、特定のターゲットを想定しながら全体の設計を行います。そのため**デザイン段階でも、「ターゲットがアクションを起こしたくなるデザインかどうか」を意識することが大切**です。一見、問題がないデザインに見えても、ユーザーの視点で見ると、さまざまな発見を得られることがあります 図02。

図02 ユーザーの視点を意識する
ターゲットユーザーを想定しながら完成したデザインを確認したとき、別の発見を得ることができる場合もあります。

②「パターン出し」をやめる

「このデザインも悪くないけど違うパターンも見てみたい」、「イメージが固まりきっていないから、いくつか候補がほしい」といったオーダーは、制作の現場では頻繁に耳にします 図03。確かに、デザインを判断する際には複数の選択肢があったほうが完成形をイメージしやすく、また比較対象があるという安心感もあるでしょう。

しかし、**実はこの「パターン出し」は、デザイナーがいちばん困るディレクションの方法です**。多くの場合、デザイナーは制作段階であらゆる検証を行いながら、ベストだと思われる1つのデザインを作成していきます。複数パターンを求めることで一つひとつのデザインの検証時間が減り、質の担保が難しくなります。

図03 パターン出しはしない
多くのパターンを求めると、その分時間と工数がかかります。パターン出しを求めるのであれば、時間や工数を考慮したディレクションが必要となります。

③「デザイン」には口出ししない

制作の現場では、「ボタンを別の色に変えてみたい」や「別の写真を使ってみたい」といった、「なんとなく気になったから」という理由で修正を依頼されることも多々あります。**デザインに違和感を覚えた場合は、あくまで「情報設計」に関わる部分の指摘に留めたほうがよいでしょう**。「強調したい情報要素がきちんと目立っているか」、「要素の優先順位は間違っていないか」といった、ディレクター的目線からディレクションを行うだけで、自然と違和感がなくなることも多いです。

MEMO
デザインを客観的に判断することが難しい場合は、競合のデザインと比較してみるのも1つの手です。同じターゲットユーザーが実際に流入しているページが、どのようなデザインルールで設計を行っているのかを調べることで、客観的な判断が可能になります。

MEMO
完成したデザインに違和感を感じた際に、目に付きやすいボタンカラーや写真素材を「とりあえず変えてみたい」と思う心理は、間違ってはいません。実際に、変更することでデザインがよくなることもあります。しかし、そのような例は極めて稀であり、ほとんどの場合は全体のバランスと合わず、結局変更前より悪くなることのほうが多いです。

Method

013

デザイン開発時のポイント①
デザイン開発は3つの工程を踏む

POINT

- ランディングページのデザイン開発工程は3つに分けられる
- デザイン作業に入る前にマーケティング情報のインプットをしっかりと行う
- 改修を踏まえたデザインやデザインデータの作成・管理を行う

デザイン開発　3つのステップ

情報設計が完了したら、デザイン開発の工程に入っていきます。ただし、すぐにデザインに着手するわけではありません。有効なマーケティングツールとして機能するために**戦略設計や情報設計の段階で行われた分析結果や調査内容、そして今回のランディングページで訴求していく商品・サービスの内容をしっかりと把握した上で、実際のデザインに入っていく**ことになります。そうした工程を含めると、ランディングページのデザイン開発工程は、大きく3つに分けることができます 図01。

1つ目は、ランディングページの対象となるターゲットや商品・サービスの理解です。この工程はマーケティング情報理解のステップになります。先に述べたように、事前の調査・分析資料もあわせて読み込み、どのような狙いを持って、デザインするべきかを把握します。

2つ目は、ランディングページ全体のデザインルールの設定です。ページが複数あるWebサイトに比べて統一のルールは少なくなりますが、カラーリングやフォントサイズなど、縦長のページのバランスを図るためにルール設定が必要になります。

3つ目は、実際のデザイン作業と検証を行う工程です。

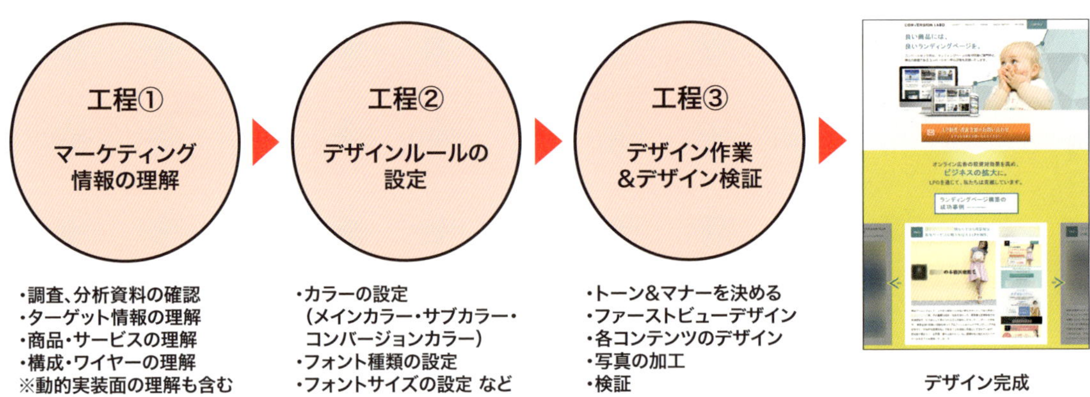

図01 ランディングページのデザイン開発工程
ランディングページのデザインに入る前に、事前の調査情報を担当デザイナーがしっかり把握した上で、実際のデザイン作業に入っていく必要があります。

工程①マーケティング情報の理解

ここ数年で、インターネット広告やWebマーケティングそのものの重要性が高まっており、**"コンバージョンをもたらすマーケティングツール"としてのランディングページの重要性も、自ずと高まっています**。その分、開発の難易度やランディングページ制作の依頼元であるクライアント企業からの期待値も高まっているでしょう。

そのため、戦略設計や情報設計にかける工数や、事前に押さえておくべき情報の深度も増しています。デザイナーにも、デザインの前段階で組み上げられた情報をしっかり理解した上で制作を行うことが求められています。

工程②デザインルールの設定

多種多様なランディングページを見ていると、自由度が高く細かなルールなどは不要に思えるかもしれません。しかし、**ランディングページは「1ページ・縦型」のため、全体として統一感を持たせないと、ユーザーにとってわかりづらいデザインになってしまいます**。また、目的とするコンバージョンの実現には、コンテンツやセクションごとの役割に応じたデザインの変化も必要になり、そのためのルールが自ずと必要になってきます。ただし、実際の現場では、デザインの前段階ですべてのルールが決まるわけではなく、ファーストビューなどの主要なセクションのデザインを行いながら、同時に必要なルールを定めていくことが多いでしょう。

工程③デザイン実作業と検証

デザインの実作業においてもっとも時間がかかる工程が、ファーストビューのデザインです。ファーストビューは、リスティング広告などから流入してきたユーザーが最初に見る画面であり、**ファーストビューの良し悪しによって、その下のセクションへのスクロール率が大幅に変わってきます**。ファーストビューのデザインが固まれば、その下のセクションのデザインもスムーズに進行しやすくなるため、制作過程においても重要な工程です。

デザインが一通り完成したら、検証工程に入ります。改めてユーザーの視点に立って、訴求内容が伝わるデザインになっているかどうかを見ていきます。ちょっとしたフォントサイズの変更やパーツカラーの変更、レイアウトの変更によって、よりよいデザインになることもあります。あらかじめデザインのスケジュールの中に、検証にかけられる時間を組み込んでおきましょう。また、改善運用時の作業も考慮してデザインを行えば、その後の改修業務も効率的に進みます。

改修を踏まえたデザイン開発例

- 頻繁な変更が想定されるテキスト箇所をHTMLテキスト化
- セクションの上下を入れ替えやすいような背景デザインに
- 繰り返し使用される画像は統一サイズに
- 編集を想定したデザインデータ（PSD）の管理を行う

Method
014

デザイン開発時のポイント②
UIデザインの種類と特徴を押さえる

POINT

- 「ユーザーがアクションを起こすため」のUIを作成する
- ユーザーが操作を行うためのパーツは6つに分類される
- 改善を通じた検証を行うことで、よりそれぞれの役割に最適化される

用語
UI
ユーザーインターフェイス（User Interface）の略。ユーザーがコンピューターやデバイスなどに接する際に、それらを操作し、さらにその操作結果をユーザーに示すために用意される手段のこと。ランディングページのUIのデザインが優れていれば、ユーザーは自然に操作を理解でき、情報収集からコンバージョンへと至るまでの操作を心地よく行える。逆にUIデザインに問題があれば、ユーザーが操作に戸惑いや苛立ちを感じてページから離脱してしまう可能性もある。

操作のためのUIデザイン

ここではランディングページにおいて必要になるUIデザインについて解説していきます。「UIデザイン」という言葉にはさまざまな解釈がありますが、ここでは話を絞り、**「ランディングページ上でユーザーがクリックやタップで操作するパーツや機能のデザイン」**と定義します。具体的にはボタンやナビゲーション、スライダーなど、ランディングページ上で「ユーザーがアクションを起こすため」に考える必要があるデザインです。

ランディングページにおいて、操作を行うためのパーツは主に6つ挙げられます。それぞれの役割を見ていきましょう。

①CTAのUIデザイン

CTAは、購入・申し込みなどのコンバージョン獲得に結び付けるためのUIで、エリアを示す背景要素・ボタン要素・キャッチコピー要素などで構成されます。ランディングページには必要不可欠なUIです 図01。

CTAのUIデザインでは、全体がほかのセクションとしっかり差別化できており、かつ、**ユーザーがひと目で「購入や申し込みを行うエリア」だと認識できることが大切**です。とくに、差別化という意味ではカラーが重要です。Method.052で詳細に解説しますが、「メインカラー」、「サブカラー」、「コンバージョンカラー」という形で色を使い分けることで、デザイン設計が行いやすくなり、他セクションとの差別化も図れます。

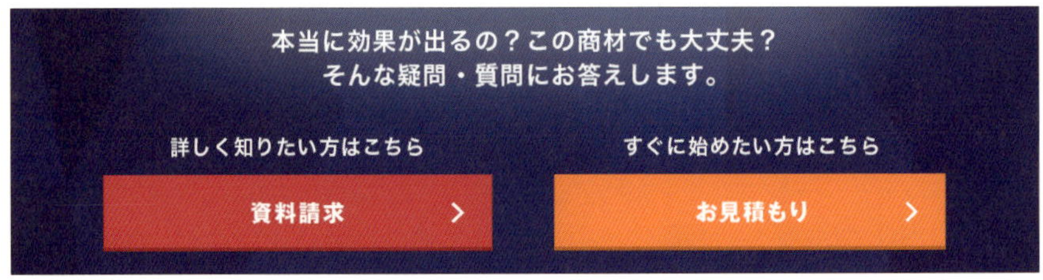

図01 **CTAのUIの一例**
背景色を前後のセクションと分け、差別化しています。ボタンカラーは視認性の高いカラーを採用しています。

②固定型ナビゲーションのUIデザイン

ランディングページには、ページ内の各セクションへの誘導を目的とした常時表示型のナビゲーションUIもあり、それぞれ「ヘッダー固定型」、「サイド固定型」、「フッター固定型」の3つのタイプに分類されます 図02。セクションやコンテンツの量が多く、全体的にページが長くなった場合などに、配置の有無を検討します。

ナビゲーションUIは、いつでもランディングページ内の見たいセクションに遷移できる点が、ユーザーにとってのメリットです。しかし**常に表示されることで、かえって邪魔になる恐れもあるため、ページの閲覧を遮らないサイズ感やカラーを設定し、デザインや動作の検証を行った上で配置しましょう**。また、サイド固定型ナビは右利きのユーザーを意識して、右側に配置することが一般的です。

ヘッダー固定型	サイド固定型	フッター固定型

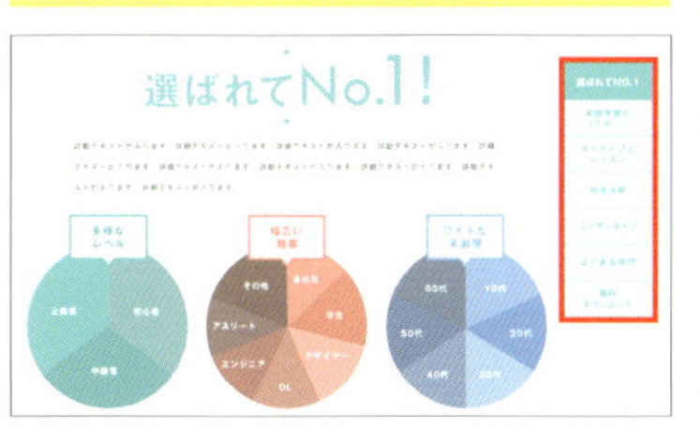

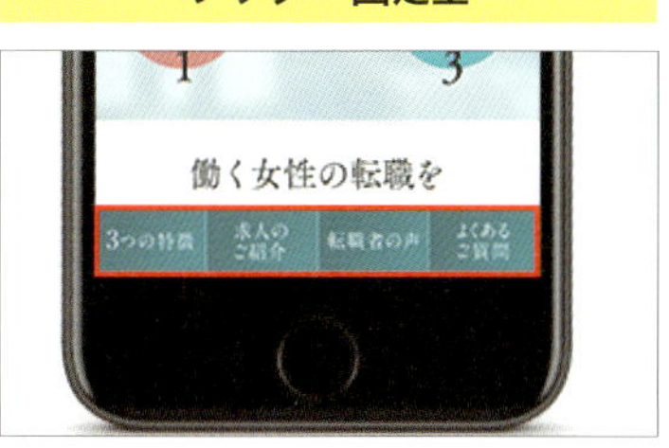

図02 固定型ナビゲーションのUIの一例
固定型ナビゲーションは常時表示されるため、ユーザーがコンテンツを見る上で邪魔にならないようにサイズ感やカラーを選定することがポイントです。

③アンカーリンクボタンのUIデザイン

アンカーリンクは、ランディングページ内の各セクションへの誘導を目的としたUIで、固定型ナビゲーションに近い役割ですが、配置する位置や固定しない点などの違いがあります。ヘッダー内に配置するナビボタンやサイドメニューと同様、ページの縦幅が長くなるときに活用します。ヘッダーやサイドメニューとの違いは、ナビボタンをヘッダーやサイドの領域に配置するのではなく、ファーストビュー直下のセクションなど、特定のコンテンツ内に配置する点です。また、下部に表示されるセクションの見出しとしての機能も持っています。

アンカーリンクを配置する際、下のセクションへの誘導を目的としていることがよりわかりやすいように、**下向きの矢印アイコンを配置するなどのちょっとした配慮**もできるとよいでしょう 図03。

図03 アンカーリンクボタンのUIの一例
ページ下部にスクロールすることがわかるよう、下向きの矢印アイコンを設置しています。

④アコーディオンメニューのUIデザイン

アコーディオンメニューは、ランディングページの縦幅を省略すると同時に、より詳しくセクションの中身を知りたいユーザーのアクションを促すためのUIデザインです。ユーザーの声や体験談、事例紹介などの、多数のコンテンツを展開するセクションに使用します。**とくに縦長になりがちなスマートフォン版のランディングページにおいて、全体の縦幅をコンパクトにできる**という特徴があります。なお、アコーディオンメニューは隠れコンテンツになるため、SEO上は効果的ではないといわれています。

上下に開閉するという機能をユーザーにしっかりと認識してもらうために、開閉の動作を示すアイコンや「開く」、「閉じる」といったテキストを配置するなど、UIデザイン上の工夫が必要になります 図04。

用語
隠れコンテンツ
タップをすることで表示されるコンテンツ。スマートフォン版などのランディングページでは、縦長のページを少しでもコンパクトにするために、普段はそのコンテンツが隠れている状態に実装する。

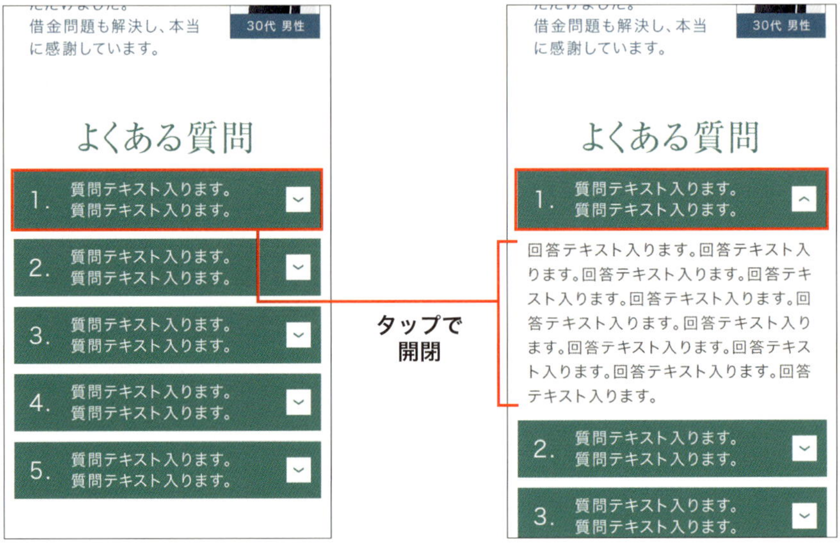

図04 アコーディオンメニューのUIの一例
開閉するコンテンツであることがわかるようにいちばん上のアコーディオンメニューのみ開いておく、という手法もあります。

⑤スライダーボタンのUIデザイン

横の動きを主とした、コンテンツの展開を促すUIデザインです。アコーディオンメニューと同様、ユーザーの声や体験談、事例紹介などの、同一の用途で多数のコンテンツを展開するセクションなどで使用します。スライダーも、そのほかのUIと同様に縦幅を抑える目的で使用されることがあります。

横の動きを促すためのボタンなので、**3つや4つの同一コンテンツ（例：体験談1、体験談2、体験談3、体験談4）内に、右に遷移させていくための右向きの矢印ボタンを配置**します。左側には、「戻る」ボタンとして左向きの矢印ボタンを配置します 図05。多くのランディングページを「Ptengine」などの解析ツールで分析してみると、スライダーの右側の矢印が、頻繁にクリックまたはタップされている傾向にあることがわかります（Method.038参照）。

図05 スライダーボタンのUIの一例
左右に展開するコンテンツであることがわかるように、両サイドに矢印を配置しています。

⑥タブ切り替えのUIデザイン

タブは、一定のエリア内に表示するコンテンツを切り替えるUIデザインです。複数のコンテンツを切り替えられるため、横の動きはないものの、スライダーに近い役割を持ちます。ただし、**タブの操作パーツがコンテンツの上部にあることが多く、スライダーに比べて機能が見落とされやすい**傾向もあります。現在表示されているコンテンツのタブを大きめにデザインするといった工夫により、より機能が伝わりやすくなるでしょう **図06**。

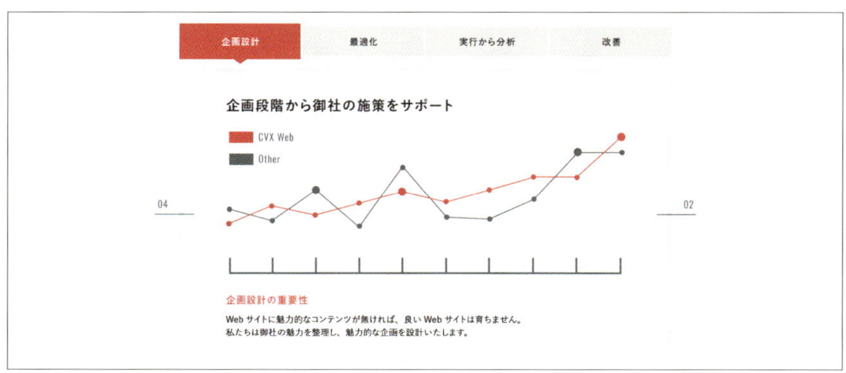

図06 タブ切り替えUIの一例
ON状態、OFF状態がわかりやすいボタンデザインを意識することが重要です。

このように6種類の主要なUIデザインがありますが、一口にランディングページのUIデザインといっても、コンバージョンを促進させるためのUIデザインや、ページ内のセクションへの誘導を促進するためのUIデザインなど、目的に応じて各パーツ・要素の役割に違いがあります。検証と改善を行うことで、それぞれの役割により最適化したデザインになります。

Method 015

デザイン開発時のポイント③ トーン&マナーで第一印象が決まる

POINT

- トーン&マナーはブランディングの重要ファクター
- イメージしづらい概念をわかりやすく共有するための施策を行う
- デザイン確認のプロセスを早い段階に行う

ブランディングの方向性を定める重要ファクター

「トーン&マナー」とは、“デザインの印象”のことであり、「かっこいい」や「かわいい」などの形容詞で表されるものです。ランディングページのトーン&マナーの場合は、単にデザインテイストとしての位置付けだけではなく、ブランディングの方向性を定める重要ファクターでもあります。**デザインの印象は、ランディングページだけでなく商品・サービスそのものの「キャラクター」をも形成するため、ユーザーが抱く商品・サービスのイメージを大きく左右します** 図01。

親しみやすいトーン

洗練されたトーン

高品質なトーン

図01 さまざまなランディングページのトーン&マナー
トーン&マナーはランディングページだけでなく、企業や商品そのものに対するイメージを左右する重要なファクターです。

Webマーケティング上の重要なツールとして、以前にも増して多くの企業がランディングページを導入するようになりました。競合他社のランディングページも増えた分、コンテンツの差別化だけでなく、ブランドイメージ自体を形成できるかどうかが成否を分ける大きな要因になっています。

ユーザー側

初対面の印象
=ブランディング

ランディングページ（企業側）

膨大な情報の集まった
インターネットの世界での出会い

図02 ユーザーと企業の“出会いの場”としてのランディングページ
“ユーザーとの出会いの場”であるランディングページにおいては、コンテンツの差別化だけでなく、ブランディング機能を有していることが大切です。

またランディングページは、インターネット上での、“初めてのユーザーとの出会いの場”でもあり、よい第一印象を抱いてもらうためにもブランディングの機能を有していることが重要です 図02。そうした観点からも、トーン＆マナーをしっかり定めていきましょう。

トーン&マナーの方向性を決める

トーン＆マナーは非常に概念的なもののため、デザインが完成する前はなかなかイメージを共有しづらいものです。それでも、デザインの前段階での準備１つで、トーン＆マナーの方向性も定まりやすくなります。プロジェクトをスムーズに進めていくための準備を含めたポイントを紹介します。

①マップを作り、ポジショニングする

まず、商品やサービスの特性、ターゲットの特性などをベースにしながら、競合他社のランディングページと比べた際に、どのような位置付けがよいかを可視化します。**自社の商品・サービスの位置付けを、2つの軸を定めたマップに落とし込む**ことで、認識の共有もしやすくなります 図03。定める軸は、その商品･サービスやマーケットの特性に応じて決めていけばよいでしょう。

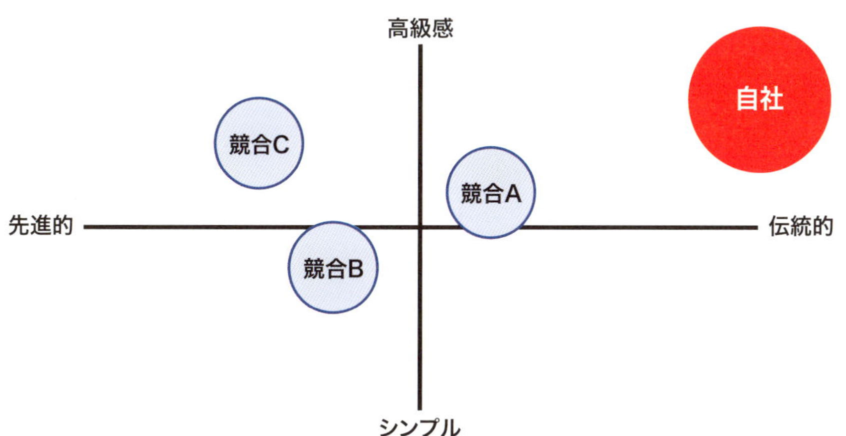

図03 自社の商品・サービスの立ち位置を可視化するマップ
商品・サービスや市場の特性によって軸を決め、競合他社と自社の位置付けを可視化します。

②ターゲット、商品･サービスの特性を探る

デザインを考える際は、「商品・サービスを販売したいターゲット層がどのような人物像であるか」という視点で考えることも大切です。具体的には、**ターゲット層の年齢や性別**です。たとえば、50代の女性であればラグジュアリー感のあるデザイン、20代の女性であればポップなデザインといったように、トーン＆マナーを変える必要があります。もちろん、その人物のライフスタイルや、どのような悩みやニーズを

持っているかによっても変わってきます。

食品・化粧品・家電といった具合に、商品やサービスの特性によってもトーン＆マナーの方向性は変わってくるでしょう。実際には、ターゲットと商品・サービスの特性両方を踏まえながら、適切な落としどころを見つけていく形になるでしょう。

③商品・サービスのロゴを拠り所にする

商品やサービスのロゴには、そもそも何かしらの“想い”が込められているものです。そのため、**ロゴのビジュアルそのものから表出されている世界観をもとにデザインを考える**のも、1つの手です 図04。ロゴのデザインの背景にある想いや目指すものなどを理解することにより、トーン＆マナーのベースとなる考えも見えてきます。

ロゴマーク

CONVERSION LABO.

ランディングページデザイン

図04 ロゴを拠り所にしたランディングページデザインの例
ロゴに使用される「V」のカラーと形状をモチーフに、ランディングページをデザインしています。

④ベンチマークサンプルを用意する

競合他社に限らず、異なる業界も含めて複数のランディングページやWebサイトを閲覧し、イメージしている雰囲気に近いデザインを探しておくことも有効です。**他社のページを参考にできれば、すでに目に見える形になっているものを使ってイメージを共有できるため、よりトーン＆マナーが定めやすく、関係者間での認識のズレも起こりにくくなる**でしょう。

また、最近では写真共有SNSの「Pinterest（ピンタレスト）」などの画像検索ツールも充実しているので、そうしたサービスを活用してイメージに合う画像を探し、ストックしておくことも1つの方法です。

⑤トーン&マナーの構成要素を分解して考える

トーン＆マナーは、複数のデザイン要素を組み合わせて作り上げるものです。詳細はMethod.057で解説しますが、トーン＆マナーは、「カラー」、「フォント」、「レイアウト」、「パーツサイズ」などの表現要素によって構成されます。それらの要素を一つひとつ定めることで、デザイン作業が行いやすくなるとともに、言葉でも説明しやすくなるというメリットがあります。

⑥デザイン確認のプロセスを早めに設定する

トーン＆マナーについて議論する際には、できる限り言語化したり、ビジュアルイメージの参考になるものを共有したりするなどして、関係者間の認識のズレを埋める努力が必要です。しかし、それでもイメージを共有することは難しく、どれだけ事前の準備をしたとしても、実際の絵に仕上げた段階で覆るという事態は起こり得るのが現実です。そうなってしまうと、時間のロスに加え、モチベーションの低下にもつながりかねません。

そのような事態をあらかじめ想定できる場合は、早い段階で制作したデザインを共有するという工程が必要です。その1つの方法として、**ランディングページデザインの方向性を決めるファーストビューまたはファーストビューの次のセクションまでできたら、その段階で関係者間でのテイストの確認を行う**という方法 図05 は効果的です。そのような工程を踏むことで、大幅な変更があった場合にも対応しやすくなります。ひとまずは、たたき台を作る感覚で先にデザインを進めてしまってから、方向性を明確化させるという考え方もあるでしょう。

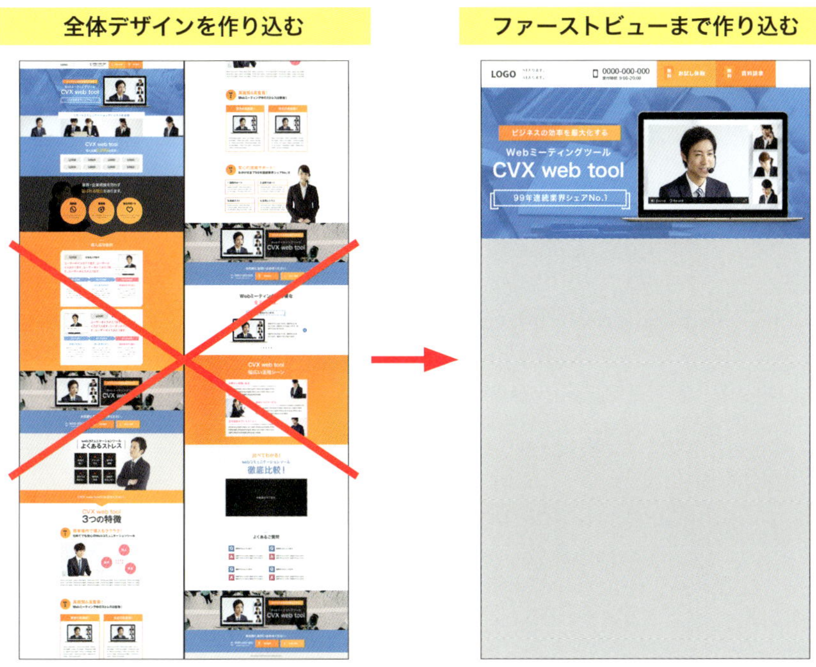

図05 イメージのズレを想定したデザイン確認
トーン＆マナーをスムーズに決めるためには、ファーストビューまたはその次のセクションまでの段階で、ひとまず関係者間で共有することで認識共有を図るのが、有効な方法の１つです。

このようにさまざまなアプローチを頭に入れておくことで、問題が起きた場合の解決策は広がります。たとえやり直しになったとしても、全体を作り込んでからではなく、一部のみを作成した段階で共有しているため、プロジェクトへのダメージもより小さなもので済むでしょう。このようにデザインそのものではなく、プロセスそのものに解決策を見出すことも、とても大切なことです。

Method
016 デザイン開発時のポイント④ 写真や図の活用で直感的に伝える

POINT

- 情報はシンプルであるほど伝わりやすい
- 言葉で説明することが難しい内容は可能な限りビジュアル化する
- 訴求内容に合わせて最適な写真や図解を活用する

写真や図解は情報の直感的理解を促す

よいランディングページにしたいからといって、あれもこれもと情報を詰め込み過ぎると、要素が多くなり過ぎたり、文章が長くなり過ぎたりして、かえって伝えたいことが伝わりにくいページになってしまいます。ユーザーの行動を促すランディングページを作るためには、しっかりとした意図を持って情報要素を絞り込み、優先順位をつけることが重要です。

その上で、**ユーザーに伝えたいことがしっかりと伝わるようにより「シンプル化」していく必要があります**。つまり、ひと目で「直感的」にわかることが大切です。とくに女性ユーザーの多くは直感力に優れているため、写真やイラストなど、「見た目の印象」でそのランディングページを判断してしまう傾向もあります。かんたんにいえば、“パッと見の印象で判断されてしまう”こともあるということです。

そのため、文章を使わなくても伝えられる情報は、可能な限り「ビジュアル化」することがポイントです。写真を活用したり、図解で表現したりすることで、直感的にわかるデザインにすることが、ランディングページにおける「情報デザイン」だといえるでしょう。

以下では、写真や図を効果的に活用したランディングページの実例を紹介します。

①色分けの活用

まずは、リスティング広告とランディングページを最適化する2社協同サービスのランディングページでの図解事例です 図01。**アイコンを活用しつつ、色に変化をつける**ことによって、2社協同サービスであることがひと目でわかる図解になっています。

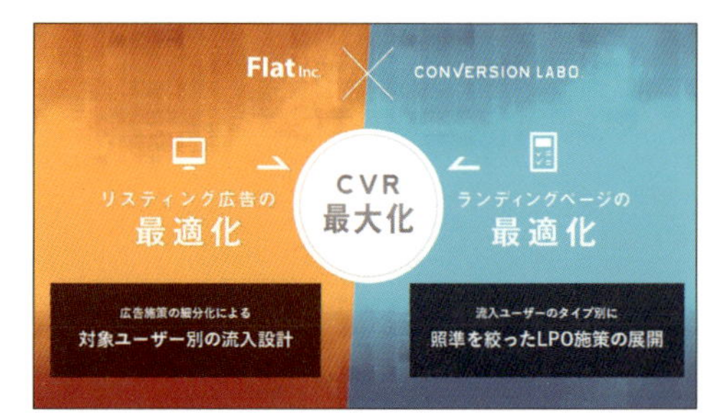

図01 2社協同サービスのランディングページのデザイン例
2社の強みが合わさって実現するサービスであることが伝わるように、アイコンや色づかいが工夫されています。

②図解の活用

「AとBとCという複数の要素があり、どの組み合わせが最適か」を示した、マーケティングイメージの図解です 図02 。**最適な組み合わせを赤色で示すことで、際立たせています**。このように、言葉では伝えづらい内容を図解にすることは、ユーザーの理解を促す大きな助けになります。

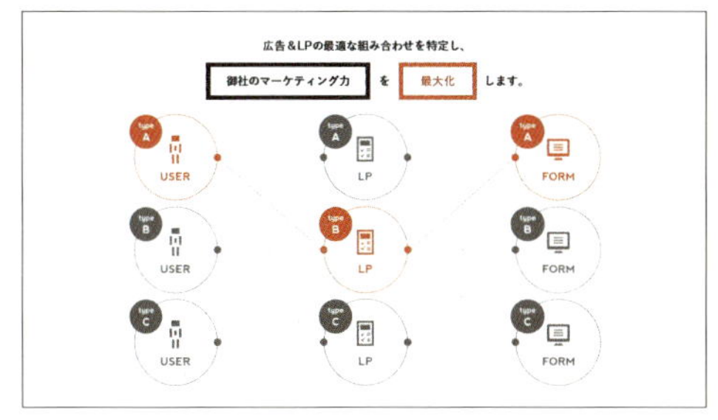

図02 イメージを図解したランディングページのデザイン例
言葉で説明しようとすると難解になってしまう場合は、このような図解にするとよいでしょう。

③写真の活用

「ロケーションフォトウェディング」という、結婚式の前撮り撮影サービスの特徴を説明するセクションの一例です 図03。写真撮影サービスということもあり、**「実際にどのような写真が撮れるのか」をテキストとセットで伝える**ことで、直感性を高めることができます。

図03 実際のサービスイメージが伝わるランディングページのデザイン例
サービスの利用イメージがひと目で伝わる、効果的な写真の使い方です。

④対比の活用

写真撮影サービスについて、他社の類似サービスと比較したセクションです 図04。違いが伝わりやすいように、**イラストの色を反転して対比させる**ことで、ひと目で伝わる工夫がされています。

図04 比較を色とイラストで表現したランディングページのデザイン例
左右の色を反転させることで、サービスの比較であることが直感的にわかるように工夫されています。

このように、写真や図解は訴求したい内容がユーザーに伝わりやすくなる効果があります。ただし、ランディングページの目的や訴求する商品・サービスの内容によって、ふさわしい「ビジュアル化」は異なるため、内容に応じて最適な技法を選びましょう。

Method
017 コーディングの質はコンバージョンも左右しかねない

POINT
- なかなか理解しづらいデザイン完成後の作業を押さえる
- デザインが完了したら、「コーディング」の作業が必要になる
- コーディングの完成度がコンバージョンに影響することを認識する

コーディングの質でライティングとデザインが台無しになる？

ライティングやデザインが完了したら、最終工程であるコーディングの作業に入ります。コーディングとは、でき上がったデザインをWebページとして閲覧できるように、HTMLやCSSといった言語に翻訳する作業です。ユーザーがインターネットでWebサイトを閲覧するためには、Google ChromeやMicrosoft Edgeなどのブラウザを使用します。ブラウザが解釈できる言語に、デザインを変換してあげる作業だと考えてください。**主に文章構造を司るHTML、見た目を司るCSS、Webページに動きを加えるJavaScriptなどで書かれた「コード」によって、Webサイトは構築されており**、ランディングページも例外ではありません。これらのファイルがインターネット上の"土地"にあたるサーバーにアップロードされることで、ユーザーが閲覧できるようになります 図01。

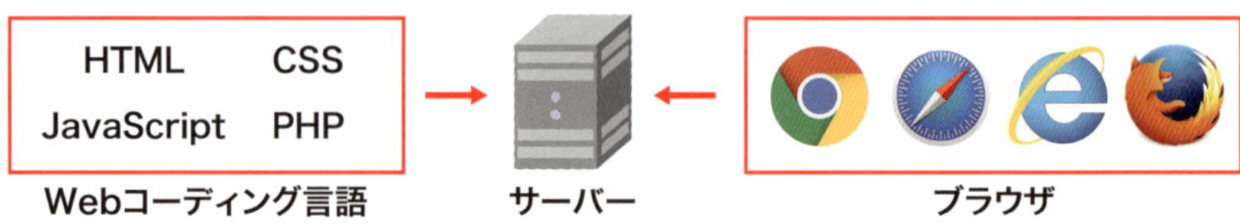

図01 Webページの仕組み
Webコーディング言語で書かれたファイルをサーバーにアップロードすると、インターネット上に公開されます。

Google Chromeの場合、Webサイトを開いた状態で右クリックし、「ページのソースを表示」をクリックすると、ページのコードが表示されます 図02。デザインやラ

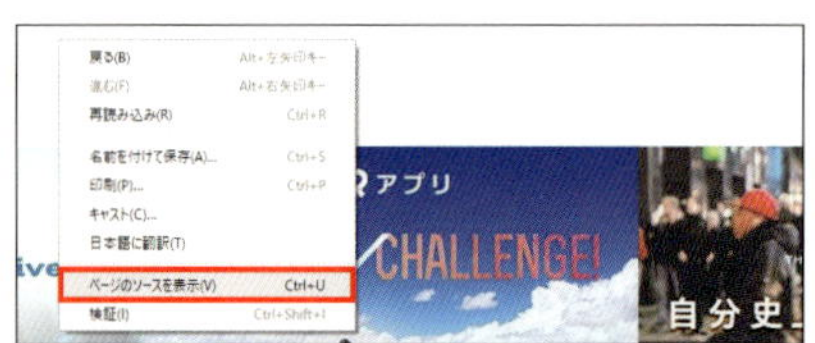

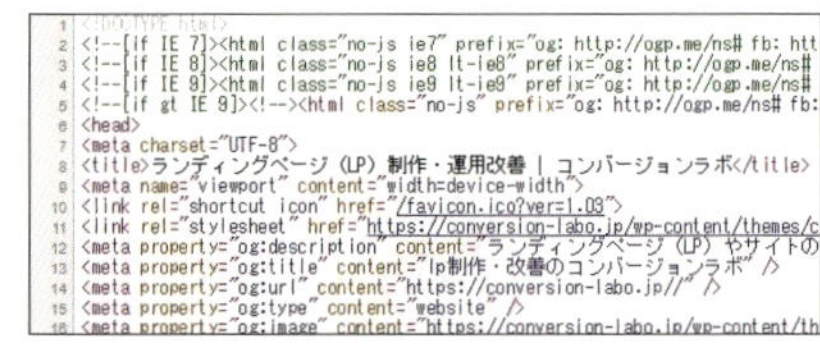

図02 コードの確認方法
ブラウザによって表示方法は違いますが、どのブラウザでもコードの確認は可能です。

イティングに比べて地味な印象を受けるかもしれませんが、大切な工程です。決められたルール通りに文字列を記述していくだけの作業だと思いがちですが、ここで手を抜くと、コンバージョン獲得にも大きく影響することがあります。

仮に100点満点のライティングとデザインができ、ユーザーアンケートでよい評価を得ていたとしても、表示されるまでに10秒かかるページを、ユーザーが見てくれるでしょうか。ユーザーはページが表示されるまで待ってくれずに、ページを離脱してしまうかもしれません。実際にページの表示速度と直帰率は密接に関係しており、直帰率が高くなればその分コンバージョンは減少します 図03。また、リスティング広告に費やす広告費も無駄になってしまいます。

昨今のランディングページではデザインが重視されるため、画像のファイル容量が増加しています。商材にもよりますが、ページの長さも長くなる傾向があります。**そのような状況でも、ページをすばやく表示させるための工夫をするのが、コーディングを行うコーダーです**。HTML、CSS、JavaScriptは、コードの書き方によって表示速度が変わるため、この分野に深い知識を持った技術者に依頼することが大切です。

表示速度の問題だけでなく、OSやブラウザによる互換性も意識しなければなりません。Google ChromeやSafariなど、ブラウザによってWebページの表示の仕方は異なります。そして、同じGoogle Chromeであっても、WindowsとMacでは見た目に多少の差が生じるものです。

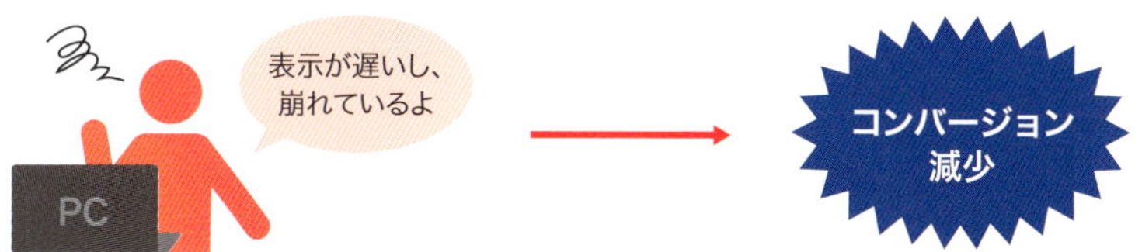

図03 質の低いコーディングがコンバージョンの減少を招く
ページが表示されるまでの時間は、コードの書き方によって変わります。

図04のように、表示が崩れているページを見たら、ユーザーはどう思うでしょう？

そのページで商品を購入したい気持ちになるでしょうか？ **ランディングページは多種多様なOS、ブラウザから閲覧されており、さまざまな環境で正常な表示を保つためには、ブラウザやOSに関する知識も必要です**。

ページの表示が遅かったり、意図通りに見えないというのは、ランディングページの最も根本的な土台が崩れてしまうことを意味します。きちんと効果を上げるためにも、決して疎かにしてはいけない工程です。

図04 表示の崩れたランディングページ
商品やサービスの"顔"であるランディングページの表示が崩れていると、ユーザーに悪い印象を与えてしまいます。

Method
018 いったん仕上がったあとにもう一度デザインを見直す

POINT

- ☑ デザイン検証では、要素を細かく分解して考える
- ☑ ユーザー目線に立って伝わりやすいデザインになっているかを検証する
- ☑ 限られた時間の中でも必ず検証のための時間を確保する

MEMO

ランディングページは集客の要になるツールなので、可能な限り早くリリースしたいでしょう。しかし限られた時間の中でも、検証作業を行う時間を確保しなければいけないというジレンマが常にあります。制作期間の中で必要な検証時間を確保できるかどうかが、その後の成果にも影響します。

検証すべき要素が何かを考える

一通りデザインができたからといっても、それで終わりではありません。より成果の出るデザインにするための検証作業が必要になります。検証のための1つの考え方は、構成要素の分解です。**色・フォントの種類・レイアウトなどのそれぞれの要素に分けて考えて、デザインをより最適化していきます** 図01。1つの要素が変わるだけでも、デザインに変化が起こります。

色	フォント	余白・レイアウト	写真	その他
▼3つのカラー戦略 ①メインカラー ②サブカラー ③コンバージョンカラー ▼フォントカラー etc	▼フォントの種類 ▼フォントの数 ▼フォントのサイズ ▼画像テキストとHTMLテキスト etc	▼テイストに沿った余白の設定 ▼上下左右のマージンの統一・ルール化 ▼縦・横の配置 etc	▼写真の選定 ▼写真のサイズ ▼写真の色味 ▼写真の切り抜き・加工 etc	▼オブジェクトの形状 ▼オブジェクトのサイズ ▼レイヤースタイルなどによるデザイン装飾 ▼アイコンやイラストデザイン etc

図01 デザイン検証要素
要素に分けて考え、目指すデザインに近付けていきます。

ユーザー視点に立ってデザインを見直す

ユーザー視点に立って改めてデザインの検証をしてみると、大小問わずいろいろな発見があります。たとえば、大きめにデザインしたはずのキャッチコピーも、ユーザー視点で見ると、小さくて読みづらいといったことも起こり得ます 図02。

- ☑ **デザインテイスト**
  ターゲット向きのテイスト感
- ☑ **可読性**
  文字・テキスト情報などの読みやすさ
- ☑ **操作性**
  ボタンなどの操作パーツのユーザビリティ
- ☑ **直感性**
  瞬発的な訴求情報のわかりやすさ
- ☑ **スクロール負担度合**
  ページ全体もしくは各セクションの縦幅
- ☑ **変化**
  飽きさせないレイアウト・ジャンプ率の高さ

図02 検証時のチェックリスト
ユーザー視点で見ると、デザインしているときには気付かなかった部分に目が行くものです。

PART 2
ランディングページを分析して課題を見つける

Method

019 Googleアナリティクスは必ず導入する

POINT

- Googleアナリティクスはランディングページの分析に必須
- [行動→サイトコンテンツ→ランディングページ]で一覧をチェック
- 全体の成果を上げるために、どのページを改善するか特定する

用語

Googleアナリティクス
Googleが提供している無料アクセス解析ツール。ユーザーの分析から広告の分析まで、さまざまな機能を備える。

MEMO

Googleアナリティクスの導入方法については本書では割愛しているため、公式のヘルプページなどをご参照ください。

Googleアナリティクスは現状分析に必須

Webマーケティングの集客効率を高めるためには、ランディングページに対する現状分析が欠かせません。たとえば、2つのランディングページを活用してリスティング広告などを運用している場合、それぞれのコンバージョン率を比較することで、「どちらのパフォーマンスが高いのか」という分析結果をもとに次の改善施策が立てやすくなります。

ランディングページの分析を行うためには、アクセス解析・ページ解析ツールが必要です。現在ではさまざまなツールがありますが、その中でも「Googleアナリティクス」は、**無料で豊富な分析機能が使える点に加え、流入経路による効果の違いやユーザーの性別や年齢別の統計データなどをもとに、ランディングページのパフォーマンスを詳しく分析することができます**。

Googleアナリティクスは
ランディングページにも活用できる

「ランディングページ」というと“広告の受け皿”と考えられがちですが、もともとはユーザーがサイト内で最初にアクセスしたページ全般を指します。つまり、**広告以外の検索エンジンやSNS、リンク等を通してユーザーが最初にアクセスしたページも「ランディング（着地）ページ」です**。Googleアナリティクスでは広告に特化したページを含むすべてのランディングページのデータを集計してくれます。

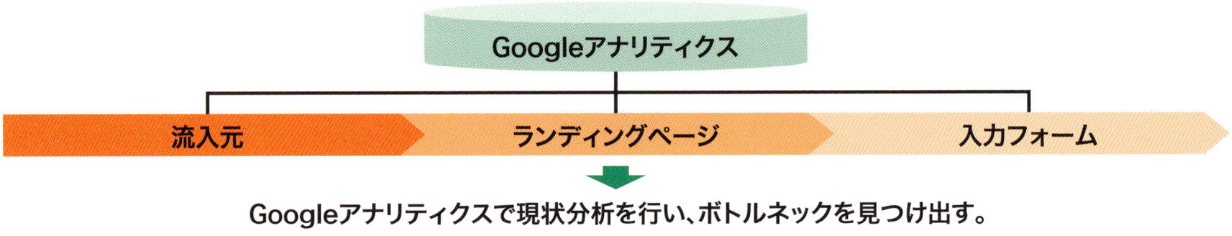

Googleアナリティクス

流入元 → ランディングページ → 入力フォーム

Googleアナリティクスで現状分析を行い、ボトルネックを見つけ出す。

図01 **Googleアナリティクスの分析範囲**
Googleアナリティクスで分析すれば、どこを改善すればよいかというボトルネック（最大の阻害要因）を見つけることができます。

Google アナリティクスで現状分析がしっかりできれば、広告など流入元の課題、デザインやレイアウトなどランディングページの課題、入力フォームの課題など、サイト全体のパフォーマンス改善につなげられます 図01。

ランディングページとは “ユーザーが最初に訪れるページ”

ランディングページは、縦にスクロールしながら見ていく1ページ完結のWebページだけでなく、複数の下層ページへ遷移させることを目的とした一覧系ページやトップページに着地させたり、ときにはダイレクトに入力フォームのページに着地させたりする場合もあります。前述のように、**最初にユーザーが訪問するWebページは、Google アナリティクス上ではすべてランディングページに分類されます**。この定義は、管理画面の画面構成を見れば一目瞭然です 図02。

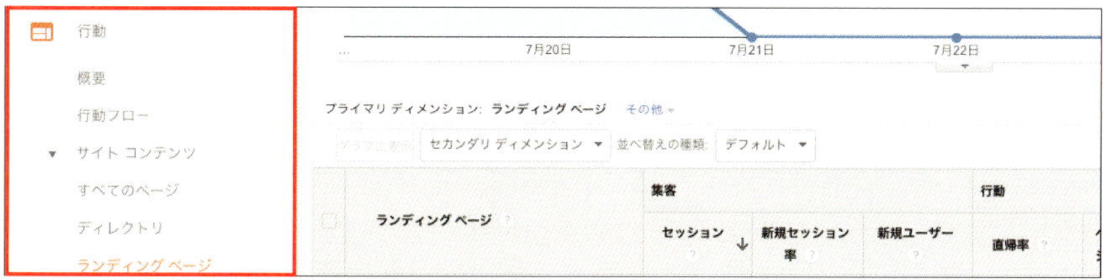

図02 Google アナリティクスのメニュー構成
[行動→サイトコンテンツ→ランディングページ] という構造になっています。

つまり、Webサイト運営者が「自社にはランディングページがない」と思っていても、広告に特化したページがないだけで、サイトの入口となったページはすべてランディングページとして集計されます。

管理画面では、各ランディングページにおけるセッション数や直帰率、平均セッション時間、コンバージョン率、コンバージョン数といった指標のほか、サイト全体に占めるコンバージョン数の構成比率まで確認することができます 図03。複数のページから構成されるWebサイトでは、ランディングページごとにパフォーマンスをチェックし、パフォーマンスの悪いページの仕分けや特定も行えます。もちろん単体のランディングページであっても、さまざまな指標をチェックするためにGoogle アナリティクスを導入しておくことは大切です。

ランディング ページ	集客			行動			コンバージョン eコマース		
	セッション	新規セッション率	新規ユーザー	直帰率	ページ/セッション	平均セッション時間	トランザクション数	収益	eコマースのコンバージョン率
	109,887 全体に対する割合: 100.00% (109,887)	71.82% ビューの平均: 71.76% (0.09%)	78,924 全体に対する割合: 100.09% (78,856)	52.71% ビューの平均: 52.71% (0.00%)	3.92 ビューの平均: 3.92 (0.00%)	00:02:17 ビューの平均: 00:02:17 (0.00%)	2,279 全体に対する割合: 100.00% (2,279)	$448,675.06 全体に対する割合: 100.00% ($448,675.06)	2.07% ビューの平均: 2.07% (0.00%)
1. /home	65,566 (59.67%)	71.35%	46,782 (59.27%)	54.88%	3.89	00:02:20	1,240 (54.41%)	$240,261.92 (53.55%)	1.89%

図03 ランディングページの成果指標
複数のWebページで構成されるランディングページがあれば、「どのページのパフォーマンスがよいか」といった、ページごとの比較ができます。

用語
セッション数
サイトを訪れたユーザーがそのサイトを離脱するまでの行動の単位。そのサイト内にある複数のページを閲覧しても、セッション数は1となる。

用語
直帰率
ユーザーがWebサイトを訪れた際に、1ページだけ見て離脱した訪問の割合。

用語
平均セッション時間
ユーザーの1回のサイト訪問における滞在時間の平均。

Method 020

コンバージョン率の推移を時系列で分析する際のポイント

POINT

- ☑ 特定のランディングページのコンバージョン率を時系列の推移で見る
- ☑ いつから変化が起きているのかを確認する
- ☑ ランディングページの流入元もチェックする

MEMO

Googleアナリティクスを導入しただけでは、コンバージョンの計測はできません。コンバージョン率などを計測するためには、「目標」の設定が必要です。目標はギアのマークの［管理］をクリックして管理メニューを表示し、「ビュー」の［目標］をクリックして設定します。たとえば資料請求をコンバージョンに設定している場合なら、資料請求フォームの送信後に「ご送信ありがとうございました」などと表示するサンクスページへの到達を目標に設定します。目標の具体的な設定手順については、P.82を参考にしてください。

コンバージョン数が悪いのは時期的な影響なのか、それともランディングページの問題なのか

Webサイトもしくはランディングページの公開時から一定期間、運用を継続していくと、「運用当初よりもコンバージョン数が減ってきた」と感じることもあるでしょう。そのような場合には**特定のランディングページのコンバージョン率を、時系列で分析**してみる必要があります。記憶の限り過去に遡って、どこからコンバージョン数の減少や推移に変化が起こったのか、しっかりと把握することが大切です。

たとえばGoogleアナリティクス管理画面の計測期間を「運用開始時期」から現在までの期間でセットし、折れ線グラフで表示される指標を「コンバージョン率」に設定します。そのあと、日、週、月の単位を選ぶことで、時系列のコンバージョン率の推移を確認することができます。

特定のランディングページを分析する

［行動→サイトコンテンツ→ランディングページ］で表示した表内のランディング

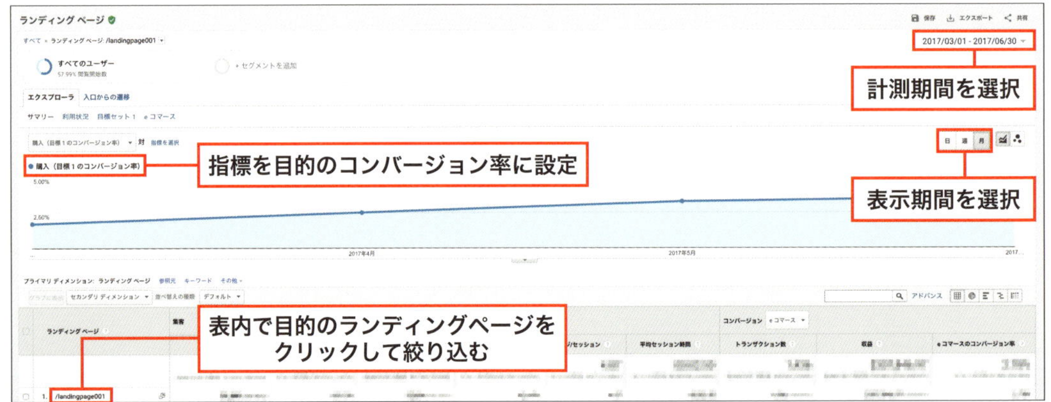

図01 特定のランディングページのコンバージョン率

［行動→サイトコンテンツ→ランディングページ］から特定のランディングページを選択すると、個別のパフォーマンスを確認できます。

ページ一覧から目的のランディングページのURLをクリックすれば、そのページのみの数値に絞り込めます 図01。

一定期間の推移でコンバージョン率の増減を可視化することで、その増減が一時的な（あるいは季節的な）現象なのか、ランディングページのパフォーマンスそのものが悪化しているのかを、客観的に判断できるはずです。

流入元や流入数に大きな変化がないにも関わらず、ほかのランディングページと比べてコンバージョン率が右肩下がりになっていれば、そのランディングページ自体に何かしらの課題があるのだと推測することができるのです。

たとえば、コンバージョン率の低下とともに、新規セッション率も相関して減少しているような傾向が見つかった場合、新しいユーザーを流入させるための集客施策を考えるとよいでしょう。また、直帰率が徐々に上昇し続けている状況であれば、そのランディングページのコンテンツが劣化し、コンテンツそのものをリニューアルする必要があるかもしれません。

ランディングページへの広告を含む流入元もチェックする

ランディングページのコンバージョン率が悪化する原因には、「流入ユーザーの変化」も考えられます。ページの流入元の多くをリスティング広告などのオンライン広告が占めている場合 図02 は、広告の運用方法にも原因があるかもしれません。その場合、広告運用側の改善施策の履歴も改めてチェックしておく必要があるでしょう。

たとえば、**リスティング広告に加えて、予算を増額してディスプレイ広告も追加施策として配信開始すると、セッション数が一気に増える反面、コンバージョン率は相対的に下がりやすくなります**。さらに、ディスプレイ広告の配信が施策の中心である場合は、配信先やバナークリエイティブとランディングページとの相性などもコンバージョン率に影響を与えます。また、オーガニック検索での流入が中心であれば、ランディングページの検索順位なども要因の候補として挙げられます。

このように、コンバージョン率が下がる要因は千差万別です。気になるページのコンバージョン率の推移を時系列でチェックしてから、流入元ごとの数値の変化や施策の履歴をチェックして、ランディングページの課題を絞り込んでいきましょう。そうすることで、最適な状況判断を下すことができるはずです。

用語
リスティング広告
検索エンジンで検索されるキーワードに連動して表示される広告のこと（Method.003参照）。連携するパートナーサイトに表示されるものもある。

用語
ディスプレイ広告
GoogleやYahoo!の提携サイトに広告料を支払うことで表示される広告（Method.003参照）。バナー広告と呼ばれることもある。

用語
オーガニック検索
検索エンジンでの検索結果画面に表示されるURLのリストのうち、リスティング広告のような広告枠を含まない部分のこと。

図02 広告からの流入経路
広告流入が主体のランディングページのコンバージョン率が悪い場合、ランディングページ側の分析と並行して、広告運用の施策履歴もチェックしてみましょう。

Method
021 セグメント機能でユーザーごとに分析を掘り下げる

POINT

- コンバージョン率を特定の指標に絞り込む
- 傾向や問題点を発見する
- 分析に必要なセグメントを新規で設定する

コンバージョン率を特定のセグメントで分析してみる

ランディングページの運用フェーズにおいては、「コンバージョン率が上がった（下がった）」など、結果報告のみの会話に終始しがちです。しかし、「主力となるランディングページAの新規ユーザーのコンバージョン率が徐々に低下しているため、全体のコンバージョン率も悪化している」など、具体的に掘り下げた方が次の施策につなげやすくなり、議論の的も絞りやすくなります。

このような特定の指標に絞った分析には、Googleアナリティクスのセグメント機能を活用します。このセグメント機能とは、特定の条件に絞った集計データを管理画面上に一覧表示させることができる機能です。**通常のコンバージョン率と、特定の指標（セグメント）におけるコンバージョン率を比較することで、課題や傾向をより具体的につかむことができます** 図01。

ランディングページA

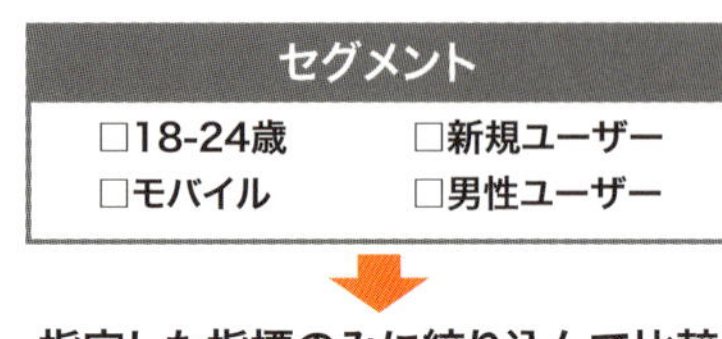

ランディングページB

図01 **Googleアナリティクスのセグメント機能**
セグメント機能を活用し、特定の条件に絞り込んで数値を比較すれば、さらに深い分析ができます。

セグメントを有効活用する

セグメントには、デフォルトの項目として「新規ユーザー」や「リピーター」、「タブレットとPCのトラフィック」、「モバイルトラフィック」、「コンバージョンに至ったユーザー/至らなかったユーザー」などの指標が用意されています。

レスポンシブWebデザインで、パソコン、スマートフォン、タブレットの各端末で閲覧しても同一のURLで表示させている場合でも、デバイスカテゴリでセグメントすれば、各端末カテゴリごとの集計データを抽出できます。

用語
レスポンシブWebデザイン
1つのHTMLに対して、ユーザーが閲覧するデバイス（パソコン、スマートフォン、タブレット）の画面サイズに最適なページのレイアウト・デザインを表示させる技術（Method.070参照）。

セグメント条件を新規で追加する

セグメントの項目は、分析したい内容や目的に合わせて新たに設定することができます。また、複数のセグメント条件を組み合わせることもできるので、分析方針に合わせて自社に最適化させることが可能です 図02。

なお、新規のセグメント条件の項目の1つには「ユーザー属性」が含まれています。はじめからGoogle アナリティクスのユーザー属性の設定を有効化しておく必要がありますが、**「どんな年齢・性別ユーザーが流入してきているのか」、「どれくらいコンバージョンしているのか」などを、セグメント別に分析することができます。**

図02 新規セグメントの追加
P.55を参考に「ランディングページ」まで進み、すべてのユーザーの右側にある枠線をクリックすると、セグメントの選択や新規追加が行えます。

設定が完了すれば、そのセグメントした条件でランディングページの集計データをチェックすることができます。たとえば、「25-34」(25歳～34歳)の女性ユーザーをセグメントとして新規登録した場合 図03、この条件に合致する集計データが表示されます。**自社の商品やサービスの想定ターゲット層に対してコンバージョン率が高いのか低いのかを、全体のコンバージョン率と比較することができます。**

図03 ユーザー属性をセグメント化する
ユーザー属性をセグメントとして設定すれば、自社のターゲットに絞り込んだコンバージョン率などを確認することができます。

用語

ユーザー属性の有効化

Google アナリティクスの［ユーザー→ユーザー属性→概要］を選択し、ユーザー属性とインタレストカテゴリに関するレポートのページ直下に出てくる「有効化」をクリックすると設定がオンになり、集計を開始することができる。

MEMO

広告流入やオーガニック流入など、流入元の条件をセグメントとして設定することもできるため、コンバージョン率の高い流入元を見つけたり、逆に低い流入元を見つけたりもできます。

Method
022 セカンダリディメンションで特定ページの内訳を見る

POINT

- 特定のランディングページを複数の指標で深掘りして分析する
- セカンダリディメンションを有効活用する
- よい点と悪い点を仕分け、現状分析を行う

用語
ディメンション
Google アナリティクスでランディングページを分析する上での"軸"のこと。

特定のランディングページに対して、もう1つの指標を掛け合わせて分析する

特定のランディングページを深掘りして分析する場合は、Google アナリティクスの「セカンダリディメンション」を活用しましょう。P.55の 図03 では、ディメンションが「ランディングページ」に設定されており、さまざまな指標が"ページごとに"表示されています。Method.021で紹介したセグメント機能は、あるセグメント条件に対して複数のページを一覧で分析するアプローチです。それに対して**セカンダリディメンションは、特定のランディングページにもう1つの条件を掛け合わせた内訳をもとに分析する**という、考え方の違いがあります 図01。

セカンダリディメンションでは、具体的に「ユーザー属性」、「性別」、「エリア」、「流入元」、「セカンドページへの遷移率」など、もう1つの条件を掛け合わせて分析を行うことができます 図02。

セカンダリディメンション

	ランディングページ A
性別	設定した条件で特定ページを多角的に分析
年齢	
エリア	

セグメント

	性別
LP_A	設定した条件で複数ページを一覧分析
LP_B	
LP_C	

図01 セカンダリディメンションとセグメントの違い
両者はそれぞれ分析のアプローチが異なります（表はセカンダリディメンションの分析の考え方を示したもので、Google アナリティクスに表示される実際の表とは一致しません）。

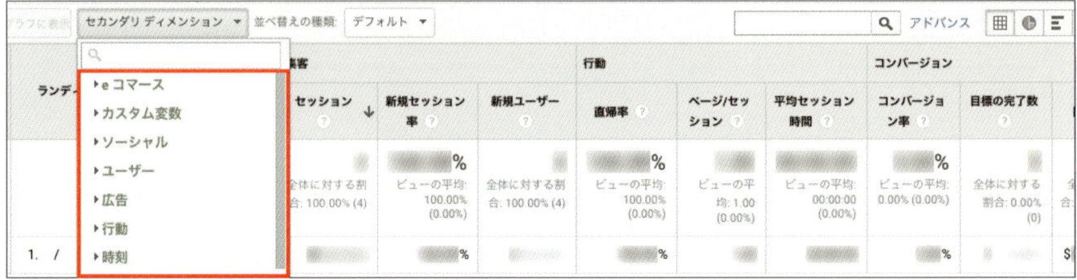

図02 セカンダリディメンションの選択項目
セカンダリディメンションは、「eコマース」、「カスタム変数」、「ソーシャル」、「ユーザー」、「広告」、「行動」、「時刻」、「集客」の項目から選択できます。

セカンダリディメンションを有効活用する

セカンダリディメンションの選択項目は、8項目（「e コマース」、「カスタム変数」、「ソーシャル」、「ユーザー」、「広告」、「行動」、「時刻」、「集客」）の中から選択でき、さらにそれぞれの項目の中に、数値分析につながる個々の指標が含まれています。

たとえば、特定のランディングページAに対して、**男女における「セッション」、「直帰率」、「滞在時間」、「コンバージョン率」の違いを比較**してみたいという場合、セカンダリディメンションの「ユーザー」から「性別」を選択すると、男性の場合と女性の場合それぞれの集計結果を表示でき 図03、「年齢」を選択すると、年齢別の集計結果を表示できます 図04。

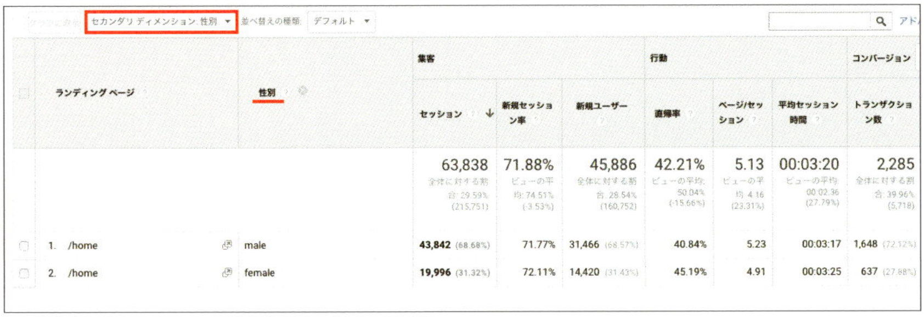

セカンダリ ディメンション: 性別 ▼　並べ替えの種類: デフォルト ▼　アド

ランディングページ	性別	集客 セッション ↓	新規セッション率	新規ユーザー	行動 直帰率	ページ/セッション	平均セッション時間	コンバージョン トランザクション数
		63,838 全体に対する割合: 29.59% (215,751)	71.88% ビューの平均: 74.51% (-3.53%)	45,886 全体に対する割合: 28.54% (160,752)	42.21% ビューの平均: 50.04% (-15.66%)	5.13 ビューの平均: 4.16 (23.31%)	00:03:20 ビューの平均: 00:02:36 (27.79%)	2,285 全体に対する割合: 39.96% (5,718)
1. /home	male	43,842 (68.68%)	71.77%	31,466 (68.57%)	40.84%	5.23	00:03:17	1,648 (72.12%)
2. /home	female	19,996 (31.32%)	72.11%	14,420 (31.43%)	45.19%	4.91	00:03:25	637 (27.88%)

図03 セカンダリディメンションを「性別」に設定
セカンダリディメンションを「ユーザー」→「性別」に設定すると、男女別の集計結果を確認することができます。

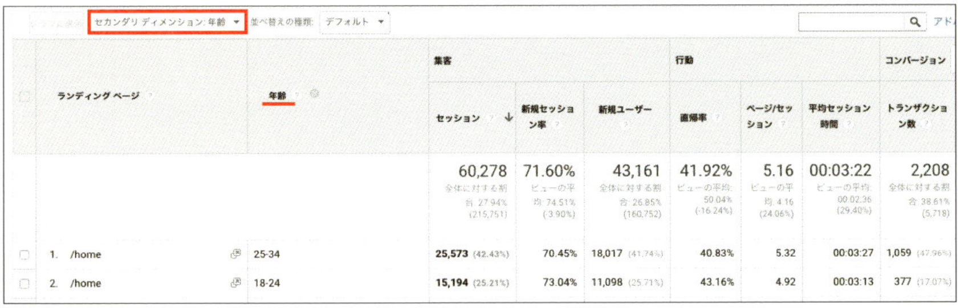

セカンダリ ディメンション: 年齢 ▼　並べ替えの種類: デフォルト ▼　アド

ランディングページ	年齢	集客 セッション ↓	新規セッション率	新規ユーザー	行動 直帰率	ページ/セッション	平均セッション時間	コンバージョン トランザクション数
		60,278 全体に対する割合: 27.94% (215,751)	71.60% ビューの平均: 74.51% (-3.90%)	43,161 全体に対する割合: 26.85% (160,752)	41.92% ビューの平均: 50.04% (-16.24%)	5.16 ビューの平均: 4.16 (24.06%)	00:03:22 ビューの平均: 00:02:36 (29.40%)	2,208 全体に対する割合: 38.61% (5,718)
1. /home	25-34	25,573 (42.43%)	70.45%	18,017 (41.74%)	40.83%	5.32	00:03:27	1,059 (47.96%)
2. /home	18-24	15,194 (25.21%)	73.04%	11,098 (25.71%)	43.16%	4.92	00:03:13	377 (17.07%)

図04 セカンダリディメンションを「年齢」に設定
セカンダリディメンションを「ユーザー」→「年齢」に設定すると、「18-24」「25-34」「35-44」「45-54」「55-64」「65+」の分類で年齢別の集計結果を確認することができます。

分析して見えてくる課題を改善施策へとつなげる

ランディングページを新規で制作する場合や既存のランディングページを改修する場合も、このような方法で特定のページを個別に分析することで、「現状はどの指標がよくて、悪いのはどこか」という傾向の分析ができます。それにより、チームでLPO を行う場合においても、外部に依頼する場合においても、**感覚に流されず、数値をもとにした合理的な意思疎通ができるようになる**はずです。

用語
LPO
ランディングページの最適化。コンバージョン率を高めるために、ランディングページの構成や内容を工夫すること。

Method
023 年齢・性別などを軸にして分析する際のポイント

POINT

- ☑ 特定のランディングページに流入したユーザーの年齢・性別を分析する
- ☑ 流入元別でユーザの年齢・性別を分析する
- ☑ ユーザー属性を把握して改善の糸口を見つける

ランディングページに流入しているユーザーを年齢別・性別でそれぞれ傾向分析してみる

訪問しているユーザーの傾向をつかみたい場合、Method.022で解説したセカンダリディメンションを用いて、年齢別や性別の傾向を分析しましょう。

たとえば、商品やサービスでも幅広い年齢に向けたものもあれば、特定の性別・年代に特化したもの、法人向けのものなどもあり、ターゲット層やビジネスの形態はさまざまです。総合的なデータだけを眺めていても、成果に貢献してくれているユーザー像はなかなか見えてきません。

そのようなときは、**年齢や性別を軸に特定のランディングページへの「セッション」、「コンバージョン率」、「コンバージョン構成比率」を分析**します 図01。年齢別のセッション構成比率なども一覧で確認できるため、集客や広告プロモーションにおける、リーチしたユーザーの検証にもつながります。

年齢区分

18-24　45-54
25-34　55-64
35-44　65+

性別区分

male
female

図01 セカンダリディメンションでユーザーを分析する
年齢や性別の区分を軸にして特定のランディングページを分析すれば、どんなユーザーがアクセスしているかの傾向をつかむことができます。

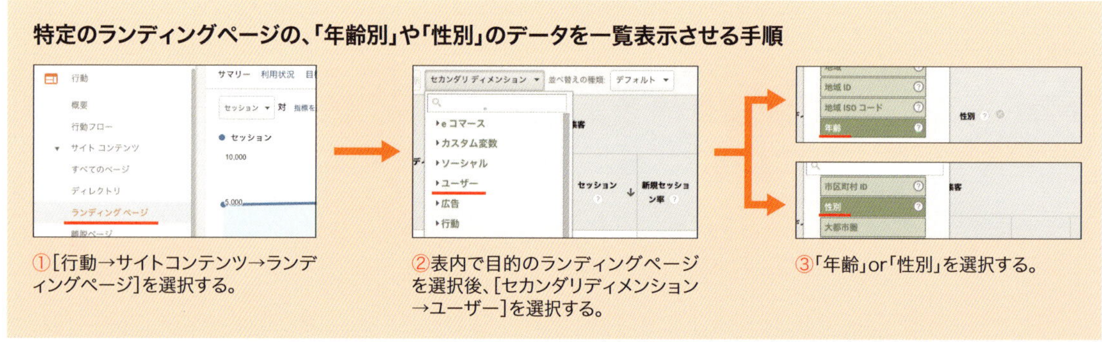

特定のランディングページの、「年齢別」や「性別」のデータを一覧表示させる手順

①[行動→サイトコンテンツ→ランディングページ]を選択する。

②表内で目的のランディングページを選択後、[セカンダリディメンション→ユーザー]を選択する。

③「年齢」or「性別」を選択する。

流入元別のユーザーを年齢別・性別で傾向分析してみる

広告・検索エンジン・リンクが張られている参照サイトなど、その**ランディングページへの流入元ごとに年齢や性別の傾向を見る**こともできます 図02。

たとえば、Google と Yahoo! にそれぞれリスティング広告を出稿している場合、両媒体から流入してくるユーザーの傾向にどのような違いがあるかを分析することができます。

流入元	年齢別
1. yahoo	35-44
2. yahoo	25-34
3. google	25-34
4. google	35-44
5. yahoo	18-24

流入元	性別
1. yahoo	male
2. yahoo	female
3. google	male
4. (direct)	male
5. bing	male

図02 流入元に年齢（左）・性別（右）を掛け合わせたせた分析の例
流入元に年齢や性別を掛け合わせて分析すれば、媒体ごとにユーザーの傾向が把握ができます。

MEMO
Google アナリティクスでは、流入元のことを「参照元」といいます。

ユーザー属性がつかめれば、広告やランディングページ改善の糸口が見つかる

特定のランディングページや流入経路におけるユーザー属性を把握しておくことで、「現在の施策にズレがないか」という検証はもちろんのこと、より成果を上げるために「広告やランディングページでどのようなターゲット層をイメージしながら改善していけばよいか」という、**ユーザーのペルソナ像を突き詰めていく**ことにもつながるでしょう。

当初想定していたペルソナ像通りという場合もあれば、意外なユーザー属性からのコンバージョン率が高い、ということもあり得るかもしれません。このように、セカンダリディメンションで特定ページのユーザー属性を分析することで、ターゲット選定の妥当性を検証することができます。

用語
ペルソナ
自社の商品やサービスを利用してくれるであろうと想定したユーザー像のことを指す。マーケティングにおいては、このペルソナ像を作りだし、そのユーザーのニーズを満たすような開発設計を行う。

特定のランディングページの流入元ごとの「年齢別」や「性別」のデータを一覧表示させる手順

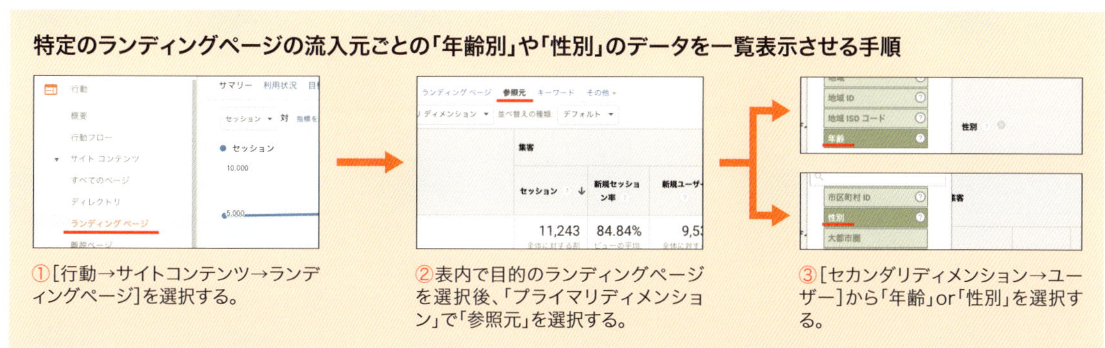

①[行動→サイトコンテンツ→ランディングページ]を選択する。

②表内で目的のランディングページを選択後、「プライマリディメンション」で「参照元」を選択する。

③[セカンダリディメンション→ユーザー]から「年齢」or「性別」を選択する。

Method

024 ランディングページから2ページ目までの遷移を軸にして分析する際のポイント

POINT

- ランディングページの次に遷移した2ページ目の傾向を把握する
- 2ページ目の遷移数を母数としたコンバージョン率を知る
- コンバージョンに貢献している（していない）2ページ目を見つける

ページに着地したユーザーが次に遷移したページ（2ページ目）の傾向を把握する

ランディングページがフォーム一体型の場合や他ページへのリンクが一切ない場合、もしくは1つの入力フォームしかない場合をのぞき、ユーザーのニーズや状況に合わせてアクションしてもらう導線（コンバージョンポイント）を複数用意しておく必要があるサービスや業態の場合もあります 図01。

たとえば、買取サービスを行っている業態の場合、査定のタイプも複数あります。「宅配買取の申し込み」、「出張買取の申し込み」、「簡易写真査定の依頼」など、**複数のコンバージョンポイントとそれに対応する個別のフォームを用意することで、ユーザーとのコンタクトポイントを広げる**という考えもあります。

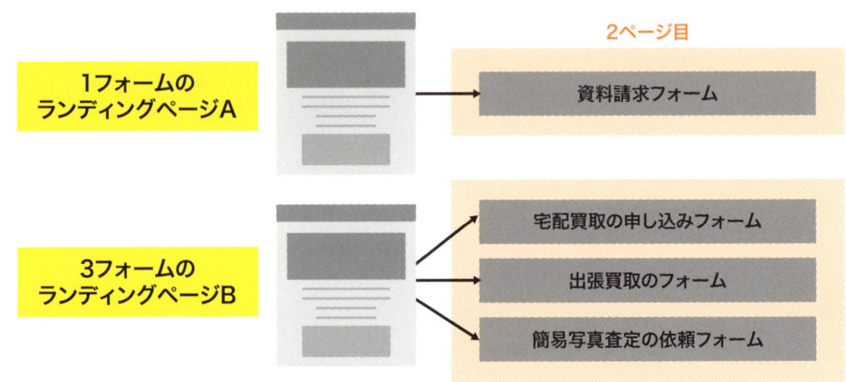

図01 コンバージョンポイントを複数設ける例
業態や商品・サービスによっては、ランディングページBのようにユーザーからのコンタクトポイントを増やして、それぞれに個別のフォームを用意する場合もあります。

また、図01 に限らず、状況によってはサイトのトップページや一覧ページ（カテゴリページ）がランディングページとして機能し、そこから次の下層ページへ遷移してコンバージョンに至るというパターンもあるでしょう 図02。この場合、「どのページに遷移し、コンバージョンしたのか」という導線がさらに複雑化するのはいうまでもありません。

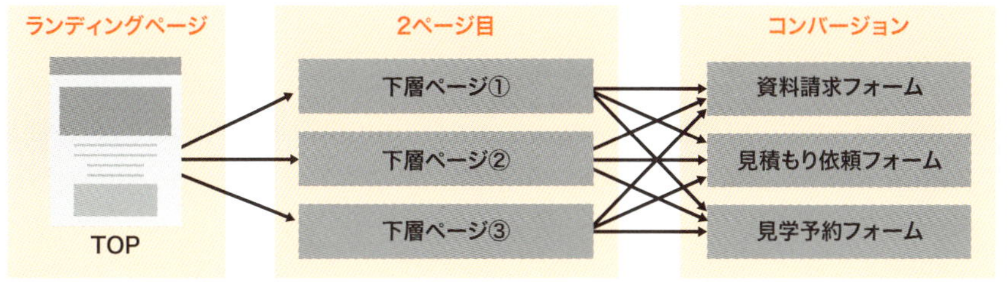

図02 コンバージョンの導線
状況によって、どのページからコンバージョンしたのかという結果は複雑になります。

2ページ目の遷移率やコンバージョン率を確認する

［行動→サイトコンテンツ→ランディングページ］から1つのランディングページを選択したら、「セカンダリディメンション」で「行動」→「2ページ目」を選択することで、最初のランディングページから2ページ目への遷移率、コンバージョン数、2ページ目への遷移数を母数としたコンバージョン率の一覧を表示できます 図03。複数のコンバージョンポイントの完了ページURLがそれぞれ異なる場合は、目標設定タブを任意の目標に切り替え、各ページのコンバージョン率と構成比を分析できます。

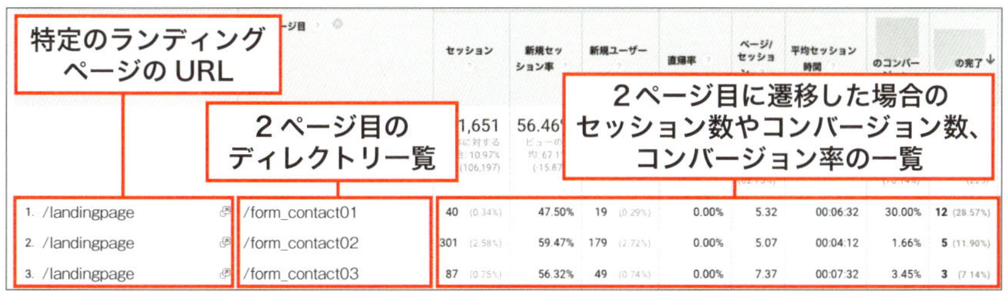

図03 2ページ目を経由したコンバージョン
「行動」のランディングページから特定のランディングページを選択後、［セカンダリディメンション→行動→2ページ目］と選択すると、特定のランディングページを起点とした遷移数や遷移率、および2ページ目を経由したコンバージョン率などを一覧で確認できます。

どのページへの遷移がもっとも コンバージョン率が高いのか

この分析を行うことで、**ランディングページの次の2ページ目におけるコンバージョン貢献度を分析**することができます。複数のコンバージョンポイントを持った広告用のランディングページであれば、「どのフォームからのコンバージョン率がよいのか」を判断することもできます。また、トップページや一覧ページであれば、「どの下層ページがコンバージョンに貢献しているか」を分析できます。「ランディングページと2ページ目までをペアで捉え、それぞれどう改善していくか」という糸口が見つかる場合もあります。

MEMO
コンバージョンを個別に測定する場合は事前にGoogleアナリティクス上でそれぞれの目標設定を行っておく必要があります（目標設定についてはP.82参照）。

Method 025 流入経路を軸に分析する際のポイント

POINT

- 特定のランディングページと相性のよい流入経路を見つける
- カスタムキャンペーンのパラメータを設定する
- セグメント機能とセカンダリディメンションを活用する

用語
ネイティブアド
媒体の通常のコンテンツと一体化したフォーマットで配信する広告のこと。さまざまな種類があり、代表例として、Webメディアで最近よく見られる「おすすめ記事」セクションにPRを明記して表示される広告リンクなどがある。

用語
SNS型広告
SNSのタイムラインなどに出稿する広告（Method.003参照）。SNSはユーザーが自身の属性や嗜好を登録していることが多いため、広告出稿の際も「このようなユーザーに広告を表示したい」というターゲティングが詳細に行える。

相性のよい流入経路はどこなのか

ランディングページに対して、複数の広告媒体からユーザーを流入させていたり、オーガニック検索や参照サイト、ソーシャルメディアも含めた集客を行っている場合は、流入経路ごとにランディングページのコンバージョン率を分析することができます。とくに、リスティング広告やディスプレイ広告、ネイティブアド、SNS型広告などの運用型広告については、媒体ごとのパフォーマンス（＝コンバージョン率）が気になるところでしょう。

この場合、各広告の入稿用URLの末尾にカスタムキャンペーンのパラメータを設定することで、その値をもとに「参照元 / メディア」などのセカンダリディメンション（Method.022参照）と組み合わせた分析ができるようになります。そのため、**コンバージョン獲得の観点からパフォーマンスのよい広告や配信手法まで探ることができます** 図01。

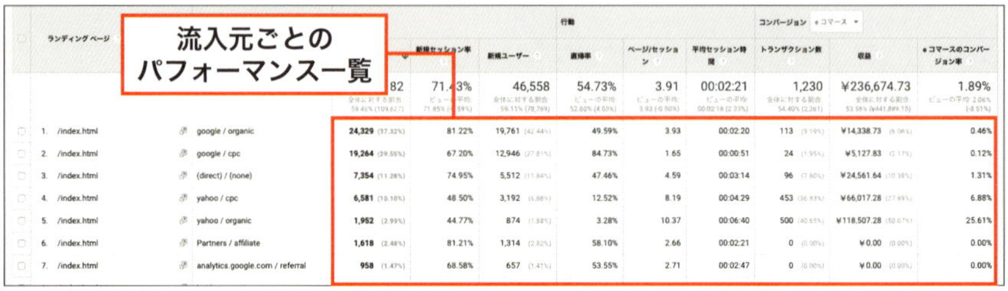

流入元ごとの
パフォーマンス一覧

	ランディング ページ		[illegible]	新規セッション率	新規ユーザー	直帰率	ページ/セッション	平均セッション時間	トランザクション数	収益	eコマースのコンバージョン率
			…82	71.[illegible]3%	46,558	54.73%	3.91	00:02:21	1,230	¥236,674.73	1.89%
1.	/index.html	google / organic	24,329 (37.32%)	81.22%	19,761 (42.44%)	49.59%	3.93	00:02:20	113 (9.19%)	¥14,338.73 (6.06%)	0.46%
2.	/index.html	google / cpc	19,264 (29.55%)	67.20%	12,946 (27.81%)	84.73%	1.65	00:00:51	24 (1.95%)	¥5,127.83 (2.17%)	0.12%
3.	/index.html	(direct) / (none)	7,354 (11.28%)	74.95%	5,512 (11.84%)	47.46%	4.59	00:03:14	96 (7.80%)	¥24,561.64 (10.38%)	1.31%
4.	/index.html	yahoo / cpc	6,581 (10.10%)	48.50%	3,192 (6.86%)	12.52%	8.19	00:04:29	453 (36.83%)	¥66,017.28 (27.89%)	6.88%
5.	/index.html	yahoo / organic	1,952 (2.99%)	44.77%	874 (1.88%)	3.28%	10.37	00:06:40	500 (40.65%)	¥118,507.28 (50.07%)	25.61%
6.	/index.html	Partners / affiliate	1,618 (2.48%)	81.21%	1,314 (2.82%)	58.10%	2.66	00:02:21	0 (0.00%)	¥0.00 (0.00%)	0.00%
7.	/index.html	analytics.google.com / referral	958 (1.47%)	68.58%	657 (1.41%)	53.55%	2.71	00:02:47	0 (0.00%)	¥0.00 (0.00%)	0.00%

図01 セカンダリディメンションと組み合わせて分析する
コンバージョン獲得の観点からパフォーマンスのよい広告や配信手法を見つけることで、広告予算の投資配分を柔軟にコントロールし、より多くのコンバージョンの獲得につなげられます（画面のデータは架空のものです）。

カスタムキャンペーンのパラメータを設定する

広告配信の場合、配信したいランディングページのリンク先URLの末尾にパラメータ（Method.037参照）を付与することで、Googleアナリティクス側でそのパラメータをもとにした分析を行うことができます 図02。

http://lpo.conversion-x.jp/lp02?utm_campaign=cvx&utm_source=google&utm_medium=search　↑?以降がカスタムパラメータ

キャンペーン:CVX
参照元:google
メディア:search

図02 カスタムキャンペーンのパラメータには種類がある
パラメータは、Campaign URL Builder を活用して生成することができます。

セグメント機能とセカンダリディメンションを活用し、任意の流入経路の詳細を分析する

さらに、セグメント機能とセカンダリディメンションを組み合わせることで、ランディングページにおける流入経路ごとのユーザーの属性・エリア・2ページ目の遷移率などの詳細なデータを抽出することができ、より掘り下げた分析を行えます 図03。

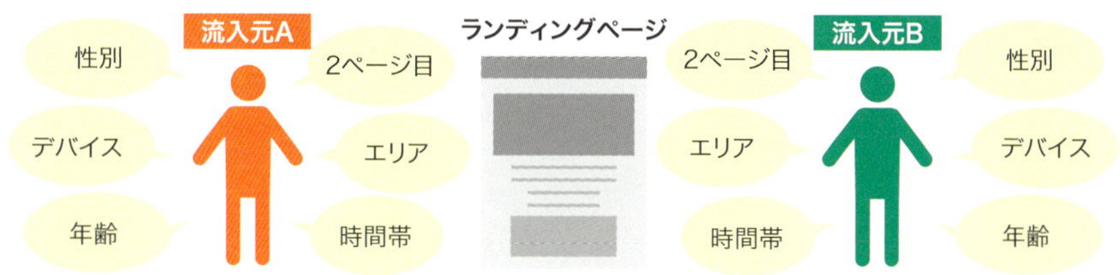

図03 特定の流入経路から訪れたユーザーの傾向を分析する
年齢や性別、エリア、時間帯、2ページ目の遷移率など、ユーザーの傾向を具体的に把握します。

たとえば、運用しているランディングページに対して、広告媒体Aと広告媒体Bから流入してくるユーザーのコンバージョン率に大きな違いがあるとします 図04。このような場合、**各ユーザーの年代と性別ごとのセッション構成比やコンバージョン構成比を知ることで、改めて媒体ごとの特徴を認識できます**。

また、パフォーマンスの悪い流入経路においては、その広告運用の配信条件をテコ入れして改善することにつなげたり、その広告に合わせてランディングページのほうを改善するという選択肢も考えられます。

図04 コンバージョン率の違いを確認する
広告媒体ごとにコンバージョンしたユーザーの特徴に違いがないか分析してみましょう。

参照

Campaign URL Builder
https://ga-dev-tools.appspot.com/campaign-url-builder/

MEMO

男性ユーザーのセグメントを作成し、セカンダリディメンションを「参照元/メディア」に設定することで、流入元ごとの傾向を性別に分けて傾向を分析できます。また、特定の参照元/メディアに絞り込んだセグメントで作成し、セカンダリディメンションで性別や年齢、地域などで深く分析したりする方法などもあります。Method.029の図02、030の図03、032なども参考にしてください。なお、参照元/メディアのセグメントを作成する際は、P.59の「ユーザー属性」ではなく「トラフィック」を選び、「参照元」と「メディア」を個別に設定します。

Method 026

新規ユーザー・リピーターごとに分析する際のポイント

POINT

- 「すべてのユーザー」、「新規ユーザー」、「リピーター」のコンバージョン率を時系列で比較
- セグメントを有効活用する
- 各セグメントのコンバージョン率の違いを分析する

コンバージョン率が低いのは新規ユーザーかリピーターか

ランディングページを公開し、広告運用を長く継続していくと、どこかのタイミングでコンバージョン率が低下していく場合があります。このときに、Method.021でも解説したようにGoogle アナリティクスのセグメントを使って、**「すべてのユーザー」、「新規ユーザー」、「リピーター」ごとのセッション数やコンバージョン率の推移などをあわせて比較分析**してみることで、課題や傾向が見えてくる場合があります 図01。

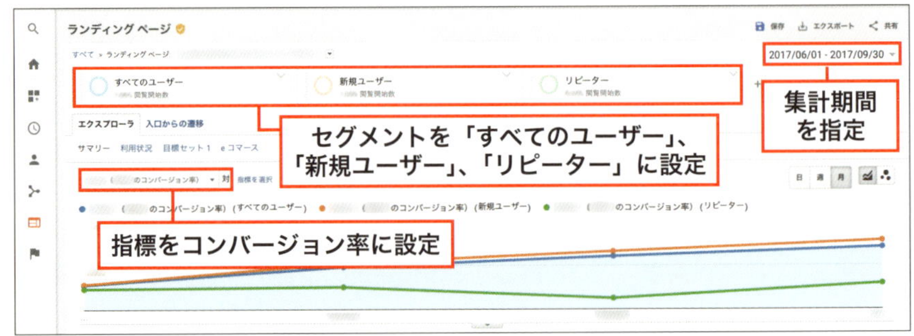

図01 セグメント機能を活用してコンバージョン率を分析する
セグメント機能を利用して、総合、新規、リピーターのコンバージョン率を分析できます。

セグメント別 CVR 比較	6ヶ月前の CVR	現在の CVR
すべてのユーザー	4.10% →	2.69%
新規ユーザー	4.35% →	1.74%
リピーター	3.31% →	5.95%

図02 過去と現在のコンバージョン率の比較の例
新規ユーザーのコンバージョン率が6ヶ月前よりも下がっているため、結果的に総合コンバージョン率が下がっていることがわかります。

たとえば 図02 のような結果が出た場合は、「新規ユーザーのコンバージョン率をどう回復するか」が改善策を考える上での起点になります。

新規ユーザーのコンバージョン率の推移とそのほかの指標との相関を見てみる

新規ユーザーのコンバージョン率が下降傾向にある場合、サイトに訪問している新規ユーザーの増減と関連がないかを確認するために、全体の新規セッション率と、新規ユーザーのコンバージョン率を時系列で比較してみる方法もあります 図03。

「すべてのユーザー」の新規セッション率の推移

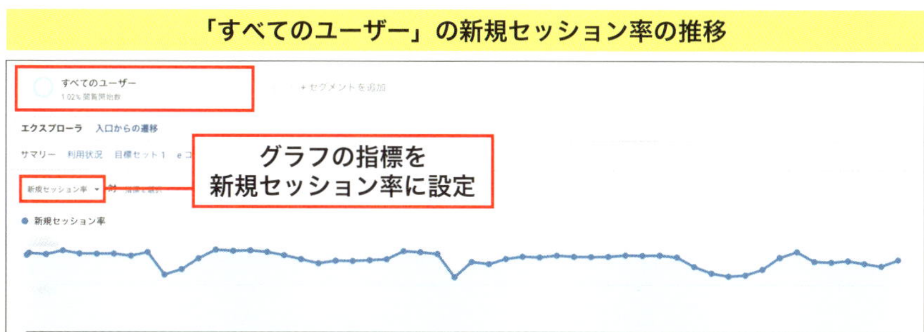

「新規ユーザー」のコンバージョン率の推移

図03 新規セッション率と新規ユーザーのコンバージョン率を比較
新規セッション率には大きな変化がないため、これが低下の要因ではないことがわかります。

この結果から、**「新規ユーザーのコンバージョン率の低下は、新規ユーザーの割合の増減とは関連がない」と考えられるため、本当の問題点がよりつかみやすくなります。**

コンバージョン率の推移とほかの指標を重ねて分析していくことで、コンバージョン率が下がっている要因に「セッションの滞在時間が影響している」、「直帰率が高くなっている」などが見えてくる場合もあります。そのときは、「このページの滞在時間を上げるためにはどうしたらよいか」、「直帰率を下げるためにはどういう工夫をすればよいか」と1段階細かくなった課題へ落とし込めるため、具体策が考えやすくなります。

また、複数のランディングページを運営しているときは、それらのランディングページ同士で新規/リピーター別のコンバージョン率を比較してみましょう。比較ページの新規ユーザーにおけるコンバージョン率が高ければ、そのページのコンテンツやオファーなどを、改めて新規ユーザーの目線で観察してみます。欠けていた要素やページの構成、オファー表現など、何が問題なのかを特定するヒントが見つかるかもしれません。

用語

新規セッション率
Webサイトへのセッション（＝アクセス）全体の中で、初めてそのサイトへ訪れたセッションの割合。新規セッション率が高いほど、そのページを初めて見てくれたユーザーの割合が多いことになる。

MEMO

さらに深掘りしたい場合は、ヒートマップツール（Method.035参照）などを導入し、スクロール率やコンテンツごとの熟読度合いをチェックしてみるという方法もあります。

Method

027 エリアごとに分析する際のポイント

POINT

- 地域による違いを分析する
- セッション数やコンバージョン率、構成比などに着目してみる
- エリアごとの特徴から広告配信やランディングページを適宜最適化する

パフォーマンスの違いが地域によってあるのか分析してみる

商品やサービスには、全国すべてのユーザーが対象になるものもあれば、支店や店舗展開・営業エリアの関係から限定した地域のみの場合もあります。そのため、商圏を限定した広告を運用しているケースも珍しくありません。

このようなときも、ランディングページのデータが一定数蓄積してきたタイミングで、**地域ごとの流入数やコンバージョン率、セッション滞在時間などの傾向を調べる**ことで、見えなかった課題の発見や、広告配信エリアの拡張・絞り込みの判断に活用できたり、地域に合わせた成果向上のアイデアが得られたりする可能性もあります。

地域（もしくは市区町村単位）で表示をする

［行動→サイトコンテンツ→ランディングページ］から任意のランディングページを選択したのち、「セカンダリディメンション」を選択し、「ユーザー」→「地域（もしくは市区町村単位）」で集計データを表示します。すると、**都道府県や市区町村単位でセッション数やコンバージョン数、コンバージョンの構成比を確認できます** 図01。

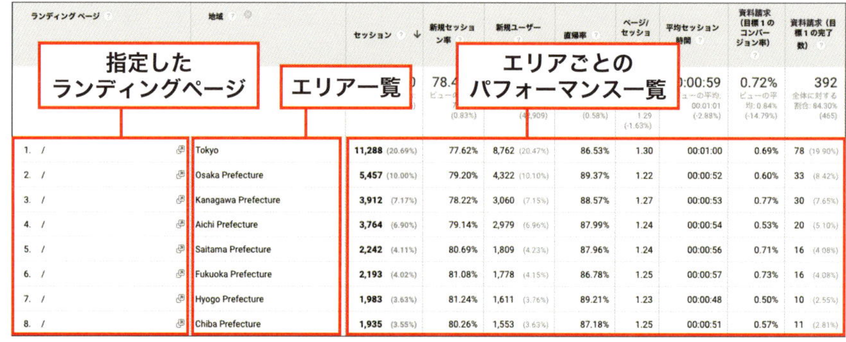

ランディングページ	地域	セッション	新規セッション率	新規ユーザー	直帰率	ページ/セッション	平均セッション時間	資料請求（目標1のコンバージョン率）	資料請求（目標1の完了数）
			78.4 (0.83%)	(42,909)	(0.58%)	1.29 (-1.63%)	:00:59 ビューの平均: 00:01:01 (-2.88%)	0.72% ビューの平均: 0.84% (-14.79%)	392 全体に対する割合: 84.30% (465)
1. /	Tokyo	11,288 (20.69%)	77.62%	8,762 (20.47%)	86.53%	1.30	00:01:00	0.69%	78 (19.90%)
2. /	Osaka Prefecture	5,457 (10.00%)	79.20%	4,322 (10.10%)	89.37%	1.22	00:00:52	0.60%	33 (8.42%)
3. /	Kanagawa Prefecture	3,912 (7.17%)	78.22%	3,060 (7.15%)	88.57%	1.27	00:00:53	0.77%	30 (7.65%)
4. /	Aichi Prefecture	3,764 (6.90%)	79.14%	2,979 (6.96%)	87.99%	1.24	00:00:54	0.53%	20 (5.10%)
5. /	Saitama Prefecture	2,242 (4.11%)	80.69%	1,809 (4.23%)	87.96%	1.24	00:00:56	0.71%	16 (4.08%)
6. /	Fukuoka Prefecture	2,193 (4.02%)	81.08%	1,778 (4.15%)	86.78%	1.25	00:00:57	0.73%	16 (4.08%)
7. /	Hyogo Prefecture	1,983 (3.63%)	81.24%	1,611 (3.76%)	89.21%	1.23	00:00:48	0.50%	10 (2.55%)
8. /	Chiba Prefecture	1,935 (3.55%)	80.26%	1,553 (3.63%)	87.18%	1.25	00:00:51	0.57%	11 (2.81%)

図01 **エリア別の分析方法**
Google アナリティクスで任意のランディングページを指定したあと、セカンダリディメンションで「ユーザー」→「地域（もしくは市区町村）」を選択します。

セッション数とコンバージョン率の関係を基準にエリアを分類してみる

広告運用が中心の場合、1クリックごとにコストが発生します。できる限り効率よく運用するためにも、エリアごとのパフォーマンスはつかんでおきたいものです。

図02 のように、「広告の流入数は多いがコンバージョン率は低いエリア」と「広告の流入数は少ないがコンバージョン率が高いエリア」に分けられたとします。これに基づいて、たとえば**「高コンバージョン率の地域の広告配信を増やしてセッション数増を目指す」というように、広告予算の分配を考えることもできます**。

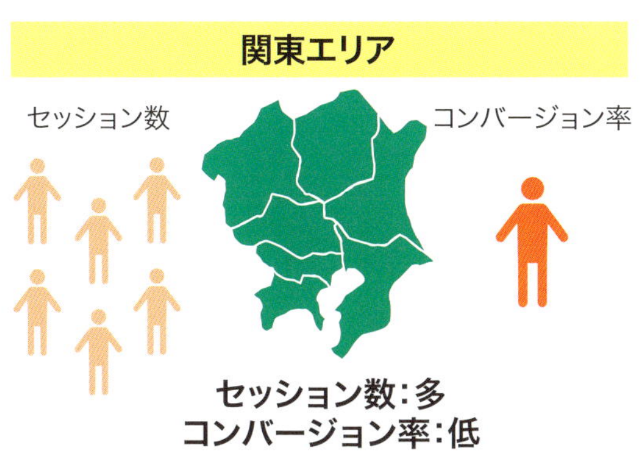

図02 セッション数とコンバージョン率でエリアを分類する
獲得効率のよい広告予算の分配などを考えることができます。

地域ごとの特徴を考慮してマーケティングを展開する

一般的な EC サイトの場合、全国すべての顧客に商品を届けること自体は可能でしょう。しかし、EC 商材でもエリアごとに成果にばらつきが出るようなケースもありえます。たとえば、チャイルドシートなどの車載商品を販売している場合、「電車移動中心の都心ユーザー」と「車中心の地方ユーザー」では、商品の購入意欲に差があるかもしれません。

店舗や支店を展開しているのであれば、**「どの地域のユーザーのパフォーマンスがよく、どの地域が悪いか」**を確認すべきです。限りある広告費の投資を無駄にしないためにも、効率のよい地域に絞るという選択肢も浮かびます。逆にパフォーマンスの悪い地域の競合他社のページを分析してみると、何かその地域特有の事情が発見できるかもしれません。

買取系のサービスを展開しているのであれば、現状では特定店舗への持ち込みにしか対応していなくても、ランディングページでの反響を分析して、宅配買取を採用して商圏を全国に広げるといった事業モデルの拡大もあり得ます。サービスモデルによって打ち手は千差万別ですが、地域ごとのパフォーマンスの良し悪しを分類することで、より効率的なマーケティングを展開することにつながるはずです。

Method
028
時間帯別・曜日別に分析する際のポイント

POINT
- 時間帯や曜日でセッション数やコンバージョン率の傾向を見る
- セグメントを活用し、「モバイルトラフィック」や「タブレットとPCのトラフィック」など、端末カテゴリと掛け合わせて分析する

どの時間帯や曜日にユーザーが訪れて、コンバージョンしているのか

ユーザーがランディングページに訪れる時間帯や一週間のサイクルの中で、どのタイミングでアクセスやコンバージョン率が増減するのかを確認しましょう。

ユーザーはそれぞれ生活サイクルの一部の時間を使い、何かをきっかけにして商品やサービスのランディングページを訪れています。たとえば、平日の午前8時〜9時におけるスマートフォンからのアクセスがほかの時間帯よりも多い場合は、「移動の合間にページを見ているかもしれない」というユーザーの行動パターンを想定することができます。BtoB（法人向け）のビジネスであれば、平日の日中にパソコンからのアクセスが多く、夜間に減少しているという傾向も見られるでしょう。

このように、**時間帯や曜日から傾向を分析することで、ユーザーがランディングページを見ている状況や環境を想定しやすくなり**、それを踏まえたコンテンツやデザインの改善も可能になります。

図01 曜日別にコンバージョン率を見る
セカンダリディメンションでは「時刻」→「曜日の名前」を選択します。

曜日や時間帯別に表示する

Googleアナリティクスでは［行動→サイトコンテンツ→ランディングページ］から任意のランディングページを選択したのち、「セカンダリディメンション」で「時刻」→「曜日の名前」もしくは「時」を選択します。

特定のランディングページの曜日別 図01 や時間帯別 図02 のデータを表示させることで、**「どの曜日にセッション数が多いか」、「コンバージョン率が高いのは何曜日か」、「逆に低いのは何曜日か」などが確認できます**。また、時間帯は24時間単位でデータを表示できるため、1日に占めるコンバージョン数のうち、「コンバージョン数が多い時間帯はいつなのか」というコアタイム確認も可能です。

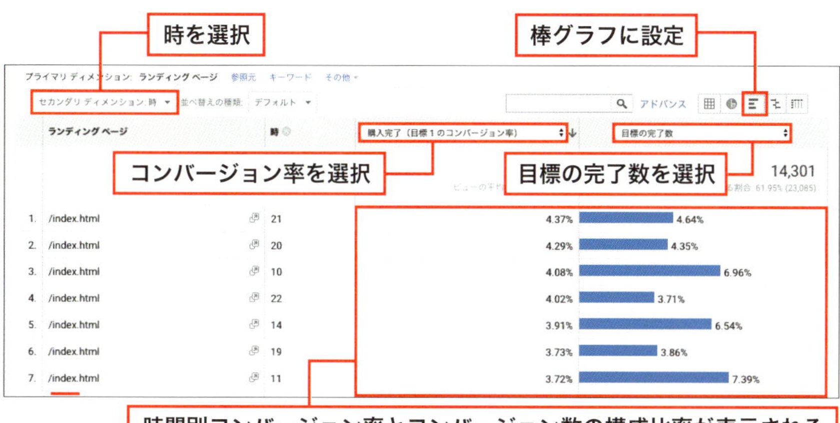

図02 時間帯別にコンバージョン率を見る
セカンダリディメンションでは「時刻」→「時」を選択します。

端末と掛け合わせて分析してみる

より深く調べたい特定の曜日や時間帯がわかれば、端末カテゴリごとの流入やコンバージョンの傾向を分析することもできます。セグメント機能で「モバイルトラフィック」のみ、もしくは「PC/タブレットトラフィック」などで分析してみましょう 図03。

MEMO
ユーザーがいつ、どんな状況でページに訪れているのかを知ることで、その状況に合わせてコンテンツのボリュームを調整したり、より申し込みしやすくするようなCTAを再設計したりなど、改善のためのアイデアも浮かびやすくなります。

+新しいセグメント　ギャラリーからインポート　セグメントを共有
セグメント名　作成日　変更日
セグメントの表示：すべて／システム／カスタム／共有／スター付き
タブレットと PC のトラフィック　アクション
トランザクションの発生したセッション　アクション
ノーリファラー　アクション
マルチ セッション ユーザー　アクション
モバイル トラフィック　アクション
タブレットと PC のトラフィック：デバイス カテゴリ:「tablet」 デバイス カテゴリ:「desktop」

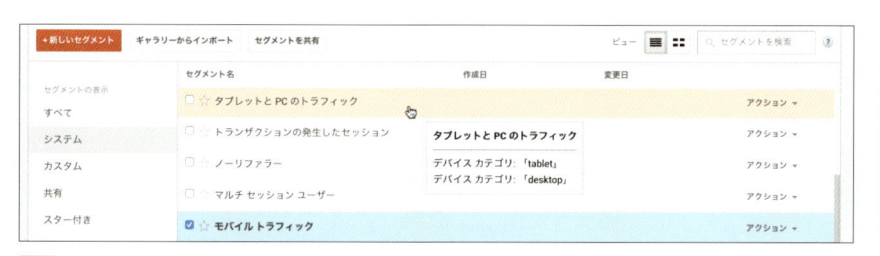

図03 端末カテゴリでセグメントしてみる
「モバイルトラフィック」の場合や「タブレットとPCのトラフィック」など、主要な端末ごとに掘り下げて分析することもできます。

Method

029 デバイス別に分析する際のポイント

POINT

- コンバージョン率をデバイスごとに把握する
- デバイスごとの特徴や傾向を深掘りする
- デバイスをまたいだコンバージョンもチェックする

「モバイル」ユーザーと「パソコン・タブレット」ユーザー、どちらが中心でどちらが重要なのか？

BtoC（一般ユーザー向け）のビジネスの場合、今ではモバイルユーザーが流入の90％以上を占めることも少なくありません。このようなケースでは、パソコン側のランディングページにテコ入れするよりも、スマートフォン側のランディングページにテコ入れしたほうが効率的であることは明らかです。

ただし、高額商品や、訪問面談を通して成約するサービス業などの場合はそうとも限りません。大切な決断を要する商品やサービスでは、ユーザーが改めて再考する時間が必要になります。そのため、最初はスマートフォンからアクセスしたとしても、自宅や会社などの落ち着いた環境からパソコンでページを見直して再検討するということもあり得るでしょう。

BtoB（法人向け）のビジネスであれば、ランディングページはパソコン側のみ準備すればよいか、スマートフォン側もあったほうがよいか、という判断が必要なこともあります。とくに外出の多い経営者やエグゼクティブ層に向けたマーケティングの場合、必ずしもパソコン版のページのみで事足りるわけでもないのです。

このような視点から、自社サイトの流入ユーザーの比率を把握することは必須です。中でも**デバイスカテゴリ別に傾向をつかんでおくと、どちらのデバイスに意識してランディングページを改善していけばよいのか把握できるため、効率的なLPOの展開が図れます**。

デバイスカテゴリを表示する

「デバイスカテゴリ」では、ユーザーの端末を「desktop」、「tablet」、「mobile」という大きな括りで分けて、パフォーマンスを分析できます 図01。

任意の期間における各デバイスカテゴリごとの「セッション数」、「新規セッション率」、「直帰率」、「平均セッション時間」、「コンバージョン数」、「コンバージョン率」などがすべて一覧で確認できます。ほかにも、OSやブラウザ、モバイル端末の名称などの項目もセカンダリディメンションに用意されています。

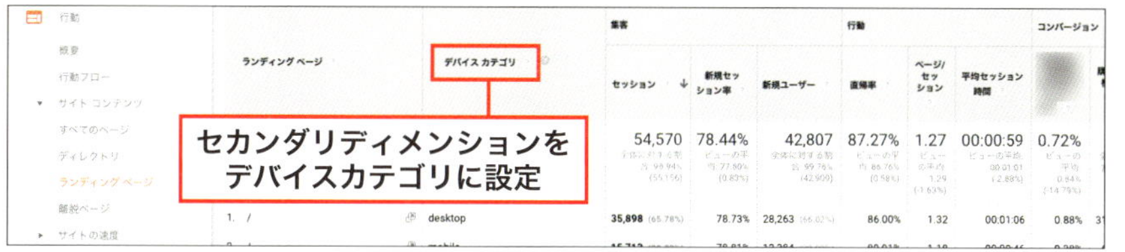

図01 デバイスカテゴリ
[行動→サイトコンテンツ→ランディングページ] から任意のランディングページをクリックし、セカンダリディメンションで「ユーザー」→「デバイスカテゴリ」を選択します。

デバイスごとの分析はセグメントとセカンダリディメンションを組み合わせる

デバイスごとの特徴や傾向が見えてきたら、**セグメント機能を使ってデバイスごとの分析をより深掘りしていきましょう**。たとえば「モバイルトラフィック」のセグメントを適用し、セカンダリディメンションで年代、性別、時間帯の内訳を見れば、スマートフォンユーザーのコンバージョン率の高低パターンを詳細に把握できます 図02。

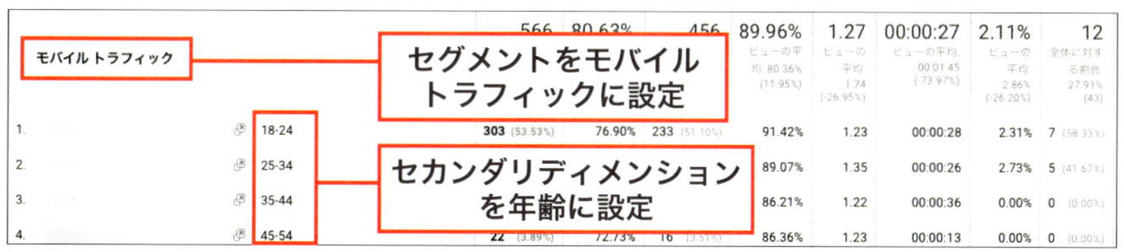

図02 スマートフォンユーザーのデータ
[行動→サイトコンテンツ→ランディングページ] から任意のランディングページを選択後、セグメントを「モバイルトラフィック」に指定し、セカンダリディメンションで気になる指標を選択します。

Google AdWordsのクロスデバイスを併用する

Google AdWords では新たに管理画面の計測機能の1つに「デバイスをまたいだアクティビティ」という機能が追加されています 図03。これによって、複数の端末をまたいだコンバージョンが計測できるようになったため、**重要度の高いデバイスの特定や、デバイス間の経路やテコ入れが必要なデバイスなどの情報を得られます**。

> **用語**
> **Google AdWords**
> Google が運営する広告出稿サービス。リスティング広告やディスプレイ広告、YouTube 広告などが出稿できる。

図03 デバイスをまたいだアクティビティ
Google AdWords では、デバイスをまたいだアクティビティのコンバージョンを確認できます。

Method

030 年齢別に分析する際のポイント

POINT

- ☑ 年齢別の傾向や問題点を発見する
- ☑ 特定の年齢に対してセカンダリディメンションで分析し、ユーザーの特徴をつかんでいく

流入ユーザーは、どんな世代が多いのか？ どの世代のコンバージョン率が高いのか？

ランディングページの流入ユーザー全体のうち、どの年代層からの流入が多く、コンバージョン率が高いのかを把握することは重要です。幅広い世代に向けた商品やサービスを提供している場合、**「オンライン上でコアなユーザーになっているのはどの年代か」を分析できたり、「この年代のユーザーにはリーチができていない」といった現状の問題もつかめたりします。**

たとえば子供向けの教育関連の商品やサービスであれば、実際には両親がページを見ることがほとんどです。「○○歳の両親（父親もしくは母親）からのアクセスが多い」という詳細な情報が得られれば、商品の訴求の仕方もより具体的に考えられます。また、保険商品であれば加入時の年齢によって月々の支払い料金が変わるため、ユーザーの年代に応じて料金の見せ方や情報提供の順序なども変わってくるかもしれません。

「どの世代にどのようなメッセージを届けて成果につなげていくか」というプランを立て、その後の改善施策やリニューアルで具体化していくためにも、ユーザーの年代は必ず確認しておくべき情報です。

年齢ごとのパフォーマンス一覧

年齢	ン	新規セッション率	新規ユーザー	直帰率	ページ/セッション	平均セッション時間
18-24	28 (6.31%)	89.29%	25 (7.20%)	85.71%	1.61	00:01:24
25-34	194 (43.69%)	63.92%	124 (35.73%)	70.62%	2.08	00:02:46
35-44	160 (36.04%)	88.12%	141 (40.63%)	87.50%	1.44	00:00:43
45-54	43 (9.68%)	93.02%	40 (11.53%)	88.37%	1.33	00:00:33
55-64	19 (4.28%)	89.47%	17 (4.90%)	100.00%	1.00	00:00:00

図01 流入ユーザーの年齢
18-24歳/25-34歳/35-44歳/45-54歳/55-64歳/65歳以上の区分で、特定ページのパフォーマンスを分析することができます。

流入ユーザーの年齢を調べる

［行動→サイトコンテンツ→ランディングページ］から、特定のランディングページを選択したのち、「セカンダリディメンション」を選択し、「ユーザー」→「年齢」で表示します 図01。そのページをどの世代の人たちが見ており、コンバージョン率がどう推移しているかを考えることで、ユーザーの特徴をより深く理解できます。

たとえば、あるランディングページのコンバージョン率が上がった場合は、「とくにどの世代のコンバージョン率が上がったのか」を過去データからの推移で確認しましょう。さらに**セッションやコンバージョン数も世代別に見ることで、「コンバージョン数が多いのはどの世代か」、「セッション数が多いのはどの世代か」、「コンバージョン率が高いのはどの世代か」といった点まで踏み込んで分析できる**ため、現流入ユーザーの特徴や傾向を捉えつつ、今後の改善方針のヒントにすることができます。

セグメント条件でさらに別軸の分析を加えてみる

年代の傾向がわかれば、次にターゲットとしたい年代層が見えてきます。セグメント条件で、そのコアな年代層を登録してみましょう（P.59参照）。セカンダリディメンションと組み合わせて、「時間帯」、「デバイス」、「男女比率」、「流入元」などの傾向を特定の世代に絞って分析ができます 図02。

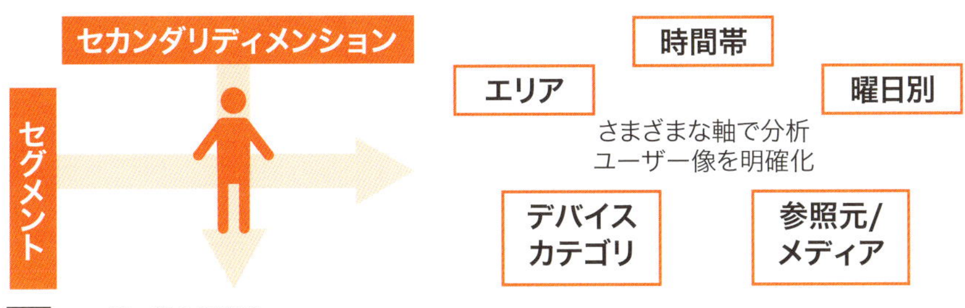

図02 ユーザー像の明確化
さまざまな軸で分析をし、ターゲットユーザーへの理解を深めましょう。

そのページでユーザーをどうもてなすかを考えてみる

ある程度ユーザーの情報がつかめれば、「今のページで何が足りないのか」、もしくは「何が不要なのか」の取捨選択を行う判断が自然とできるようになります。

たとえば「平日の夜の時間帯にスマートフォンでアクセスしている35-44歳の女性ユーザーがもっともコンバージョン率がよい」という結果が出たとします。であれば、広告配信のセグメント条件を調整する、その世代の共感を呼ぶ情報を追加する、コンテンツの内容をスマホビューに合わせて工夫するといった改善案につなげられるはずです。

Method

031

複数のCTAごとに分析する際のポイント

POINT

- 特定のランディングページをセクションごとに分解する
- 遷移席URLの末尾にパラメータを挿入する
- 2ページ目への遷移率を分析する

ランディングページ内のどのボタンからもっともコンバージョンしているのかを知る

オンライン広告の着地先は、広告専用のランディングページだけでなく、Webサイトのトップページや商品紹介などの下層ページに設定する場合もあります。運用方針は企業によって異なりますが、共通していえるのは、**着地先のページのどのボタンからのコンバージョンが多いのか（または少ないのか）を把握することが課題を見つける上で大切になる**という点です。

とくに縦に長く続くランディングページほど、コンバージョンへと誘導するボタンの設置数が増える傾向にあります。サイトのトップページや下層ページに着地させる場合も、ヘッダー部分・フッター部分・コンテンツ領域のそれぞれにコンバージョンへの誘導ボタンを設置するなど、複数のボタンが存在するのが一般的です 図01。

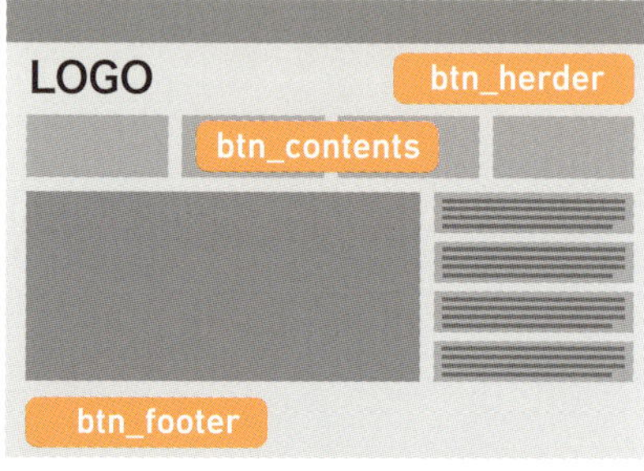

図01 コンバージョンに誘導するボタン
縦に続くページほど、通常のWebサイトや下層ページと比べて申し込みボタンが複数設置されるケースが多いです。

MEMO
ボタンからのコンバージョンの分析は、ヒートマップ（Method.035参照）を活用すると、わかりやすく可視化してくれます。

それぞれに設置したボタンから、「どれくらいのパフォーマンスが得られているのか」、「パソコンとスマートフォンではどう違うのか」、「新規とリピーターで分類した場合どうなるのか」など、傾向を知ることで、ページのどの部分に課題があるか可視化しやすくなり、それを解決する改善施策の選択肢も見えてきます。

ランディングページ内に設置したボタンごとに遷移先URLパラメータを挿入する

入力フォームへの遷移を想定する場合は、以下のようにボタン内の遷移先URLの末尾に「?」から始まるパラメータを設置する形で、ランディングページ側のHTMLに手を加えましょう 図02。

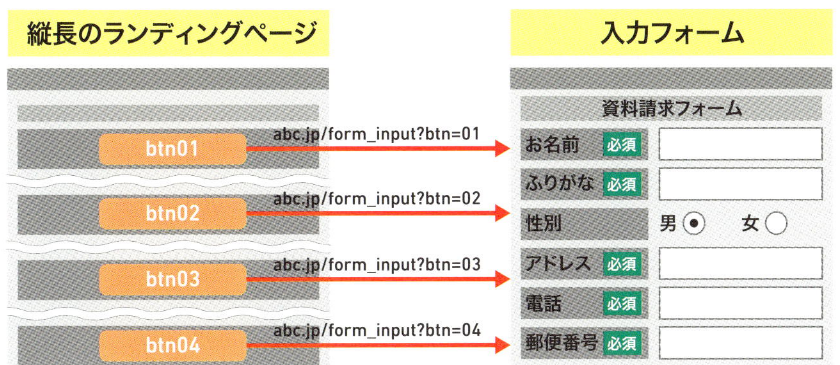

図02 **パラメータの設置**
本来の使い方とは異なりますが、このURLパラメータを設置することでGoogleアナリティクス側で別URLと認識され、どのボタンから遷移したかをURLから判別できます。

セカンダリディメンションを活用する

Googleアナリティクスの［行動→サイトコンテンツ→ランディングページ］から1つのランディングページを選択し、「セカンダリディメンション」を選択します。「行動」→「2ページ目」を表示します 図03。

/form_input?btn=02	32 (10.36%)	43.75%	14 (6.54%)	0.00%	2
/form_input?btn=01	29 (9.39%)	72.41%	21 (9.81%)	0.00%	5
/form_input?btn=03	8 (2.59%)	25.00%	2 (0.93%)	0.00%	5

図03 **2ページ目（セカンドページ）**
一定期間の集計値をもとに、2ページ目の遷移およびそこからのURL末尾のパラメータごとのコンバージョン率や構成比率を分析することができます。

「どのボタンからもっともフォームに遷移しているのか」、「どのボタンからの遷移が完了ページまでの遷移率が高いのか」、こういった観点で**1つのページを部位ごとに分解して分析することが可能になります**。集計データをもとにパフォーマンスが悪い部分を可視化すれば、そのコンテンツに照準を当てて改善方針を立てることができるでしょう。

用語
パラメータ
サーバーに情報を送るためにURLに付け加える変数。「?」の末尾に挿入することで、「変数＝値」の形式でリンク先に情報を渡すことができる。

MEMO
本書で紹介しているヒートマップ分析ツール「Ptengine」(P.86参照)を活用すれば、コンバージョンに至ったランディングページ内の各ボタンのクリック数もヒートマップ上で把握することができます。

Method 032

年齢と性別でまとめて分析する際のポイント

POINT

- セグメントとセカンダリディメンションで年齢・性別で分類して現状分析する
- どの属性に対して効果がよいのか(悪いのか)を把握する
- 属性ごとの傾向から課題を見つけ、改善につなげる

コンバージョンのボリュームゾーンはどこなのか

「どのような属性のユーザーが自社の商品やサービスを購入してくれているのか」、「女性ユーザーは年代によってコンバージョン率がどう変わるか」といった情報は、全体のコンバージョン率を眺めているだけでは見えてきません。総合データから1つ踏み込んで、性別や年代ごとに流入セッションやコンバージョン率の傾向までつかめれば、**「どの世代・性別がコンバージョンのボリュームゾーンなのか」、「コンバージョン率が悪い世代・性別はどこなのか」ということもわかり、コアなターゲットも特定しやすくなります。**

たとえば、「35歳以上の男性ユーザーはコンバージョン率が高い傾向にある」とわかれば、その情報を起点にページ上で伝えるべきメッセージやコンテンツ設計、商品・サービスを印象付けるデザイン改善のヒントも出てきます。これによって、当初仮説立てしていたターゲット像と実際にコンバージョンしているユーザーとのギャップを把握し、軌道修正していくことにもつながります。

性別＋年齢でデータを見る

性別と年齢の2軸で分析する場合は、まず性別を絞り込むセグメントを作成し、次にセカンダリディメンションで年齢の内訳を表示させます 図01。

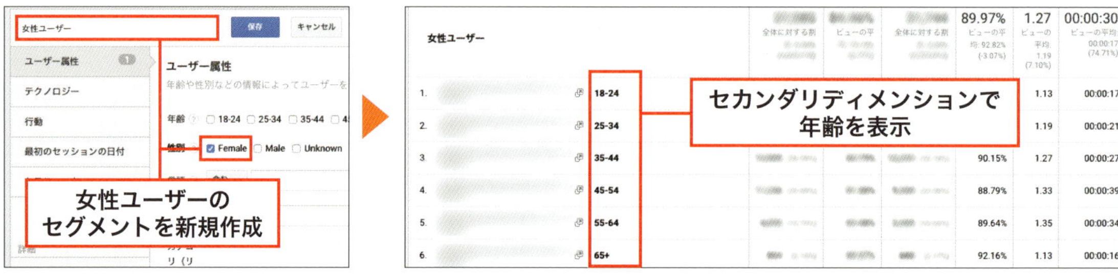

図01 年齢＋性別でデータを見る
まず女性ユーザーのセグメントを新規作成します（手順はP.59参照）。［行動→サイトコンテンツ→ランディングページ］から任意のランディングページをクリックし、セカンダリディメンションで「ユーザー」→「年齢」を選択します。

パソコンとスマートフォンも分けたい場合

さらにパソコンとスマートフォンも分けて分析したい場合、ランディングページのURLがパソコンとスマートフォンで異なるケースでは、それぞれのURLのデータを見れば済みます。同じURLで運用しているケースでは、「男性＋desktop」、「男性＋mobile」、「女性＋desktop」、「女性＋mobile」の4つのセグメントを作成した上で、各セグメントを同様に分析します。

たとえば、**自社の商品やサービスが幅広い性別・年代にも購入・利用してもらっている場合、任意のランディングページ全体のコンバージョン率と比べて、「コンバージョン率が高い性別・世代」と「低い性別・世代」を分類して、傾向を分析してみる**という方法もあるでしょう 図02。

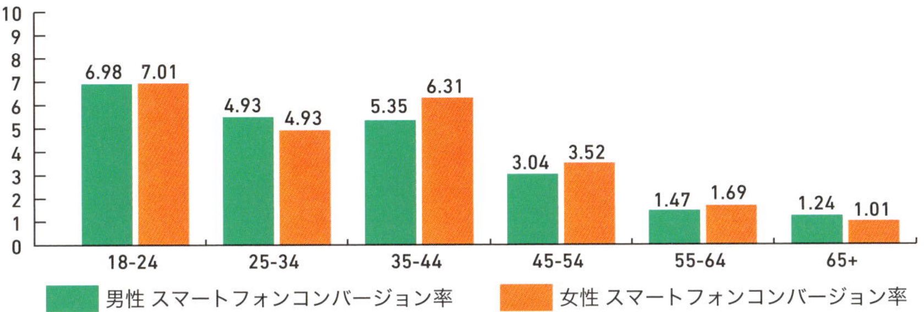

図02 性別・年齢のマトリクスから数と率の傾向をつかむ
全体のコンバージョン数を把握した上で、性別・年齢・デバイスで分けた場合にどのようにユーザーが分布するのかを確認しましょう。

わかりやすい例でいえば、「年齢が55歳以上を超えると男女ともにコンバージョン率が徐々に下がる」という傾向が見えた場合、「入力フォームが使いにくくて離脱している」、「電話発信ボタンを利用した電話問い合わせに流れている」といったユーザー行動の仮説を立てられます 図03。ほかにも、自社で狙っているボリュームゾーン世代のコンバージョン率が実は全体のコンバージョン率を下げている要因だとわかる場合もあるでしょう。そういったときは、より狙いたいユーザーに向けて情報を整理し、コンテンツ自体を最適化するべきかもしれません。

分析結果 ▶ 仮説

55歳以上のCVRが低い
狙っている世代のCVRが低い
入力フォームが使いにくい？
コンテンツが合っていない？

図03 分析結果から仮説を立てる
性別・年齢別・デバイス別でページのコンバージョン率を分類することで、いくつかの仮説を立てて改善施策を考えることができるようになります。

TIPS
セグメントの作成方法
たとえば男性のスマートフォンユーザーのセグメントを作成する場合は、セグメント作成の設定で「ユーザー属性」の「性別」を「male」に、「テクノロジー」の「デバイスカテゴリ」を「完全一致」、「mobile」に設定して保存します。

Method 033

コンバージョンの経路・所要期間・経路の詳細を分析する際のポイント

POINT

- Googleアナリティクスで目標設定をする
- 経路とランディングページを一覧表示させ、コンバージョンに至るまでの要となる複数のランディングページを把握する

コンバージョンまでの経緯を知る

ユーザーがランディングページに訪れてからコンバージョンに至るまでの経緯は、運用状況や商品の特徴などによって千差万別です。

1ページのランディングページしか運用していないという場合であれば、比較的この経緯はシンプルに把握できますが、**複数のランディングページを運用し、複数の広告を活用している場合、ユーザーはあらゆる経路で広告接触を行ったあと、コンバージョンに至っている**というケースも存在します。このような場合Google アナリティクスにおける設定が必須のため、図01 のように目標設定を行いましょう。

	目標	ID	目標タイプ	過去7日間のコンバージョン数	記録中
		目標 ID 1/目標セット 1	目標		オン
		目標 ID 2/目標セット 1	目標		オン

図01 Google アナリティクスの目標設定
「管理」を選択し、「ビュー」項目の「目標」を選択します。「+ 新しい目標」をクリックしたら、「目標スロット ID」や「タイプ」を設定します。

［コンバージョン→マルチチャネル→所要期間］では、コンバージョンに至るまでの所要期間とその割合を知ることができます。理想は即日（0日）の割合が高いことですが、比較検討を要する商品やサービスなどは、この即日の割合が低くなる傾向があります 図02。

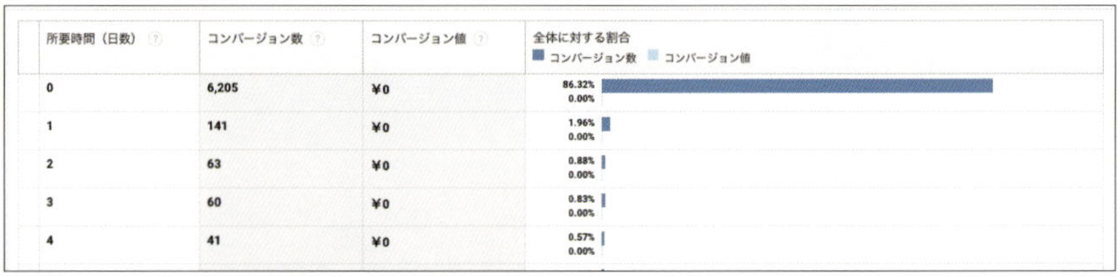

所要時間（日数）	コンバージョン数	コンバージョン値	全体に対する割合 ■コンバージョン数 ■コンバージョン値
0	6,205	¥0	86.32% 0.00%
1	141	¥0	1.96% 0.00%
2	63	¥0	0.88% 0.00%
3	60	¥0	0.83% 0.00%
4	41	¥0	0.57% 0.00%

図02 コンバージョンの所要時間
［コンバージョン→マルチチャネル→所要期間］を選択します。

MEMO
目標の「タイプ」には、「到達ページ」、「滞在時間」、「ページビュー数 / スクリーンビュー数」、「イベント」、「スマートゴール」の5種類があります。ランディングページでは「到達ページ」を利用し、ユーザーが購入や申し込みを完了したあとに表示するサンクスページのURL を指定するケースがよくあります。

一方で、「経路の数」はコンバージョンに至るまでの経路の数を示していて、経路数が「1」の割合が高いことが理想となります。**経路数が多い場合は、「何度も内容を再確認しにきている」、「他社ページと比較しながら検討している」などが考えられます** 図03。

経路の数	コンバージョン数	コンバージョン値	全体に対する割合（■ コンバージョン数 ■ コンバージョン値）
1	[illegible]	[illegible]	75.75% 0.00%
2	[illegible]	[illegible]	14.59% 0.00%
3	[illegible]	[illegible]	5.01% 0.00%
4	[illegible]	[illegible]	2.21% 0.00%
5	[illegible]	[illegible]	0.90% 0.00%
6	[illegible]	[illegible]	0.56% 0.00%
7	[illegible]	[illegible]	0.31% 0.00%

図03 経路の数
［コンバージョン→マルチチャネル→経路の数］を選択します。

「コンバージョン経路」では、プライマリディメンションの「参照元 / メディアパス」を選択することで、より具体的な流入元の経路を可視化することができます 図04。

たとえば、「リスティング広告を3回経由してコンバージョンしている」というケースや、「最初は自然検索で流入したが、その後ディスプレイ広告（リマーケティング広告）でコンバージョンしている」などのプロセスを知ることができます。あわせてセカンダリディメンションの「集客」→「ランディングページのURLパス」を選択すれば、流入元とそれに該当するランディングページを一覧で確認でき、**どのランディングページがどの過程でコンバージョンにもっとも大きく貢献しているのか**を知ることもできます。

また、「商品やサービスに関するランディングページにリスティング広告で着地」→「そこではコンバージョンはせず、別の参照サイト経由でトップページへ着地」→「その後ディスプレイ広告経由で入力フォームに再着地」→「最後にリスティング広告でランディングページへと訪れ、そのページからコンバージョンが発生」といった流れを流入元と着地ページをセットでユーザーの行動分析ができます。このような分析から、テコ入れが必要なページや、コンバージョンに貢献していたにも関わらず見落としていたページなどの発見にもつながります。

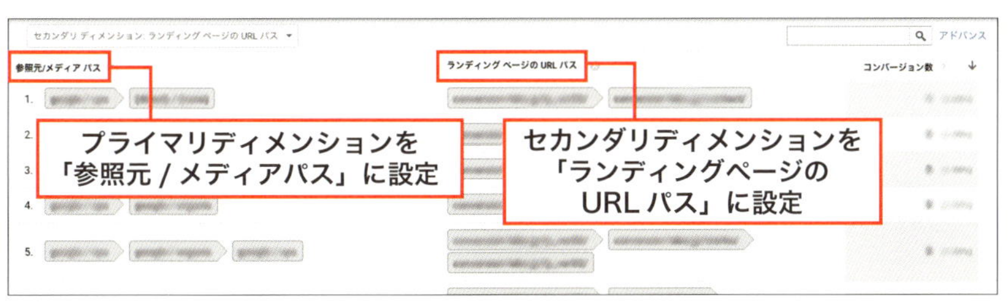

図04 コンバージョン経路
［コンバージョン→マルチチャネル→コンバージョン経路］を選択したのち、プライメリディメンションを「参照元 / メディアパス」に設定し、セカンダリディメンションを「集客」→「ランディングページの URL パス」に設定します。

Method
034 ユーザーエクスプローラで入口から出口までの遷移をユーザー単位で分析する

POINT

- ユーザーがコンバージョンに至るまでに閲覧したページを把握する
- 改善するページの優先順位をつける
- セグメント機能とユーザーエクスプローラを活用する

どのページから優先的に改善を行うのか

複数のページからなるキャンペーンサイトなどの場合、最初の着地ページとなるランディングページやセカンドページの改善重要度が高いのはもちろんのこと、それ以降のページにおいても分析や改善を行っていく必要があります。

P.83の「コンバージョン経路」にもあるように、**複数の経路でユーザーが再来訪を繰り返している場合、着地ページが複数存在し、またそのランディングページの次に遷移したページも比例して存在します**。主要なランディングページやセカンドページの改善施策がひと段落したら、次はそれ以外のページにも手を加えていく必要が出てくるケースも考えられるでしょう。

このような場合に、入口以外のどのページの改善を優先すればよいか分析する1つの方法として、Google アナリティクスに用意されているユーザエクスプローラの活用が挙げられます。

ユーザーエクスプローラを表示する

ユーザーエクスプローラは、ユーザー単位でページ遷移を個別に分析することができる機能です 図01。Google アナリティクスでは、大量のデータを傾向分析として活用するケースだけではなく、ユーザー単位のミクロ的視点でページ遷移の動向を確認することができるため、任意のユーザーに焦点を当てて、**「どのページから流入し、どのようなページを遷移して、最終的にどのページで離脱したのか」**を確認できます。

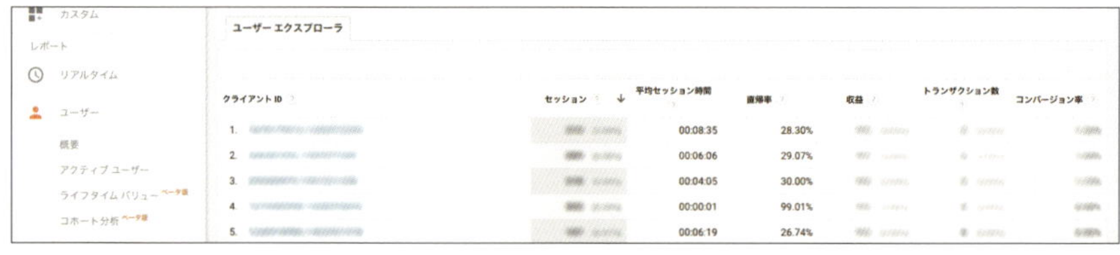

図01 ユーザーエクスプローラ
［ユーザー→ユーザーエクスプローラ］を選択します。Google 側でサイトに来訪しているユーザー ID が割り振られ、一覧で見ることができます。

ユーザーエクスプローラは、[ユーザー→ユーザーエクスプローラ] を選択して表示します。任意のユーザーを選択すると、そのユーザーのアクセス履歴を確認できます 図02。さらに、ナビゲーション枠の「すべて展開」をクリックすると、時系列で**「1セッションあたりどの流入元から訪れ、そのあとどのページを見たか（PV）」**という履歴をくまなくチェックすることができます 図03。

ユーザーごとのページ遷移を分析することで、「これらのページを見て、なぜここで離脱したのか」ということを、ユーザー側の気持ちで確認することができるでしょう。

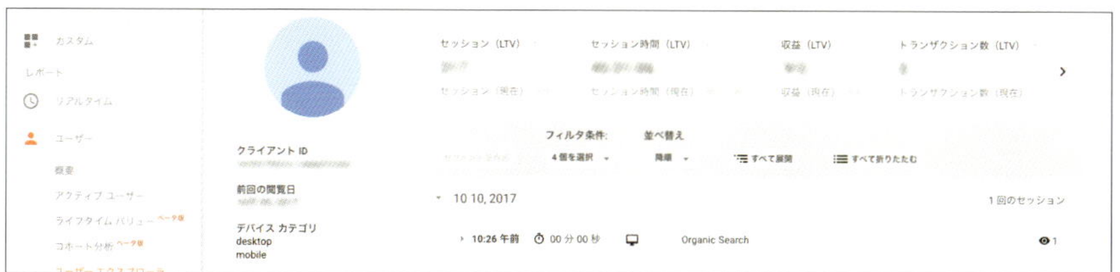

図02 ユーザーのアクセス履歴
「ユーザー」を選択すると、そのユーザーのアクセス履歴が時系列で表示されます。

図03 ユーザーの閲覧履歴
各ページの閲覧開始日時が表示されているため、「ページAからページBにどれくらい滞在したのか」という各ページごとの大まかな滞在時間まで知ることができます。

セグメント機能を使い、ユーザーエクスプローラを見る

さらに、Method.021に挙げたセグメント機能を活用して、「コンバージョンが達成されたセッション」でセグメントすれば、コンバージョンに至ったセッションに絞り込んだユーザーエクスプローラの一覧が抽出でき、コンバージョン完了までのページ遷移を個別に確認することができます。

入口ページやセカンドページでおおよその傾向をつかめますが、3ページ目以降の動きまでチェックしたい場合はこの方法で分析することもできます。

たとえば、コンバージョンに至る前に、入力フォームには二度訪れているが、1回目の入力フォームでは別ページに遷移し、さらにほかのページを経由して改めて入力フォームに訪れ、そこでコンバージョンをしているという動きを見ることもできます。このような場合、**「一度入力フォームを見て、ユーザーが情報を入力しなかった要因」などを考え、「次に遷移したページや2回目に訪れた入力フォームの手前ページで何の情報を参考にしたのか」をきっかけに、前後のページに手を加えたり、入力フォームへの導線を改善したりする**などの施策アイデアが浮かんでくるかもしれません。

Method
035 ヒートマップ分析で改善箇所をピンポイントで把握する

POINT
- ☑ ヒートマップ分析を有効活用する
- ☑ ヒートマップから離脱ポイントを見つける
- ☑ ランディングページとユーザーニーズの相性がわかる

MEMO
ヒートマップ分析はGoogleアナリティクスだけでは行えないため、専用の分析ツールを導入する必要があります。ヒートマップ分析ツールにはいくつか種類がありますが、本書の以降のセクションではPtmind社が提供している「Ptengine」を利用したヒートマップ解析の手法を紹介しています。Ptengineは1ページ、月間25,000PVまでは無料プランで使用できるため、機能を試してみた上で導入を検討するとよいでしょう。

https://www.ptengine.jp/

ヒートマップ分析とは

Googleアナリティクスで改善が必要なページを特定したものの、具体的にどのような改善施策を行えばよいのか、判断がつかなくて困ってしまった経験のある方も多いのではないかと思います。

とくにランディングページは複数セクションで構成され、その中にたくさんのコンテンツが存在しているため、どのセクションがコンバージョン獲得に貢献していて、どのセクションに課題があるのかという判断が下しにくい点もあります。各個人の感覚を頼りに改修を行うことも1つの手段ではありますが、ページ価値を落としてしまうリスクもつきまといます。

そんなときに、**具体的にどのような改善施策を行えばよいかの判断材料の1つとなるのが、ヒートマップ分析です**。

クリックヒートマップ

アテンションヒートマップ

図01 **ヒートマップを確認する**
クリックされた場所を確認できる「クリックヒートマップ」と、ユーザーがよく見ていた場所を確認できる「アテンションヒートマップ」があります。

ヒートマップとはその名の通り、**来訪したユーザーの興味のある箇所は赤く、逆に興味の薄い箇所は青暗く表示される**、サーモメーターのような役割を持ち、コンバージョンの獲得に貢献しているコンテンツと、していないコンテンツを判別する材料になります 図01。ランディングページ上でのユーザーの動きをわかりやすく可視化することで、よりロジカルに改善の方向性が見出せるため、運用しているランディングページの価値を高め、より効果の高いページを目指していくことが可能となります。そのため、ランディングページの改善において、ヒートマップ分析は必要不可欠であるといえます。以降では、このヒートマップツールを利用した分析手法について紹介していきます。

流入しているユーザーのニーズとランディングページがマッチしているのかもわかる

ランディングページを制作し、広告の運用を開始したものの、なかなか思うようにコンバージョンを獲得できない場合もあります。そんなときは、そのランディングページのキャッチコピーを変えたり、写真を変更したり、構成を変えてみたりなど、さまざまな改善施策を繰り返し模索していく必要があります。こんなときにヒートマップで分析ができれば、ランディングページ側のどこに問題があるのかを特定しやすくなります。

ページ内のどのポイントで離脱しているかが可視化されるため、たとえばファーストビュー以降の離脱率が著しく高い場合には、「流入経路側にも問題があるのではないか」という、**ランディングページだけに限らない流入施策側の課題発見にも役立てることができます**。

このように、ヒートマップ分析を行うことで、ランディングページの情報設計に問題があるのか、それとも広告とランディングページのミスマッチ（＝ニーズの不一致）が原因なのか、などを考える判断材料を得ることができます 図02。

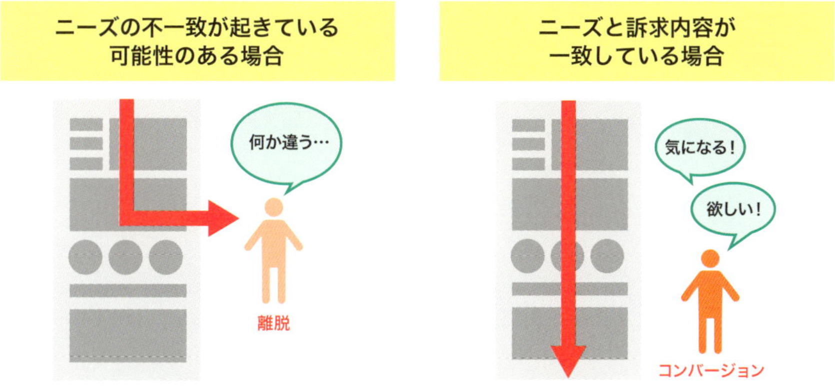

ニーズの不一致が起きている可能性のある場合

何か違う…

離脱

ニーズと訴求内容が一致している場合

気になる！

欲しい！

コンバージョン

図02 ヒートマップで原因を見つける
ヒートマップを使って分析することで、離脱ポイントが明らかになるため、ランディングページ、流入経路、エントリーフォームなど、どこにボトルネックがあるのかを発見しやすくなります。

Method
036 ヒートマップでスクロール率、注目度合い、クリック・タップ位置を可視化する

POINT

- スクロール率や注目度合いなどを総合的に見る
- クリックやタップの形跡を確認する
- ユーザーの行動を可視化することで改善すべき箇所がわかる

ユーザーがページのどのセクションまで閲覧したのかがわかる「スクロール率」

ランディングページの分析・改善における重要な指標の1つが「スクロール率」です。スクロール率は読了率とも呼ばれる、ランディングページ全体の閲覧度合いを測る指標です。特定のページに流入したユーザーのうち、どれくらいのユーザーがどのセクションまで情報を読み進めているのかを数値で把握することができます 図01。

複数のセクションが連なるランディングページはその特性上、縦へと長くなる傾向があります。パソコンやスマートフォンの1画面内にすべての情報を収めることはできないため、ユーザーにスクロールを促し、より深くページを読み進めていってもらう必要があります。スクロールを行うかどうかはユーザーが瞬間的に判断するため、そのページが有益でないと判断された時点で、ユーザーはスクロールを中止し、ページから離脱してしまいます。

実際にユーザーがどのタイミングでページから離脱しているのかという**「離脱ポイント」を知ることで、ユーザーの興味・関心の熱量を知ることができ、ランディングページ改善の方向性を定めるための有益な分析データとなります。**

パソコン版

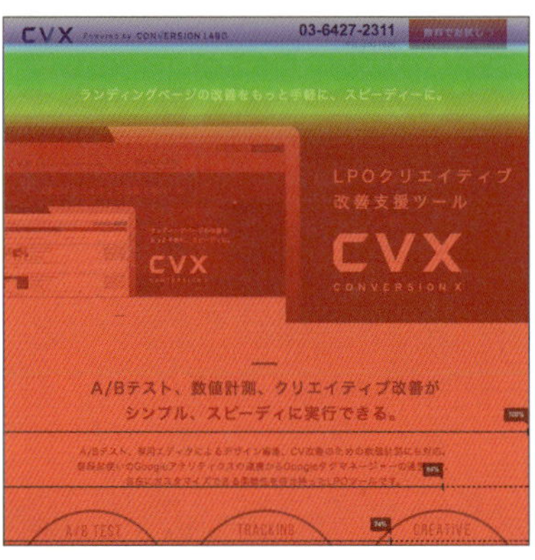

スマートフォン版

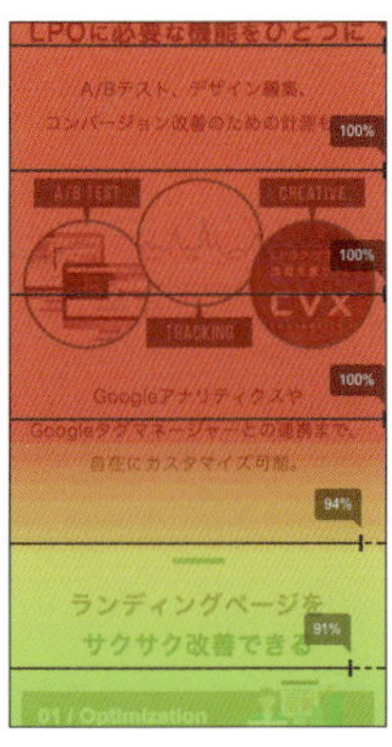

図01 スクロール率
どのタイミングでユーザーが離脱しているのかを確認することができます。

ユーザーがページのどのコンテンツに関心があるのかを可視化する「注目度合い」

情報量が比較的多くなりがちなランディングページにおいては、どのセクションにユーザーが注目していて、どのセクションが読み飛ばされているのかを把握することが必要不可欠です。そして、**各セクションに配置したコンテンツの興味・関心度合いを測る上で重要となるのが、この「注目度合い」です**。

滞在時間が長ければ赤く 図02、逆に滞在時間が短いほど青暗く 図03 表示されるため、ユーザーの興味・関心の集まっているコンテンツが一目瞭然になります。

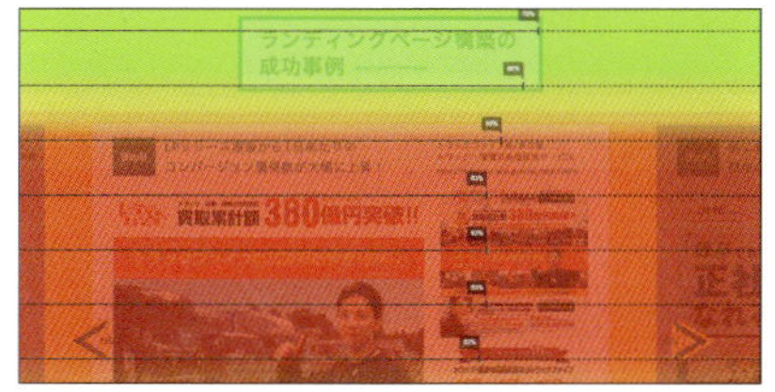

図02 興味・関心が高い
赤い箇所は、ユーザーが長く滞在した場所です。

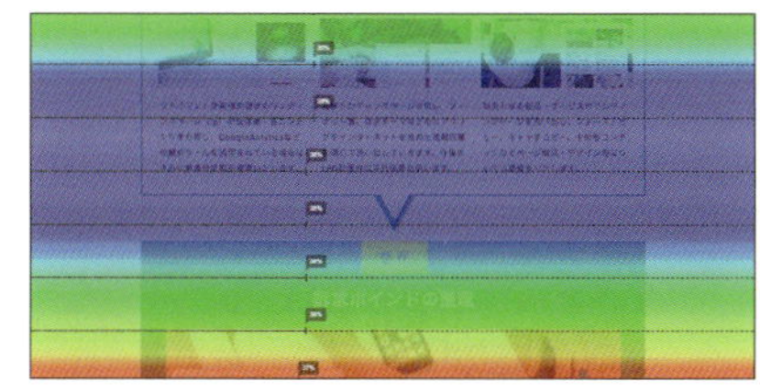

図03 興味・関心が低い
青い箇所は、ユーザーが読み飛ばしている場所です。

ユーザーが実際にアクションを起こしているポイントがわかる「クリック・タップ」の形跡

ランディングページは、ページの途中にコンバージョンエリアを複数設置したり、メールや電話、LINE など、複数のコンバージョンポイントを設置したりするケースも増えてきています。

ヒートマップ分析では注目度合いと同様に、**実際にユーザーがクリックやタップを行った箇所も表示される**ため 図04、どのコンバージョンエリアのどのボタンでユーザーがアクションを起こしているのかを確認することもできます。

❶タップが多いエリア

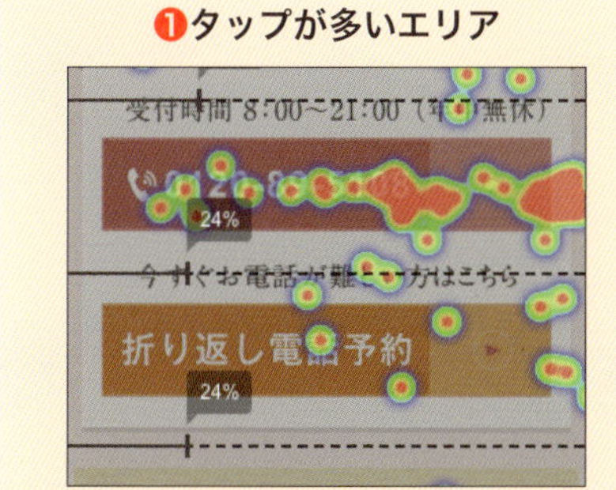

❷タップが少ないエリア

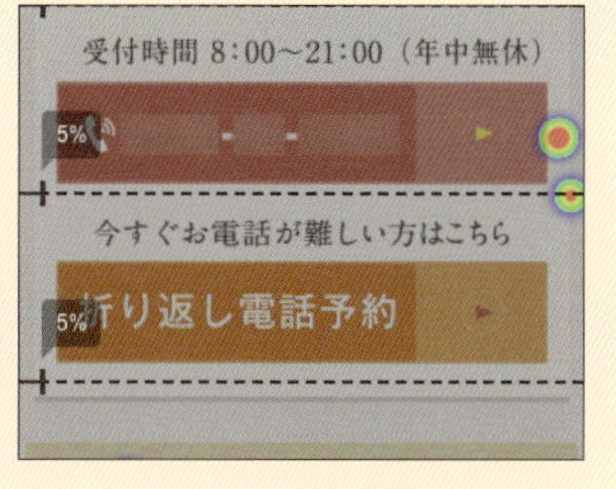

図04 CTA を複数設置したランディングページのクリックとタップの形跡
クリックやタップが多い箇所は点がたくさん表示されますが、少ない箇所にはあまり見られません。

Method
037 カスタムパラメータを付与して精度の高い分析を実現する

POINT

- カスタムキャンペーンのパラメータの働きを知る
- パラメータでヒートマップを抽出する
- 抽出したヒートマップを確認し、比較検証を行う

カスタムパラメータとは

Method.025でも触れていますが、カスタムキャンペーンのパラメータとは、たとえば検索連動型広告でのリンクURLの末尾に「?utm_source=XXX」などの文字列を追加することで、そのアクセスの「流入元」、「広告施策」、「キーワード」、「キャンペーン」などを解析ツール上で特定できるようにするものです。「utmパラメータ」とも呼びます。

カスタムパラメータを付与しておかないと、たとえばGoogleからの流入があったとしても、「広告流入なのか、自然検索での流入なのか」といった詳細情報がヒートマップ解析ツールでは得られません。広告を出稿するときは、必ずランディングページのURLにカスタムパラメータを追記しましょう。

MEMO

Googleが提供しているURL生成ツール「Campaign URL Builder」(https://ga-dev-tools.appspot.com/campaign-url-builder/)ではページのURLと各パラメータの値をフォームに埋めていくと、下記のようなURLが自動生成されます。

http://abc.jp?utm_source=google&utm_medium=cpc&utm_campaign=conversion-labo&utm_term=landignpae&utm_content=txt_link01

カスタムキャンペーンのパラメータの種類と役割

カスタムキャンペーンのパラメータにはいくつかの種類がありますが、その中でも**GoogleがURL生成ツールを提供しているutmパラメータ**は、広告運用時のランディングページ分析によく活用されています 図01。

内容	パラメータ	詳細
参照元	utm_source	キャンペーンの流入元の区別する。 例：google、yahoo
メディア	utm_medium	検索広告やディスプレイ広告などの配信方法を区別する。 例：cpc、display
キャンペーン	utm_campaign	固有の商品名、商材名などを識別する際に用いる。 例：conversion-labo
キーワード	utm_term	検索広告の中でキーワードを特定する。 例：landingpage
コンテンツ	utm_content	広告文の判別、参照元からのリンクを区別する。 例：txt_link01

図01 パラメータ一覧
「?」以降に付与されたパラメータによって、分析できる内容が変わります。

流入ユーザーをパラメータでセグメントし、ヒートマップで分析・比較する

カスタムパラメータを設定することでさまざまなセグメントでデータを抽出することができ、ユーザーがランディングページ上でどのような動きをしているのかを細かくチェックすることが可能となります。

たとえば、**Ptengine（P.86参照）でGoogleから流入しているユーザーとYahoo!から流入しているユーザーの違いを知りたい場合**は、以下の手順でそれぞれヒートマップを抽出し、比較検証を行うことができます 図02 〜 図05。

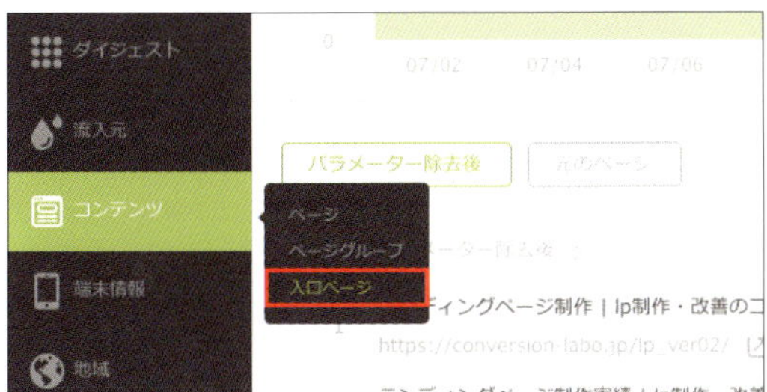

図02 手順①
「数値レポート」→「コンテンツ」→「入口ページ」の順に選択します。

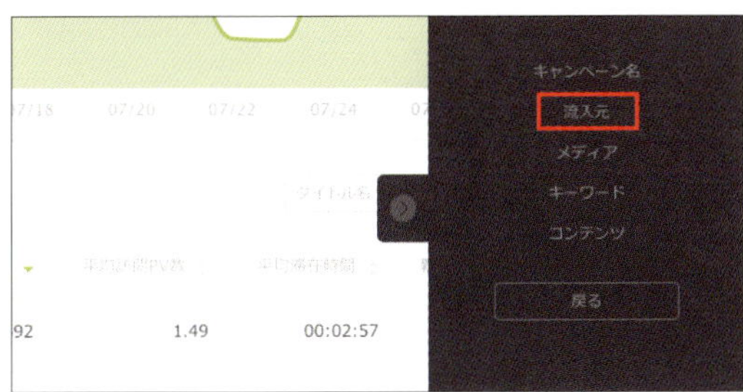

図03 手順②
「フィルター」→「追加」→「キャンペーン」→「流入元」の順に選択します。

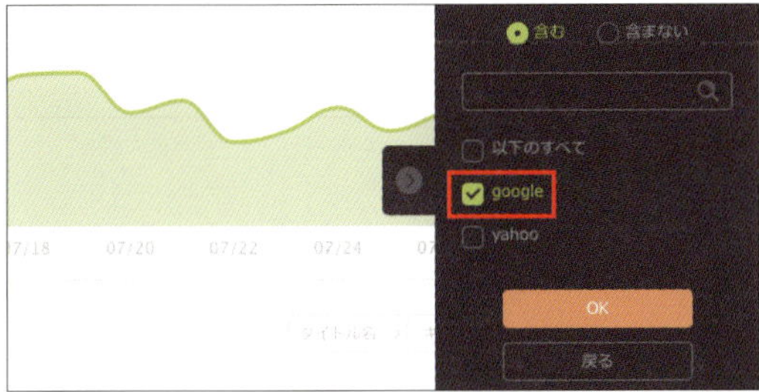

図04 手順③
「Google」（またはYahoo!）を選択します。

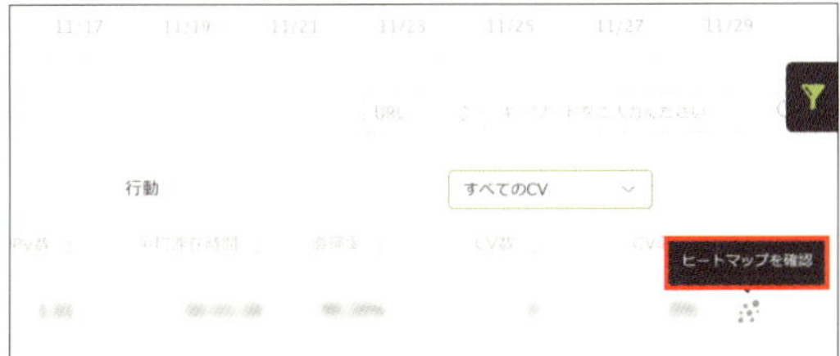

図05 手順④
「ヒートマップ確認」を選択します。

PART 2
ランディングページを分析して課題を見つける

Method 038

コンバージョンしたユーザーとしていないユーザーをヒートマップで比較する

POINT

- フィルター機能が使えるPtengineを活用する
- より粒度の高い分析を行う
- コンバージョンしたユーザーのみを分析する

フィルター機能を使うことで、セグメントしたユーザーの動きをつかめる

Googleアナリティクスの数値分析と同様に、ランディングページのヒートマップ分析でも「どの流入元からのスクロール率や各コンテンツの注目度が高く、どの流入元からのスクロール率や注目度が低いのか」など、セグメントされた条件でユーザーの傾向を分析することが必要不可欠です。**ヒートマップツールの活用次第で、ランディングページ上のユーザーの動きを具体的につかめるようになるため、スピーディかつ効率的なページ改善にもつながります。**

本書で紹介しているPtengineでは、無料プランでも使える機能が豊富であることが魅力の1つです。Ptengineの機能である「フィルター機能」では、冒頭に挙げた特定のランディングページに流入したユーザーをさまざまな条件でセグメントし、ヒートマップデータを出し分けることができます。

さらに、GoogleアナリティクスのURL生成ツール（P.90）と同じカスタムキャンペーンのパラメータを利用している場合は、Pteingineで新たに設定を行うことなくすぐにフィルター機能を使用することが可能です 図01。

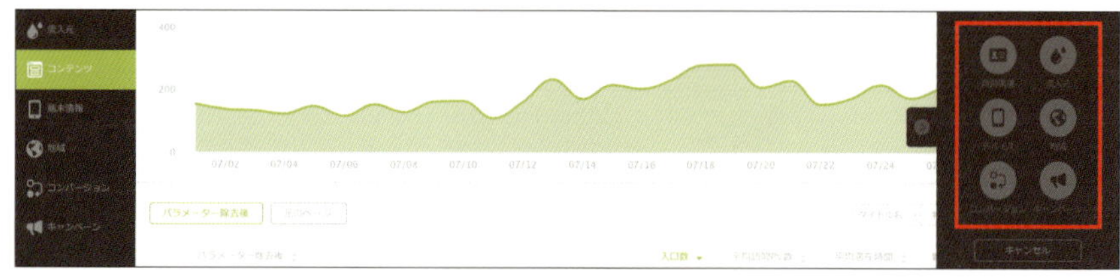

図01 Ptengineのフィルター
「訪問関連」、「流入元」、「デバイス」、「地域」、「コンバージョン」、「キャンペーン」など、さまざまなフィルターがあります。

実際にコンバージョンを行ったユーザーがどのような動きをしているのかを見てみる

Ptengineが提供するフィルターの1つに、「コンバージョン」というフィルターが

あります。このフィルターを設定することで、特定のランディングページ上で実際にコンバージョンしたユーザーのみのヒートマップを抽出することができます **図02**。

コンバージョンフィルター前

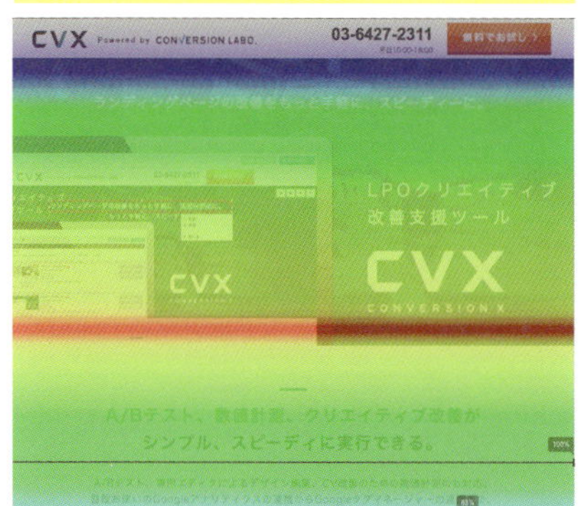

コンバージョンフィルター後

図02 総合ユーザーとコンバージョンユーザーのアテンションヒートマップの比較例
コンバージョンフィルターを設定すると、コンバージョンしたユーザーのみのヒートマップを確認できます。なお、コンバージョンフィルターを利用するためには、下記のように Ptengine 側でコンバージョン設定を行う必要があります。

コンバージョンフィルターは事前に設定が必要なので注意しましょう。設定は手順さえ覚えればかんたんに行えます。ここでは、その設定の手順を紹介します **図03** ～ **図05**。

図03 手順①
「設定」→「コンバージョン」→「コンバージョンの登録」を選択します。

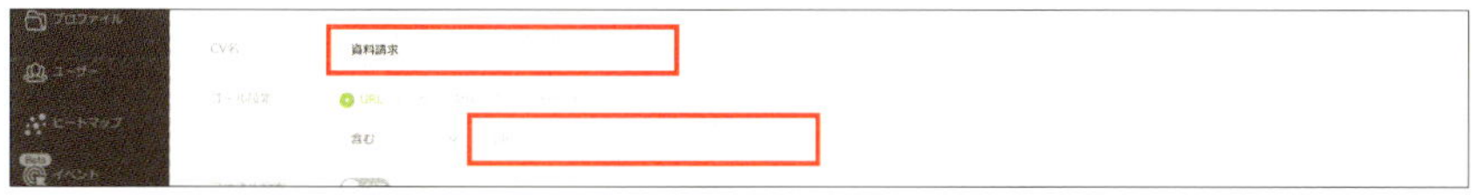

図04 手順②
「CV 名」を入力後、「ゴール設定」で「URL」のラジオボタンを選択し、目標到達ページの URL を入力します。

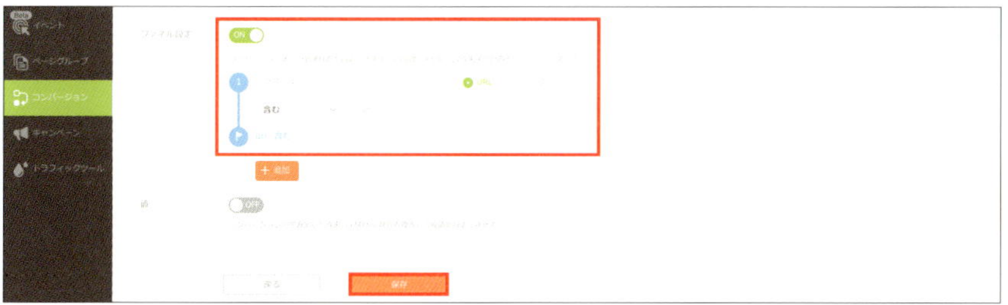

図05 手順③
「ファネル設定」をオンにして、入口ページから目標到達ページまでの URL もあわせて登録しておくと、設定した各ページへの遷移率や遷移数も分析できるようになります。

Method
039 流入経路とランディングページの相性をヒートマップ分析で見比べる

POINT

- ☑ 特定の流入経路におけるユーザーのヒートマップが見たい場合は、フィルター機能を活用してその傾向をつかむ
- ☑ 同一の流入元、異なる流入元、それぞれのヒートマップを確認する

用語
インフィード広告
ニュースサイトなど、ソーシャルメディアやモバイルサイトのコンテンツの中に表示される広告。ページ内のほかのコンテンツと並列で表示されるため、ユーザーの目に自然に入り込むことができる。

ランディングページに流入しているユーザーを流入経路ごとにそれぞれ分析してみる

Googleのディスプレイ広告、Yahoo!のインフィード広告、Facebook広告、記事広告など、1つのランディングページに対して複数の広告施策を同時に実施している場合、全体のパフォーマンスをチェックするだけでは分析が不十分です。**広告施策ごとに課題を見つけ、配信している広告側の改善や媒体に合わせたランディングページ側の改善へと発展させるためには、ランディングページ上でユーザーがどのような動きをしているのかを流入元ごとにつかむ必要があります**。

Ptengineの場合、広告出稿時のURLにカスタムキャンペーンのパラメータ（Method.037参照）を設定していれば、流入元ごとのヒートマップ分析を行えます。

P.92でも紹介したフィルター機能に「キャンペーン」というフィルターが用意されているので、たとえば「流入元」を選び、「utm_source」に設定したパラメーターを指定すれば、該当するヒートマップを表示できます 図01。

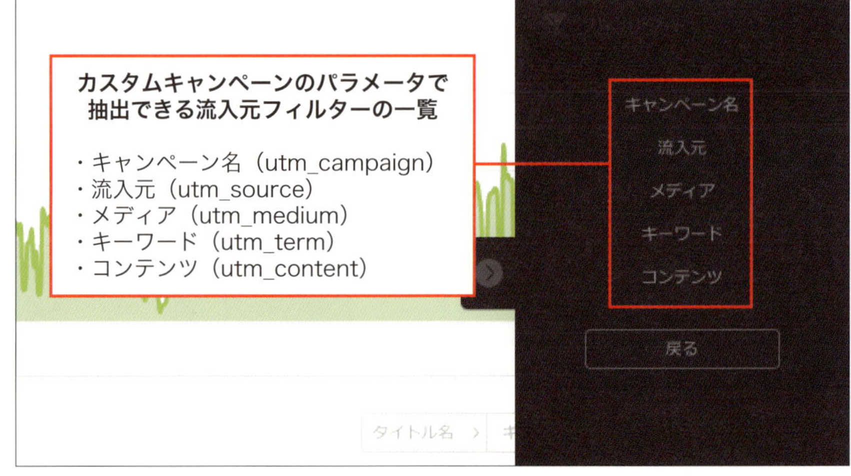

図01 Ptengineで抽出できる「キャンペーン」フィルター
「フィルター」→「追加」→「キャンペーン」で特定の流入元のデータのみを抽出することもできれば、フィルターを組み合わせて複数の流入元のデータを抽出することもできます。

MEMO
オーガニック検索や参照元経由におけるパフォーマンスを確認する場合は、「フィルター」→「追加」→「流入元」で「流入元の種類」を選択することで、広告流入以外のデータのみを抽出できます。

同一媒体における
配信方法ごとのヒートマップの傾向を比較してみる

この設定を行うことで、特定媒体のランディングページに流入したユーザーの中で、配信方法ごとの効果を検証することができます。たとえば、Googleのリスティング広告とディスプレイ広告を運用している場合、**それぞれの配信方法から流入しているユーザーのランディングページ上での動きを比較することができます** 図02。

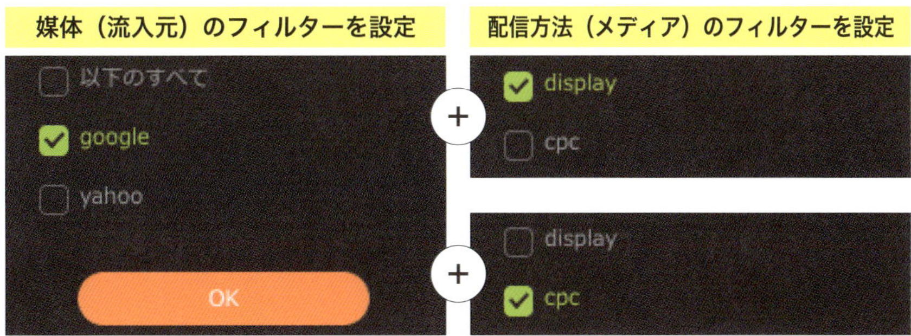

図03 配信方法（メディア）ごとのヒートマップを確認する
「フィルター」→「追加」→「キャンペーン」→「流入元」および「メディア」であらかじめ設定したパラメータの中から任意に選択することで、フィルターをかけることができます。

異なる媒体における
同一配信方法のヒートマップの傾向を比較してみる

GoogleやYahoo!など、複数の媒体で広告配信を行っている場合、配信方法は同じでも、媒体によってコンバージョンに差が出ることは珍しくありません。**ランディングページ上でのユーザーの動きを分析することで、媒体ごとの課題点の発見につながり、特定媒体における効果改善に役立てることができます** 図03。

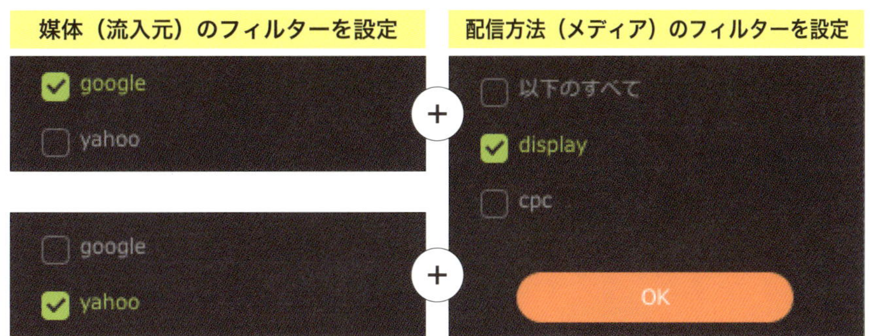

図03 異なる媒体（流入元）からヒートマップを確認する
2つの流入元を比べることで、結果とページ上の動きを分析し、課題を見つけることができます。

Method
040 どのセクションに課題があるのかをスクロール分析で見極める

POINT

- ページ全体のスクロール率の推移から極端に減少しているポイントを見つける
- 「コンバージョン」フィルターを活用する
- 効果減少の要因を考える

どのタイミングでユーザーが離脱しているのかを把握することで、改善のヒントを得る

P.88でも紹介したように、スクロール率はユーザーがランディングページのどの地点まで読み進めているのかを測る指標です。「スクロール率が悪い＝（そのページの）途中離脱が多い」という図式が成り立ちます。

コンバージョンの獲得効率が芳しくないランディングページは、ページ全体のスクロール率も悪い傾向があります。それは、訴求内容がユーザーにとって有益な情報と判断されずに、途中で離脱されてしまうからです。つまり、**スクロール率が大きく減少している地点 図01 を見つけることで、ランディングページ上の課題となっている箇所を可視化できます**。

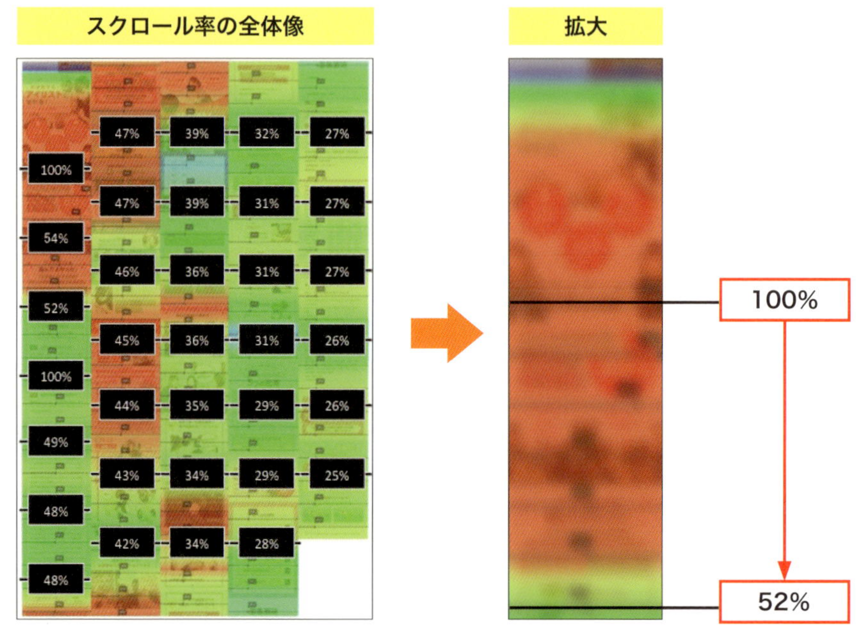

図01 **スクロール率の減少が大きいポイントを見つける**
ファーストビュー直下地点のセクションのスクロール率が大きく減少しているため、そこに課題があるのではないかと考えられます。ページ後半はゆるやかなスクロール率の減少となっています。

スクロール率の減少＝サイトからの離脱ではないことをしっかりと理解する

実際にランディングページを運用・分析していく中で、「スクロールが減少しているということは、この位置にあるコンテンツは改修すべき要素だ」と判断できます。ただ、この考え方は正解の場合もあれば、不正解の場合もあります。不正解である場合の理由は、スクロール率の減少の捉え方にあります。確かにスクロール率が減少する1つの要因に直帰は含まれますが、**途中で入力フォームのページへ遷移してコンバージョンした場合もすべてスクロール率の減少に含まれてしまいます**。そのため、この点を考慮せずに分析を行ってしまうと、せっかく効果の出ていたコンテンツを誤って改修してしまう可能性もあるため、注意が必要です。

「コンバージョン」フィルターを活用してページ離脱の原因を把握する

コンバージョンしたユーザーとサイトから離脱したユーザーを見極める方法の1つに、「コンバージョン」フィルターを設定したヒートマップと見比べて検証するという方法があります 図02。実際にコンバージョンしたユーザーがどのポイントでページから離脱し、コンバージョンをしているのかを知ることで、**スクロールの減少がコンバージョンによるポジティブな要因なのか、それともコンテンツ要素に魅力を感じなかったことによるネガティブな要因なのか**を見極めることができ、改善のヒントを得られます。

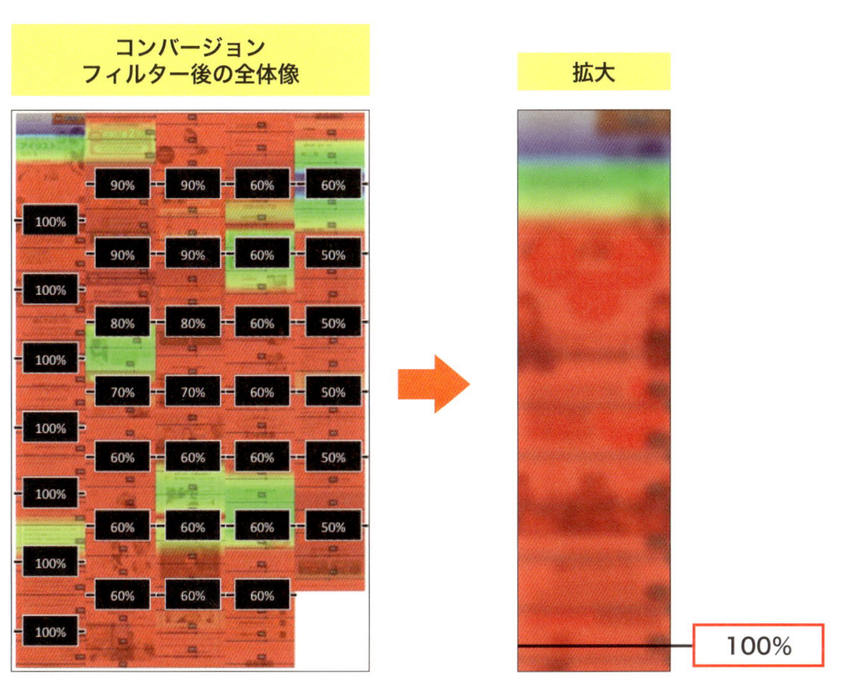

図02 コンバージョンユーザーのスクロール率との比較から、課題箇所の改修が妥当かを見極める
コンバージョンしたユーザーはファーストビュー直下のセクションではスクロール率が 100% であるため、該当セクションは改善したほうがコンバージョン率が上昇する可能性が高いと考えられます。

Method
041 入力フォームの分析にはヒートマップが有効

POINT
- 軽視されがちなフォームのヒートマップ分析もしっかり行う
- スクロール率に注目してユーザーの心理を可視化する
- フォームのタイプの特徴を把握する

見落とされがちな「フォームの入力完了率」と課題の抽出方法

ランディングページは、ユーザーに何かしらのアクションを起こしてもらうためのページであるため、「資料請求」や「商品の購入」など、その目的に応じたフォームのページが必要となります 図01。このフォームでユーザーに名前や住所などの情報を入力してもらうことで、初めてコンバージョンを獲得できます。

コンバージョンの獲得と密に関わっているフォームは、コンバージョンボタンを押したユーザーのみが到達できるページであるという特性上、遷移元となるランディングページの改善に比重を置かれることが多い傾向が見られます。

パソコン版

スマートフォン版

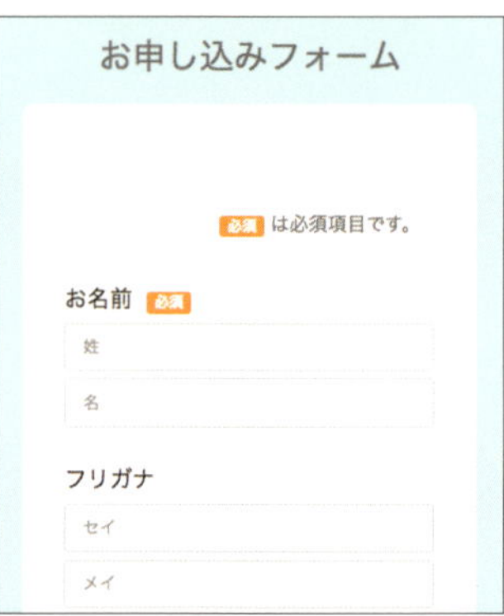

図01 入力フォームの例
項目が同じでも、デバイスの違いによってフォームの使いやすさは変わります。スマートフォン版は、パソコン版に比べ縦に長くなります。

しかし、入力フォームに遷移したからといって、すべてのユーザーがコンバージョンに至っているわけではありません。**ランディングページからフォームのページへ遷移したユーザーのうち、実際にフォームの入力を行い、コンバージョンに至る（フォームの入力完了）ユーザーは多くても50%程度**である事例が多く、半数以上の購買意欲の高いユーザーを取りこぼしていることになります。

スクロール率に注目することで、ユーザーの心理的ハードルを可視化できる

Ptengineのヒートマップ分析を活用することで、ユーザーが複数のうちのどの項目の入力にハードルを感じているのかを可視化できます 図02。その結果、制作段階では想像もつかなかった項目で、ユーザーが離脱をしていることに気付くことも多いでしょう。

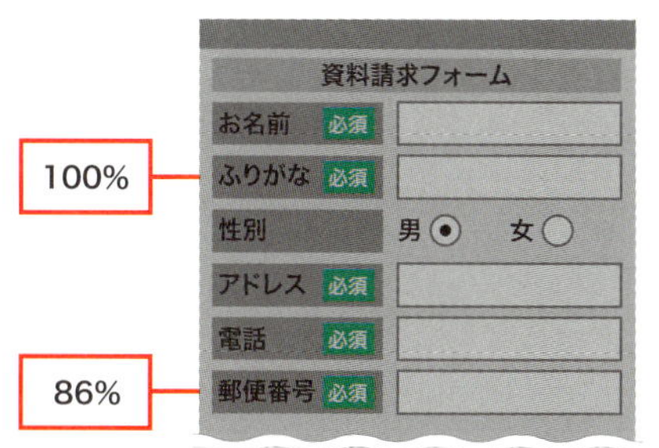

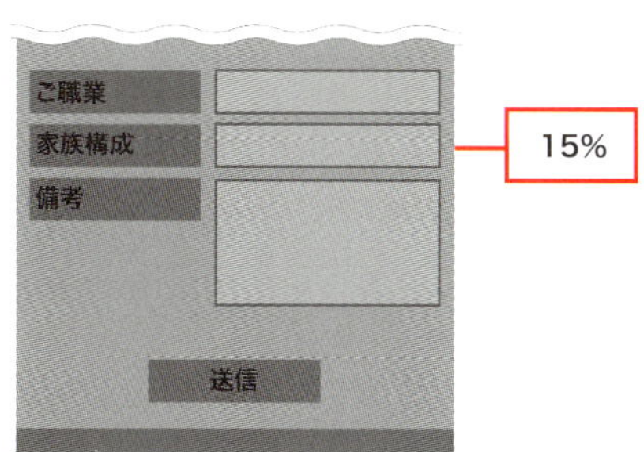

図02 スクロール率が減少している例
ユーザーがどこで離脱しているかが数値として可視化されるため、効果的な改善につながります。

フォームのタイプの特徴を把握する

ランディングページの中には、ページの最下部にフォームを設置している「フォーム一体型」のページも多く存在しています。フォーム一体型のランディングページは1ページで完結する分、管理しやすいというメリットがあります。しかし、**「ページの内容を見て離脱したユーザー」と「フォームの入力の途中で離脱したユーザー」の見分けがつかず、ランディングページの構成内容に問題があるのか、それともフォームの内容に問題があるのか、ボトルネックの判断がつきづらい**という大きなデメリットもあります 図03。問題点の切り分けを行うのであれば、ランディングページとフォームは分けたほうがよい場合もあります。

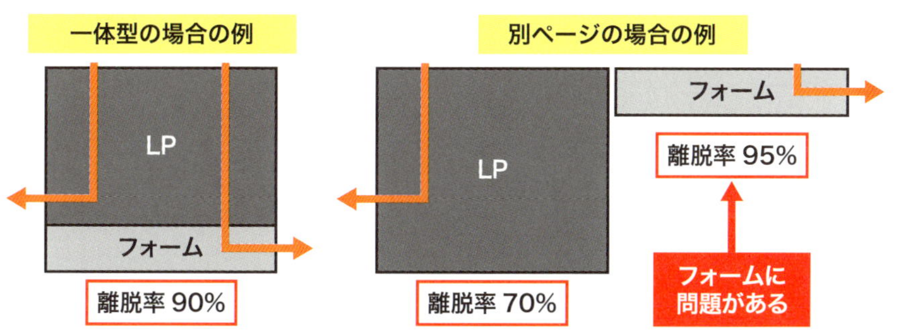

図03 問題がランディングページにあるのかフォームにあるのか
ランディングページ側の課題とフォーム側の課題を分けて管理・改善していきたい場合は、フォームを別ページに設けたほうが問題の切り分けができます。

Method

042 ファネル機能を活用して入力フォームの獲得状況や改善状況を明確にする

POINT

- フォームに改善が必要かを明確にする
- Ptengineのファネル機能を活用する
- デバイスや流入元のセグメントでデータを見る

MEMO

ファネル分析は「目標到達プロセス」を設定することでGoogleアナリティクス上でも行えます。設定方法は公式のヘルプページ等を参考にしてみてください。

フォームの効果を可視化するファネル機能

フォームの改善作業に先立ち、まずは現状のフォームの獲得状況について把握する必要があります。その際に大いに役立つのが「ファネル分析」です。Ptengineを利用すると、**ランディングページに流入しているユーザーの何%がフォームに到達し、さらにそのうちの何%が入力完了まで至るのかを視覚的にわかりやすく教えてくれます** 図01。また、ヒートマップ分析と同様に、デバイスや流入元など、細かくセグメントを切って数値を抽出することも可能です 図02。

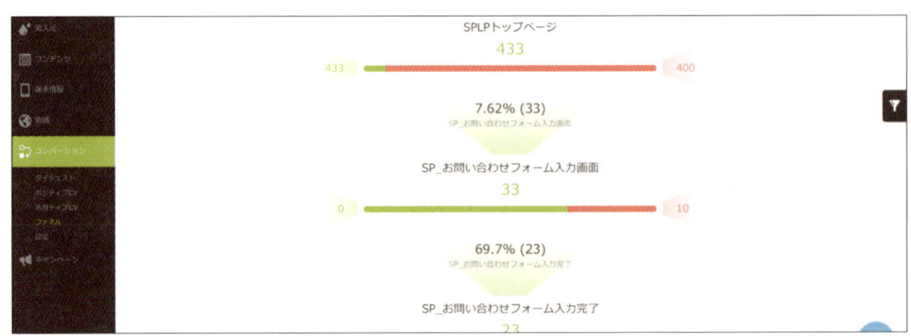

図01 **ファネル図**
「ランディングページ」→「フォーム」→「入力完了」までの各ステップの遷移率の、直感的な理解を促進することができます。

パソコン版

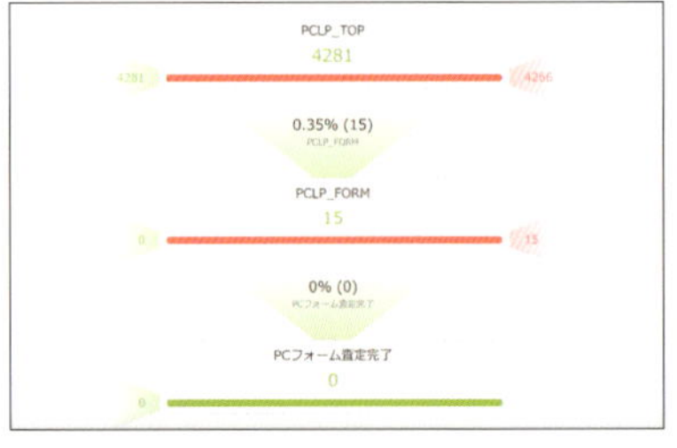

スマートフォン版

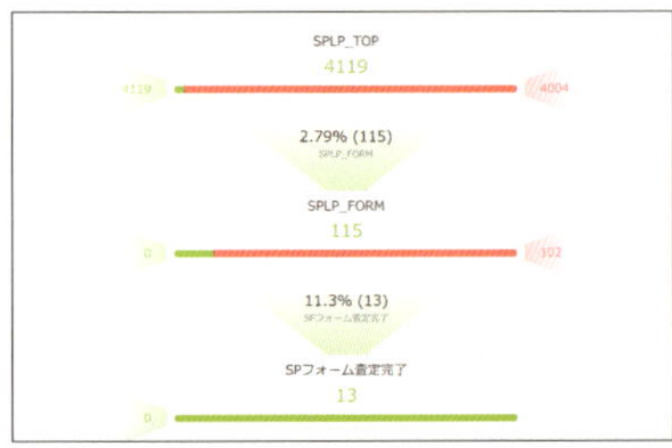

図02 **デバイスごとのファネル図**
パソコン版とスマートフォン版で同じ情報設計のランディングページの場合でも、デバイスによって効果の差が出ることは非常に多く、どちらもしっかり確認することが重要です。

ファネル分析を行うための設定

ファネルの遷移状況を確認するためには、あらかじめ設定を行う必要があります。Ptengine を利用する際は、以下の手順で設定します 図03 ～ 図05。

図03 手順①
Ptengine で「設定」→「コンバージョン」→「コンバージョンの登録」を選択します。

図04 手順②
コンバージョン名と URL を入力します。

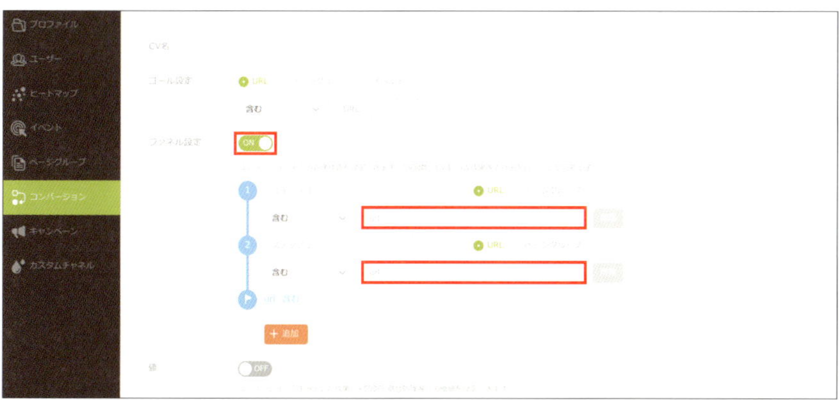

図05 手順③
「ファネル設定」をオンにし、ランディングページから順に URL を入力します。

Method
043 CTAを切れ目にセクションへ分割してパフォーマンスを可視化する

POINT

- ランディングページを複数のセクションで分割する
- セクション単位でデータを分析する
- 新規ユーザーとリピーター、それぞれのコンバージョン分析をする

コンバージョンエリア(CTA)を切れ目にページをセクションごとに分類する

ランディングページは縦に長くなる傾向があるため、それに比例して分析対象となるコンテンツも多く、ページ全体を検証するのも非常に労力がかかります。そこで、ページを小さい単位のセクションに分割すると、課題のあるコンテンツが見つけやすくなり、改善へとつなげることができます。

ランディングページを分割するための目安の1つが、コンバージョンエリアです。複数のセクションが連なるランディングページは、ページの要所にコンバージョンエリアを複数設置しているはずです。それを起点に、それぞれ小さい単位のセクションに分類して整理しましょう 図01。

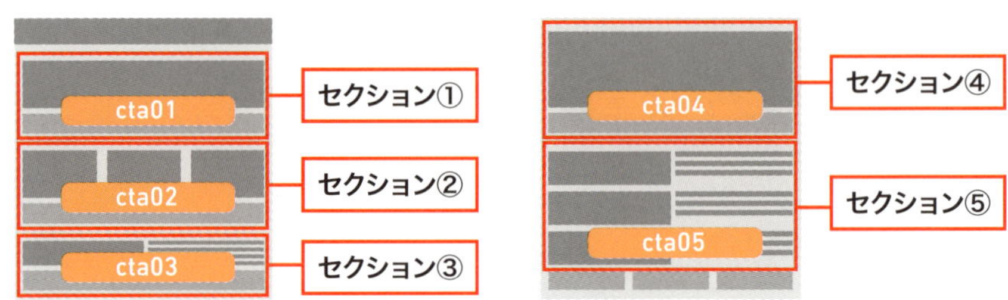

図01 CTA を切れ目にページを分割して捉える
コンバージョンエリア(CTA)ごとに小さく分割すると、課題が見つけやすくなります。

各セクションのクリック数をグラフ化し、コンバージョンの貢献度を比較してみる

各セクションのコンバージョン貢献度を測る1つの指標として、「コンバージョンボタンのクリック数」が挙げられます。特定のランディングページに流入したユーザーのうち、**該当のセクションでどれだけのユーザーがアクションを起こしたのかを知ることができるため** 図02**、パフォーマンスを比較する指標としてもっともふさわしい**といえます。

6,000 訪問	クリック
cta01	98
cta02	96
cta03	24
cta04	14
cta05	16

図02 各セクションのボタンアクション比較分析の例①
セクション別に、コンバージョンボタンのクリック数を比較することで、どのセクションがどの程度コンバージョンに貢献しているのかを調べることができます。

フィルター機能と組み合わせることでより深い分析が可能になり、改修の糸口がつかめる

Ptengineのヒートマップ内にある「ページ分析」では、ページ上にボタンごとのクリック数やクリック率を表示できるため、**パフォーマンスのよいセクション、悪いセクションを可視化できます** 図03。P.92～95で紹介したフィルター機能も組み合わせれば、「新規訪問ユーザーとリピーターはそれぞれどのセクションでもっともコンバージョンしているか」、「流入元が異なるとコンバージョンするセクションも変わるか」といった比較・検証もスムーズに行えます。 図04 は総合データとコンバージョンフィルターで比較したケースの例です。

図03 ページ分析機能
Ptengineの「ページ分析」では、ボタンのクリック率／クリック数をページ上に表示できます（数値は架空のものです）。

コンバージョンボタン	すべてのユーザー	コンバージョンに至ったユーザー
cta01	18	6
cta02	3	2
cta03	6	2
cta04	15	12
総合	42	22

図04 各セクションのボタンアクション比較分析の例②
タップ数の計測値をすべてのユーザーとコンバージョンフィルターで比較し、セクション単位で良し悪しを分類します。

Method
044 実際に検索エンジンで検索して、どのような競合がいるのかを把握する

POINT

- ランディングページは絶対評価ではなく相対評価であることを忘れない
- 検索エンジンでキーワードの調査を行う
- キーワードの調査で市場の変化に気付くことができる

ランディングページの効果はそのマーケット内にある競合ランディングページとの相対評価で決定する

近年ではスマートフォンの普及により、さまざまな情報にかんたんにアクセスできるようになったことで、商品やサービスの比較検討がしやすくなっています。それはランディングページにおいても同じで、ユーザーは複数の選択肢から自分にとってもっともよいと思える商品・サービスを、ランディングページを見て判断しています。

たとえ今運用している自社ページの効果がよかったとしても、複数の競合企業がひしめき合い、それぞれの企業がよりよいランディングページを目指して日々変化している中で、**半年後、1年後も同じパフォーマンスを発揮できているとは限りません** 図01。

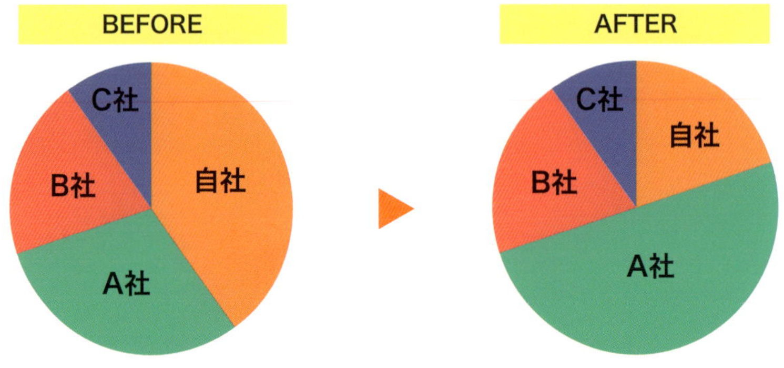

図01 **シェアの低下**
相対評価であるため、競合がページ価値を高めると、相対的に自社のシェアが低下してしまいます。

MEMO
「効果が落ちている＝競合が獲得している＝競合が露出している」と考えられるため、効果が落ちているキーワードの検索でどのようなページが表示されるのかをチェックすることで、マーケットの状況を把握できます。

検索エンジンでマーケットの変化を把握する

ランディングページの効果が落ちてきたと感じたら、獲得が鈍化しているキーワードがないかを調べてみましょう。効果が落ちているキーワードがある場合、競合にシェアを取られている可能性があります。そのような場合は、すぐにそのキーワードで実際に検索を行い、どのようなページが出てくるのかを確かめましょう 図02。

Google

A社
B社
C社
D社
E社

Yahoo!

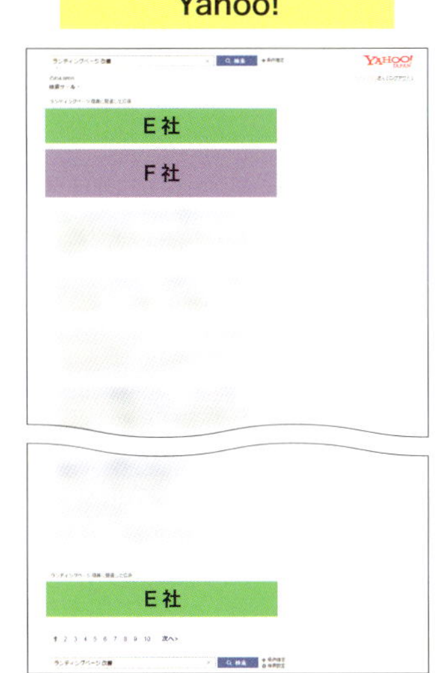

図02 検索エンジン別の検索結果の例
代表的な検索エンジンの「Google」と「Yahoo!」で比較してみても、検索結果は異なります。

キーワードの検索を行う際はパソコンとスマートフォン両方のデバイスで調査する

キーワードの調査は、パソコンとスマートフォンの両方のデバイスで調査を行いましょう。企業によっては、パソコンのみやスマートフォンのみに特化して広告出稿を行っている場合もあります 図03。

パソコン

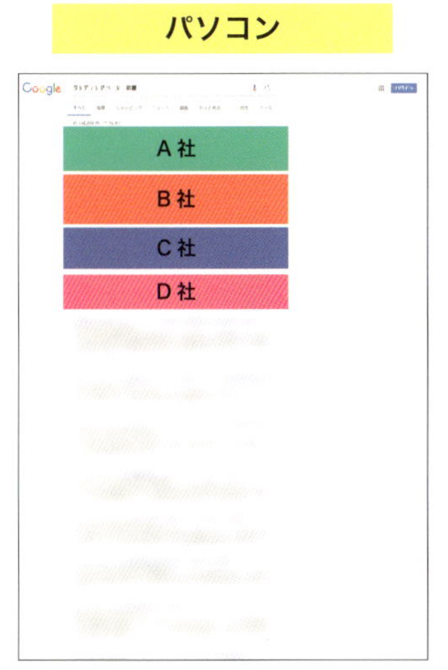

スマートフォン

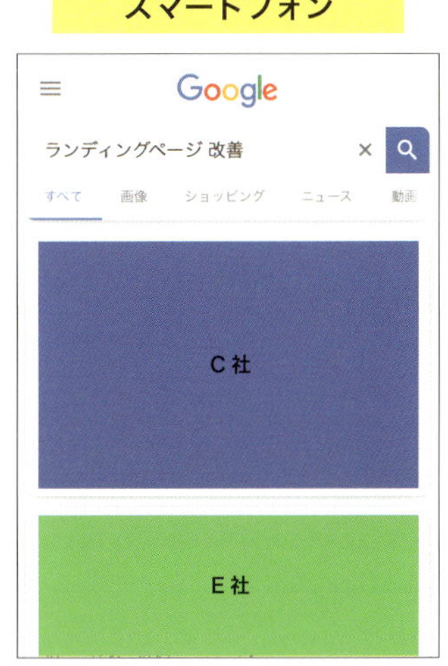

図03 デバイス別の検索結果の例
同じ検索エンジンであっても、デバイス別に広告の出稿を分けている企業もあるため、パソコンとスマートフォン版では表示結果が異なります。

MEMO
キーワード調査を根気強く行うことで、マーケット動向に敏感になり、自社のランディングページのパフォーマンスを維持することにつながります。

Method
045 競合調査の最初の段階では網羅性を重視する

POINT

- ☑ 競合ランディングページをあぶり出すことで、自社ランディングページのマーケット内での立ち位置がわかる
- ☑ 競合ページをグルーピングしてベンチマークすべきページを絞る

2つの「軸」を意識することで競合調査の質が高まる

主な検索キーワードが決定したら、実際に競合がどのようなページの見せ方をしているのか、詳細な分析を行っていきます。**分析の際は「網羅性」と「深度」の2つの軸を意識して、分析を行うことが重要**になります。

まず調査の開始段階で意識するのは「網羅性」です。マーケットに存在する競合を、漏れなくリストアップして比較することで、自社の商材がそのマーケットの中でどのような立ち位置であるかを認識できます 図01。

	A社	B社	C社	D社	E社
訴求軸	価格訴求	デザイン訴求	機能訴求		満足
権威情報	[illegible]	[illegible]	[illegible]	[illegible]	[illegible]
特徴	[illegible]	[illegible]	[illegible]	[illegible]	[illegible]

図01 競合の情報をリストアップする
この段階で漏れなく競合を網羅できるかどうかで、競合調査の質が大きく変わります。

異なる時間帯・曜日で検索結果をチェックする

マーケットの規模にもよりますが、ほとんどの場合、1回の検索ですべての競合を網羅することはできません。広告プラットフォームの表示アルゴリズムに加え、各社の運用方針による時間帯や曜日における配信の強弱設定、複数ページを活用した検証などを行っているケースもあるからです 図02。そのため、**すべての競合を網羅するためには、異なる時間帯や曜日で検索結果のチェックを行う必要があります。**

また、技術の進化に伴い、検索エンジンや各デバイスはユーザーの過去の検索結果を分析し、その人に合った検索結果を自動で表示してくれています。そのため、調査を行う際は各ブラウザのプライベートブラウズを活用し、履歴やキャッシュが残らない状態で実施しましょう。

月曜日の場合

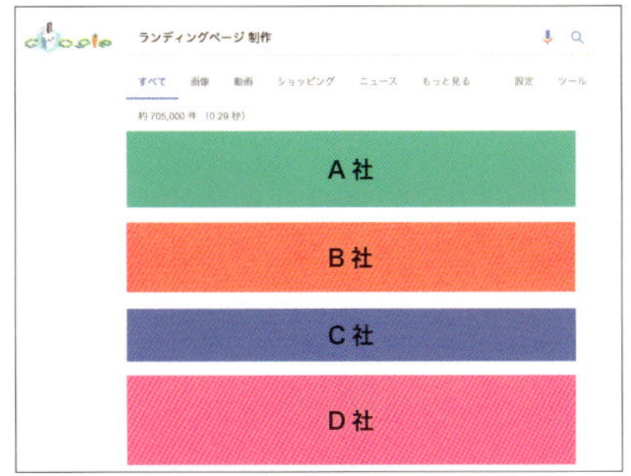

水曜日の場合

図02 曜日ごとの表示結果の推移
同じ検索キーワードで検索を行った場合でも、曜日が違えば表示される結果も異なります。

競合ランディングページをグルーピングすることで、ベンチマークすべき「真の競合」が見えてくる

競合ページをリストアップしただけでは、マーケットを「網羅した」とはいえません。一つひとつの競合ページがどのような訴求軸で、どのような見せ方をしているのかを理解して初めて、マーケットの傾向が見えてきます。とはいえ、数多ある競合ページをすべて深堀りしていくのでは、時間も労力もかかりすぎてしまいます。そのため、まずはリストアップした競合ページの中から、本当にベンチマークすべきページを絞り込む作業が必要です。

その際に便利なのが、競合ページをグルーピングするという発想です。「価格訴求」や「品質訴求」など、**近しい訴求を行っているページを見つけ、カテゴライズを行います**。そうすると、同じカテゴリー内で、その訴求軸をもっともうまく打ち出しているページが自ずと見えてきます 図03。そのページこそが、ベンチマークを行うべき「真の競合ランディングページ」です。

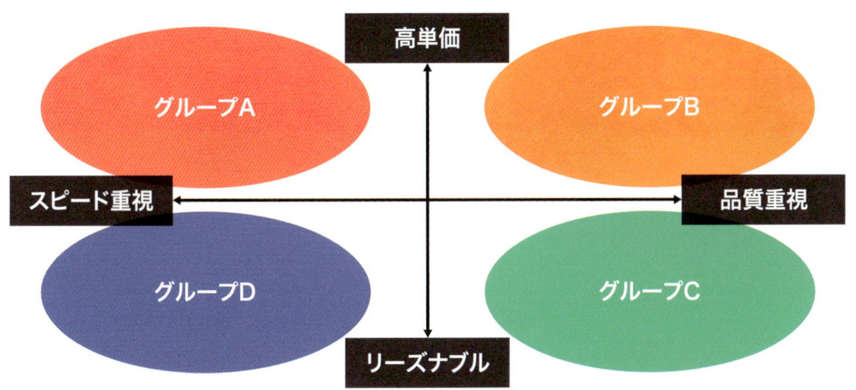

図03 「ランディングページ　制作」で表示される企業ページのマトリクス
上記のように、競合ページを訴求軸ごとにグルーピングし、その中でもっともうまくその訴求軸について打ち出しているページをベンチマークします。

Method
046 競合調査の深度は3つのステップで深めていく

POINT

- ベンチマークした競合ランディングページを徹底分析することが、自社ランディングページの成果改善につながる
- 競合ランディングページを深堀りする3つのステップを覚える

3つのステップで競合ランディングページを深堀りしていく

ベンチマークすべき競合ページが見つかったら、次はそのページを徹底的に深堀りしていきます。その際、「この競合は価格訴求だな」、「ここは品質がウリだろう」といったような、ざっくりとした評価では調査として不十分です。**その競合ページが「何を伝えたいか」、また、「何を伝えていないか」を、マクロな視点とミクロな視点を組み合わせながら、分析・把握する**ことが重要となります。

ここでは、競合ページの深堀りにあたっての基本的な方法を、「分解」、「抽出」、「理解」の3つのステップに分類して解説します。

①競合ページをセクションごとに分解する

「分解」とはその名の通り、競合ページをセクションごとに細かく分けていく作業です。ランディングページは複数のセクションの集合体であり、競合ページも例に漏れず、いくつかのセクションに分解することができます。**分解したそれぞれのセクションを「お悩みセクション」、「共感セクション」、「強み訴求セクション」といったようにカテゴリー分けすることで、その競合ページの全体像が見えてきます。**

図01 **セクションを分解した例**
各セクションの訴求内容を意識して競合ランディングページを分解し、大まかな全体のシナリオを把握しましょう。

②セクションの構成要素を抽出する

競合ページの全体像が見えてきたら、次はそれぞれのセクションにフォーカスしていきます。**そのセクションに配置されているデザイン要素やテキスト情報など、あらゆる構成要素をピックアップします**。これが「抽出」です。

例として、「40代女性の写真を使っている」、「メインキャッチではこの情報を伝えている」、「累計販売数を入れている」など、すべての要素を一つひとつピックアップしていきます。

❶実績要素を入れている。
❷メインキャッチでは自社サービスの特徴とベネフィットを伝えている。
❸期間限定オファーを入れている。
❹２種のコンバージョンボタンを配置。
❺メインビジュアルは笑顔の女性。
❻背景は街のイメージ画像。

図02 ファーストビューの要素を抽出した例
すべてのセクションで抽出作業を行い、競合ランディングページを構成するあらゆる要素を細かくピックアップしていきます。

③競合ページのよいところを理解する

先述の2つのステップで対象のランディングページを徹底分析することで、その競合ページが「なぜよく見えたのか」、理由を具体的に理解することができます。**それを得た上で、改めて自社ページとの比較を行うと、競合調査の目的である「自社ページの改善施策の発見」に初めてたどり着くことができます**。比較の方法については、Method.047で解説します。

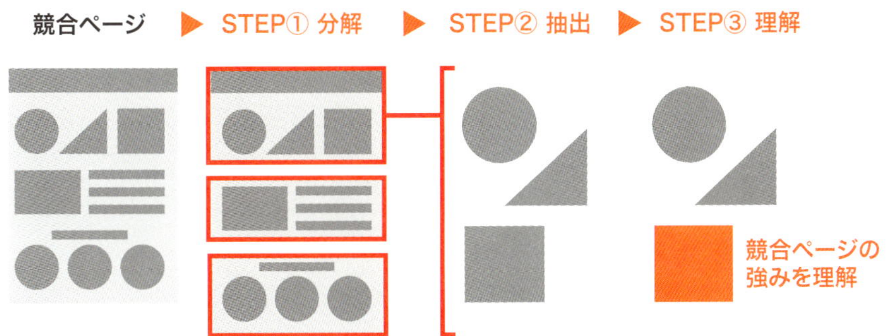

図03 競合ランディングページを深掘りしていく３つのステップ
自社ページの改善施策を見つける前段階として、競合ランディングページの特徴を具体的に理解しておきましょう。

Method

047

競合ページとの比較分析から改修施策を導き出す

POINT

- 競合ランディングページと自社ランディングページの客観的な比較分析を行い、コンテンツを見直す
- キャンペーン要素の比較も必ず行う

競合ランディングページの分析結果を自社ランディングページに落とし込む

ページの価値を高めるコンテンツの発掘に有効なのが、競合ページとの比較分析です。その際に重要なのは、その結果をもとに**「自社ページをどう改修すればよいのか」、という視点でコンテンツを発掘する**ことです。分析結果から改修施策を導き出す方法はいくつかありますが、ここではとくに使いやすい「セクション比較」と「要素比較」の2点に絞って解説します。

MEMO

大きな改修を行うのではなく、部分的に細かく改修を進めたり、A/Bテストを実施してより効果の高いページ案を見極めたりなど、小さい変更からスタートすることで改修の確度を上げることができます。

マクロな視点でページを捉える「セクション比較」

セクション比較とはその名の通り、自社ページと競合ページのセクションを比較することです。**自社ページをセクションごとに分解し、競合ページと横並びでページ全体のストーリーを比較**します 図01。そうすることで、競合ページにしかない不足コンテンツや、新しい訴求内容が見つかるかもしれません。

ただし、他社が成功しているからといって、同じ要素などを自社ページに反映したとしても、それが100%成功するとは限りません。大きな改修作業を行う場合は差し替えのインパクトも大きいため、慎重に改修を行いましょう。

自社ページ	競合ページ	
安さ訴求セクション	安さ訴求セクション	
品質セクション	品質セクション	
	料金比較セクション	不足コンテンツ
ユーザーボイスセクション	ユーザーボイスセクション	

図01 セクションの比較
自社ページと競合ページを横並びで比較してみることで、自社ページに足りないセクションが見つかるかもしれません。

ミクロな視点でページを捉える「要素比較」

要素比較では、**各セクション内の「ユーザーボイスの数」や「コンバージョンエリアの訴求内容」など、構成要素を深掘りし、自社ページと比較**します 図02。そうすることで、これまで競合と同じ訴求内容だと思っていたセクションも、実は自社ページのセクションには要素が足りていなかったり、逆に余計な情報が入っていたりしたせいで、競合ページのほうが訴求力が高かったという結論に至ることも多々あります。

ユーザーボイスセクションの「要素比較」

	自社ページ	競合ページ
ユーザーボイスの数	3	5
写真の有無	人物アイコン	実際の利用者の写真
テキスト量	2～3行	5～6行
Before After イメージ	無し	有り

図02 要素の比較
セクションの構成要素を細分化し、要素毎に比較していきましょう。マクロな視点では同じセクションでも、ミクロな視点で観察したときには明確な違いを発見できるかもしれません。

キャンペーン要素の有無も比較を忘れない

ランディングページの効果にわかりやすくインパクトを与えるのが、キャンペーン要素の有無です。「今なら商品券 2,000円分プレゼント！」といった要素はユーザーの目を引きやすく、比較検討の際の最後のひと押しとなることも多いです。そのため、このキャンペーン要素の有無についても、しっかりと比較を行う必要があります。

とはいえ、競合ページが実施しているキャンペーン内容を上回るキャンペーンを自社ページで行うことが難しい場合もあるでしょう。その場合は、無理に相手の土俵に合わせるのではなく、自社で実施可能なキャンペーンを考えることが重要です 図03。

CVX
クリーニング無料券
この無料券により、CVXチャイルドシート通常料金(4,200円)を無料でクリーニングいたします。

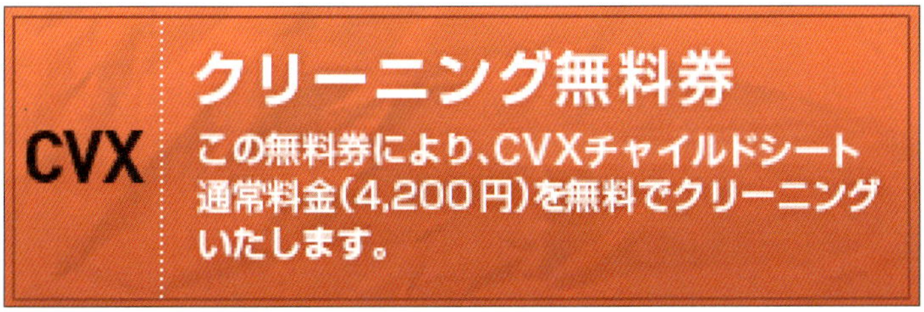

図03 独自のキャンペーンを考える
自社で実施できる範囲のキャンペーンを考えることで、そのキャンペーン内容が自社の独自要素として、大きな訴求軸になる可能性もあります。

Method
048
競合ページの変更箇所と変更のない箇所から改修のヒントを得る

POINT

- ☑ 競合ランディングページの変化を見る
- ☑ 新たに追加・変更させた箇所の改修意図を探る
- ☑ 追加・変更されていない箇所はコンバージョン獲得に貢献している

MEMO

A/Bテストを行っている競合のページのうち、いずれかのページに一度でもアクセスした場合、キャッシュの影響で前回アクセスした時点でのページが表示され続けてしまうこともあります。常に最新の状態のページを見るためにも、プライベートブラウズ機能を使うなど、キャッシュが残らないようにしておきましょう。

競合ランディングページの変化を見る

同じマーケットの競合ページも、より高い効果を得るために改修を行っている場合が多いでしょう。その場合は、**競合ページが効果改善のためにどのような改修を行ったのか**を見ることで、自社ページの改修に活かせる発見があるかもしれません。

定期的に画面キャプチャを保存しておくなどして、競合ページの変化を確認できるようにしておきましょう。

新しく追加・変更されたセクションを見つけたら必ずその改修意図を探り出す

ランディングページ上のコンテンツ変更には、必ず何かしらの意図や理由が存在します。**競合の改修意図を汲み取ることで、競合が行った分析や調査の内容を覗き見ることができます**。そこで得られた知見を自社ページに活用することで、今までに考えつかなかった新たな改善施策が見えてくることもあります。

変わっていないセクションこそ、ベンチマークしておくべき「勝ち要素」の場合もある

競合ページの変更点を見つけることも重要ですが、変わらない点を見つけることも同じくらい重要です。競合ページの改修目的がコンバージョン獲得効率の向上であることを前提とした場合、**コンテンツが変わっていないということは、そのコンテンツの内容がコンバージョン獲得に貢献している**可能性もあります。継続して効果が出ているということは、それだけユーザーの需要が高いということも意味しているため、積極的に参考にしたいコンテンツであるといえるでしょう。

PART 3
ランディングページを改善する

Method
049 改善すると決めた要素以外は変更しない

POINT

- ☑ 修正と改修の違いを理解する
- ☑ 変更要素は原則として1改善につき1要素に絞る
- ☑ 変更する箇所の要素をできるだけ細かく分解する

改善の質を理解する

ランディングページの変更業務を行っていく際、作業内容は大きく2つに分かれます。1つ目は、商品やサービスの内容が変更になった場合などのやむを得ない修正作業です 図01。これは、あくまで情報の更新になります。2つ目は、Google アナリティクスやヒートマップによる分析データや仮説をもとにした改修作業です。これは、成果を高めていくための改善業務です。

MEMO
一口に「変更業務」といっても、それぞれ作業の目的が大きく異なるため、違う種類の作業であることをあらかじめ頭に入れておく必要があります。

修正作業の例	改修作業の例
情報の更新作業 ・商品・サービスの内容変更 ・価格の変更 ・数値データなどを最新情報へ更新 など	**分析に基づく改修作業** ・スクロール率改善のための セクションの入れ替え ・クリック率向上のための ボタンデザインの変更 など

図01 修正と改修の違い
修正作業は、初期構築から時間の経過したランディングページの情報を最新の状態にする場合に必要な更新作業です。改修作業は、解析ツールによる分析・仮説をもとにコンバージョン率やスクロール率などのパフォーマンスを高めるための変更作業です。

MEMO
そのほかにも、修正作業では従業員の退職による写真の変更、改修作業では流入ユーザーに合わせたキャッチコピーの変更などがあります。

分析や仮説をもとにした改修業務では、「**改善すると決めた要素以外は変更しない**」ことが大切です。継続的な改善、検証、分析をするために、要素を絞り込んだ状態でテストを行っていきましょう。

具体的には、1回の改善およびA/Bテストにおいては、変更する要素は1つにします。たとえば、ある化粧品のランディングページにおいて、メインビジュアルであるファーストビューの写真のみを変更してA/Bテストを行うとします。20代女性と30代女性の写真では、どちらがコンバージョン率やスクロール率が高まるかをテストする場合、変更要素が写真のみであるため、検証する際の判断基準が明確です。

しかし、写真とファーストビューのメインキャッチコピーを同時に変えると、結果を比べたときに、写真とキャッチコピーのどちらが原因でコンバージョン率やスクロール率が変わったのかを判定することができません 図02。

図02 A/B テストでは変更する要素を 1 つにする
キャッチコピーも写真も変更してしまうと、分析結果の違いの要因がわからなくなってしまうため、変更する要素は 1 つに絞りましょう。

MEMO
複数の変更要素を同時に比較する際は、多変量テスト（Method.086）という手法もあります。ただしこの方法は、かなりの流入数が見込めないと計測データが少なくなるため、正確に測定しづらいデメリットもあります。

より細かく要素を分ける

変更要素を絞り込んでテストすることで、一定期間における A と B の違いが明確になるだけでなく、次のテストも行いやすくなり、「テスト→改善→テスト」という理想的な改善サイクルが生まれます。

例として、1つのボタンを検証する上でも、「ボタンのテキスト」、「ボタンのカラー」、「ボタンのサイズ」などに切り分けることができます 図03。

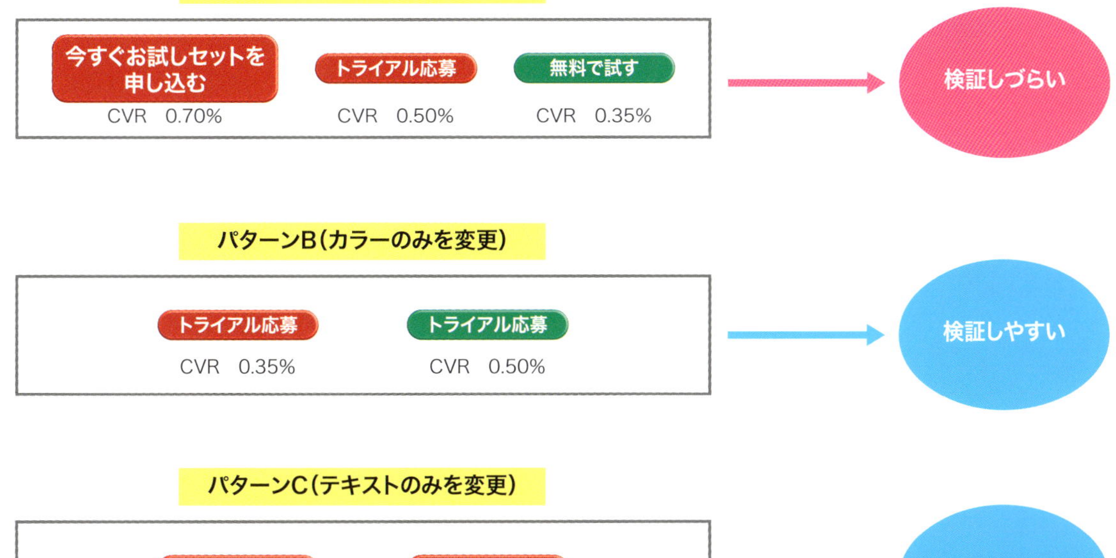

図03 ボタンでコンバージョンへの貢献度を比較する例
パターン A はサイズやテキストなどの要素がバラバラで検証しづらいのに対し、パターン B ではカラーは「緑」、パターン C ではテキストは「無料で試す」が、コンバージョンに貢献していると分析できます。

Method
050 キャッチコピーを変更する際はユーザーのニーズに近付ける

POINT

- ☑ キャッチコピーを変更する際のポイントを把握する
- ☑ キャッチコピーの変更はユーザーの反応に変化が出やすい
- ☑ キャッチコピーはできるだけ改修しやすい状態にしておく

A/Bテストの王道であるコピーライティングの変更

キャッチコピーなどのコピーライティングの変更には、A/B テストをスピーディーに行いやすく、ユーザーの反応にも変化が起こりやすいという特徴があります。そのため、A/B テストにおいては改善業務の“王道”だといわれています。ランディングページにおけるコピーライティングの要素としては、以下のようなものが挙げられます。**中でもファーストビューのメインキャッチコピーは、ランディングページのパフォーマンスに大きく影響します。**

コピーライティングの対象要素

- ・ファーストビューのメインキャッチコピー
- ・見出しキャッチコピー
- ・商品説明などのボディーコピー
- ・コンバージョンエリア（CTA）の見出しコピー
- ・ボタン上のテキスト

など

効果の出るコピーライティング変更のポイント

用語

ユーザーインサイト
性別、年齢、志向、ニーズなどを理解し、ユーザーの視点に立って、本質的な欲求に迫ること。

コピーライティング全般として、流入させたいユーザーの本質的な欲求に迫るユーザーインサイトが必要になるため、しっかりとしたペルソナの設定を行っておきましょう。ペルソナには、性別・年齢・ライフスタイルなどの設定要素が必要ですが、設定したユーザー像がどのような「悩み」や「ニーズ」を持っているかを、しっかり導き出すことがポイントになります。**ランディングページのキャッチコピーでは、「提供する商品やサービスによってそのような悩みやニーズを解決できます」と端的に伝えることで、ユーザーの反応の変化が期待できます。**

たとえば、求人サイトの求職者募集のランディングページのケースです。大学を卒業した既卒者向けの就職支援サービスで、キャッチコピーを「既卒者の就職を徹底サポート」としました。しかし、実際に既卒者が抱える「悩み」は、「正社員で雇用されるかが不安」であることがわかりました。そこで、「既卒者でも正社員になれる」と変更することで、ユーザーの「不安」を解消するキャッチコピーに近付いたといえます。また、ランディングページではだらだらと長い文章ではなく、端的にまとめること、さらに「この商品・サービスを利用してどうなりたいのか、何をしたいのか」というユーザーの気持ちを代弁したコピーにすることもポイントになります。

効果の出るキャッチコピーのポイント

・ユーザーにとってメリットになっているか
　＝悩みやニーズを解決するものになっているか
・端的にまとまっているか
・ユーザーの行動を促す表現になっているか

コピーライティングを変更しやすい状態にしておく

ランディングページでテキストを扱うときは、装飾などを施した状態で画像化して貼り付ける方法と、HTMLテキストで表示させる方法の2種類があります 図01。

前者は見た目重視の装飾がされた加工テキストとなるため、デザイン上の訴求力は高いといえますが、改修時には画像自体を作成し直し、差し替える手間がかかります。一方で、HTMLテキストはあくまでテキストベースで打ち替えるだけのため、Photoshopなどで画像を加工するデザイン作業は不要です。

キャッチコピーやテキストを繰り返し変更してテストしたいのであれば、後者のHTMLテキストでデザイン・コーディングしておくほうがよいでしょう。また、HTMLテキストであればSEOの面でも効果が見込まれることや、レスポンシブWebデザインとの親和性が高いことなど、改善面以外でのメリットもあります。

MEMO
デザインを重視したい場合もあるため、目的によって画像テキストとHTMLテキストを使い分けるようにしましょう。

図01 画像テキストとHTMLテキストの違い
画像テキストの変更は画像そのものの差し替えとなりますが、HTMLテキストの変更はテキストのみの修正となります。

Method
051 フォントを変更する際は3つの要因を押さえる

POINT

- フォントの変更要素は種類・色・サイズ・形式に分解される
- 目的に応じて変更要素を決定する
- 改修が想定される箇所はHTMLテキストにしておく

改善におけるフォント変更の目的

改善運用におけるフォントの変更には、さまざまな理由があります。たとえば「テキストのボリュームが多いページだが文字量は減らしたくない」、「強調箇所を目立つようにしたい」、「ページのテイストが商品やターゲット層と合っていないためテイストを変えたい」、「今後編集しやすいように画像テキストを HTML テキストにしたい」などです。

上記以外のケースもありますが、改善においてフォントを変更する主要なケースは大きく分けて以下の3つに分類されるでしょう。

改善におけるフォント変更 3 つの要因

①視認性・可読性を高める
②テイストを変える
③編集しやすいようにする

また、フォントの要素は、フォントの種類・色・サイズ・そもそもの形式の変更（画像テキストから HTML テキストに変更する）というように、いくつかの要素に分類できます。目的に応じて、変更する要素を決めましょう。

視認性・可読性を高める

読みやすさを重視する場合、課題によって対応策が変わります。たとえば、「文字のサイズが小さいため大きくしたい」、「文字の色が薄いため濃くしたい」、「明朝系だと読みづらいのでゴシック系に変えたい」、「強調したいテキストだけ赤くしたい」、「読み飛ばされてもいいように重要ワードのみサイズを大きくしたい」などの課題が考えられます。ランディングページは縦に長く続くため、どうしても情報量が多くなりがちです。そのため、**しっかり情報を届けるという目的で、視認性や可読性の向上が必要になるケースが多い**のです。その前提で、フォントの変更要素を検討する必要

MEMO
可読性はユーザーの離脱率を下げるための大切なポイントです。いくらよい文章でも、読みづらいフォントではユーザーに最後まで読み進めてもらうことができません。

があり、ランディングページ全体の統一感やバランスを失わないように調整することが大切です。

テイストを変える

フォントのテイストを変える場合においても、課題によって対応策が変わります。「高級感を出すために文字のサイズを小さく見せて余白を出したい」、「もっとポップな雰囲気にするためにフォントの種類を変えたい」、「落ち着いたトーンにするために色調を抑えたい」など、ケースごとにさまざまな対応策が考えられます。

中でも、**とりわけランディングページ全体のテイストに大きな影響を与えるのは、フォントの種類です**。一般的には、高級感・格調のあるデザインには明朝系のフォント、ポップなデザインには丸文字系のフォント、信頼感のあるかっちりしたデザインにはゴシック系のフォントなどが選定される場合が多いです 図01。

学校など子ども向けのポップなデザイン
▼
新ゴ　ソフトゴシック

ウェディングなどエレガントなデザイン
▼
リュウミン　A1明朝

10代女性向けの化粧品など可愛らしいデザイン
▼
じゅん　ヒラギノ丸ゴ

時計や車などの高級製品向けのデザイン
▼
リュウミン　游明朝体

図01 テイストに合わせたフォント選定の例
ターゲットや商品特性に合わせて、最適なフォントを選定するようにしましょう。

編集しやすいようにする

P.117でも触れたように、画像テキストかHTMLテキストかによって文言を編集する手間が変わります。**担当者に画像制作スキルがないことが想定される場合は、画像テキストだった箇所をHTMLテキストに変更するという対応が有効**です。ただし、HTMLテキストは基本的にユーザー側のデバイスにインストールされたフォントでしか表示できないため、どうしても使いたいフォントがある場合は「Webフォント」と呼ばれる技術を使う必要があります。

用語
Webフォント
オンライン上に存在するフォントファイルを読み込むことで、ユーザーのデバイスにインストールされていないフォントでWebページを表示する技術。ただし、フォントの読み込みに時間がかかることが多いため、多用すると表示速度に影響する場合がある。

Method
052 カラーを変更する際はカラーの役割を押さえる

POINT

- カラーはランディングページ全体の印象に影響する
- メインカラー・サブカラー・コンバージョンカラーに分類して変更を行う
- 各カラーの役割を理解する

カラー変更の目的とカラー分類

カラーは、ランディングページ全体の印象に大きく影響する要素です。改善運用においてカラーの変更が必要になるのは、「コンバージョンエリア・ボタンをもっと目立たせたい」、「もっとコンテンツを目立たせたい」、「ターゲット像に合わせたテイストに変更したい」などのケースです。**主に、強調したい部分を強めるための変更か、テイストを変えるための変更かのどちらかになります**。改修時には、やみくもに色を変更するのではなく、それぞれのカラーの役割に合わせて作業を行うことがポイントです。ランディングページを構成するカラーの役割については、大きく以下の３つに分けることができます。

ランディングページのカラーの役割

①全体のトーン＆マナーのベースとなる「**メインカラー**」
②アクセントをつける「**サブカラー**」
③アクションを促す「**コンバージョンカラー**」

メインカラーを変更する

メインカラーは、そのランディングページ全体のトーン＆マナーのベースになるカラーです 図01。そのため、メインカラーの変更が必要になるのは、全体のテイスト自体を変えたいといった場合です。

見出しのフォントや各セクションの背景カラー、パーツのカラーなど全体を通じて使用する色になるため、選定の際には注意が必要です。**メインカラーを決定するもっともベーシックな方法は、ロゴや商品のパッケージなどのブランドカラーを活用すること**です。ブランドカラーは何らかの意味があって決定しているため、ランディングページにも適用しやすい面があります。

ただし、ブランドカラーで決定したカラーがユーザーにマッチしない場合もあります。その場合は、ターゲットユーザーに合ったメインカラーの再設定が必要となります。

MEMO

ターゲットユーザーに合ったメインカラーを再設定する際には、そのターゲットが男性であるか女性であるかも重要なポイントになります。

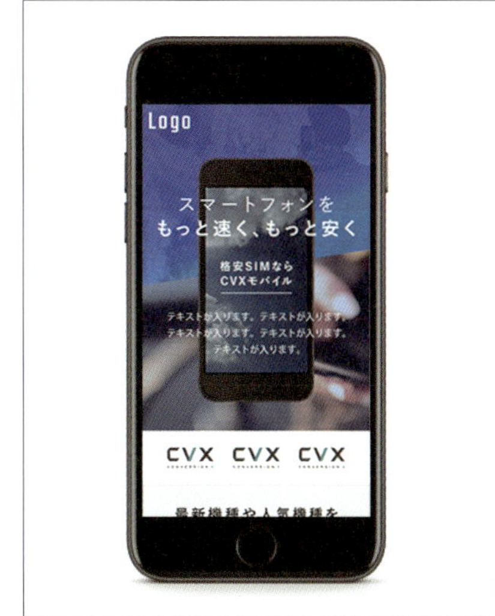

図01 メインカラーの違いによる印象の変化
メインカラーが赤の場合は力強い印象に、青の場合は洗練された印象になります。

MEMO

フォントの種類やフォントのカラーは、そのページの訴求力だけではなくデザイン性も左右します。読みやすくて見やすいフォントと、そのページの雰囲気や商品・サービスに合ったカラーを使用しているランディングページは、デザイン性が高く見栄えがよい印象を受けます。

サブカラーを変更する

サブカラーは、ランディングページにアクセントをつけるカラーであり、強調したい箇所を目立たせたいときなどに使用します。その際、できれば**強調するカラーはランディングページ全体で統一したほうがよいでしょう**。

あるセクションでもっと目立たせたいテキストがあり、その文字を赤くしたとします。しかし、ほかのセクションではオレンジにしている場合、赤とオレンジに色分けしている理由が曖昧になってしまいます。そのため、一部の色を赤にするのであれば、ほかのセクションも同様に赤に変更したほうが全体の統一感が増すなど、ルールに沿った変更になります。

コンバージョンカラーを変更する

コンバージョンカラーとは、申し込みや購入などアクションを促すエリアのカラーのことです。要素としては、コンバージョンエリア全体の背景カラーまたはボタンカラーに分けられます。**コンバージョンカラーはユーザーの行動に直接的に影響するカラーのため、ほかの要素よりもとくに目立つ必要があります**。

ポイントとしては、メインカラーに対して補色関係になる色を選定することです。「メインカラーが緑ならばボタンは赤」といったように反対の色を選定することで、より目立つようになります。コンバージョンカラーの変更は、ランディングページの改善運用において実際の改善施策としてよく挙げられる項目であるため、Method.063で改めて解説します。

Method 053

イメージ要素を変更・追加する際は画像の印象と直感性の2点を押さえる

POINT

- ☑ イメージ要素の改善には、写真などの画像そのものの良し悪しを判断するための改善とコンテンツ全体の直感的な訴求力を高めるための改善がある
- ☑ イメージ要素はA/Bテストでそれぞれの離脱率や直帰率を見る

MEMO
テキストが多くなりがちなセクションは、イメージ要素を追加することでユーザーの離脱率を防ぐことができる場合もあります。

イメージ要素の変更が必要になる改善のケース

イメージ要素は、ランディングページや各セクションをよりわかりやすく、より直感的に訴求するための要素です。イメージ要素には写真やイラストのほか、図やグラフ、アイコンなどが含まれます。改善においてイメージ要素の変更が必要になるのは、大きく以下の2つのケースが考えられます。

改善におけるイメージ要素の変更・追加

①現状使用しているイメージ要素（とりわけ写真・イラスト）よりも効果の高いイメージ要素であるかをA/Bテストしたい
②各セクションの直感的な訴求力をもっと高めたい

①は、例として**ファーストビューで使用している画像を変更してテストを行い、2つの画像のうちどちらの効果が高いかを測定して、結果のよい画像を使用する**といったケースが想定されます。課題としては、「ファーストビューでの離脱率・直帰率が高いため、その点を改善したい」といった場合が考えられます。

②は、「ユーザーに見てもらいたいセクションをヒートマップで確認したところあまり見られていないため、よりよいコンテンツに強化するためにイメージ要素を活用したい」などといった場合です。

好みに左右されやすい写真はA/Bテストで見極める

イメージ要素、とりわけ写真は、ランディングページの初期構築時において制作者側や発注担当者側の好みが出やすいものです。しっくりくる写真がいつまでも定まらないために、制作納期を過ぎてしまうというケースも実際の制作現場では案外起こります。そのようなときは、**ある程度使用する画像の方向性を決めたら、あとはA/Bテストでよりよい写真をユーザーに選んでもらう**という方法も、効率よくベストな写真を決めるための1つの方法です 図01。

写真 A

写真 B

離脱率・直帰率が低いのはどちら？

図01 A/Bテストで離脱率や直帰率を把握する
写真は好みによって印象が左右されやすいため、A/Bテストでよりよい写真をユーザーに選んでもらいましょう。

ランディングページの直感性を高める

広告であるランディングページは、伝えたい情報をいかに早く伝達するかがポイントであるため、「直感性」が非常に重要になります。

「内容はよいはずなのにきちんと見られていない」、「ヒートマップを見ても読み飛ばされている」などの課題は、どうしても出てきてしまうものです。そのようなときは、見せ方に問題があって見てもらえていない可能性が考えられます。そのため、まずは現状よりさらによいコンテンツに改修してから結果を見て、それでもよいデータが得られなかったときには、コンテンツやセクションそのものを削除するという選択肢が考えられます。

直感性をわかりやすく高める方法の1つが、イメージ要素の変更・追加です。**テキスト量が多い場合や内容が複雑な場合は、写真やイラストを追加するだけでも直感性は一気に高まります**。あるいは、説明的なテキスト要素などを図解してみることで、よりイメージしやすくなるでしょう 図02。

MEMO
コンテンツやセクションそのものの改修にあたっては、レイアウトやキャッチコピーの問題など、複数の要因が考えられます。

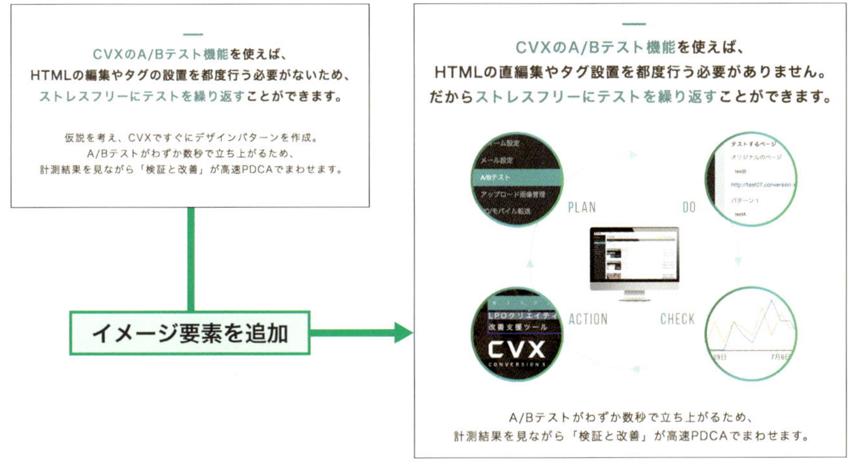

図02 直感性を高めるための改修
イメージ要素を変更することで直感的に情報を伝えることができ、ユーザーによりよい印象を与えられる場合があります。

Method
054 レイアウトを変更する際は型を把握しておくと効率がよい

POINT
- レイアウト=パーツの配置変更
- レイアウトの変更はコンテンツやセクションの訴求力を高めるため
- ランディングページのレイアウトパターンを押さえておく

レイアウトにはいくつかの型がある

レイアウトの変更が必要になるのは、「コンテンツやセクションの訴求力をさらに高めたい」という目的があるときです。レイアウトとは、そのセクション内におけるパーツの配置のことです。効果的な配置を見極めるためにパーツを左右や上下で入れ替えることなどは、比較的に取り組みやすいテストです。

たとえば、ページの左がテキスト要素、右が写真などのイメージ要素である場合、左右を入れ替えてどちらのほうがより効果が出るかを調べることは、基準が明確でわかりやすいテストです。ただ、実際に作業をしてみると、左右や上下に入れ替えるだけでは済まず、細かな調整が必要になるケースもあるでしょう。**各ページごとにデザインのテイストやレイアウトのルールなどもあるため、そのセクションだけを点で見ずに、全体を見て適切な配置にすることが重要です。**

レイアウトの変更では、実際に手を動かしてみないとわからないこともあります。しかし、あらかじめランディングページにおいてよく使われるレイアウトの型を知っておけば、さらに作業は効率的に進むでしょう。ここでは、ランディングページでよく用いられる主要なセクションのレイアウト例を挙げていきます。図01～図05のような型を活用しながらページの改修に合わせてチューニングを行っていくと、より改善スピードが高まります。

テキスト左寄せ型

イメージ要素中央型

図01 ファーストビュー
テキスト左寄せ型は、ランディングページにおいて一般的なスタイルです。

左右振り分け型

商品囲い込み型

図02 商品特徴セクション
ランディングページにおいて、商品特徴は他社と差をつける重要セクションです。力強さやまとまり感があるように見せることがポイントです。

中央人型

健康に気をつけているつもりでも…
こんな お悩み ありませんか?
しっかり寝ても疲れが取れない
食事のバランスが偏ってしまう
最近カラダがだるい
些細なことでイライラ…
忙しくて、健康に気を使えなくなってきた
健康診断の結果が気になる

横並び型

図03 お悩みセクション
お悩みセクションは、複数のメッセージを同時に見せるため、見やすさを重視することが大切です。

縦配置型

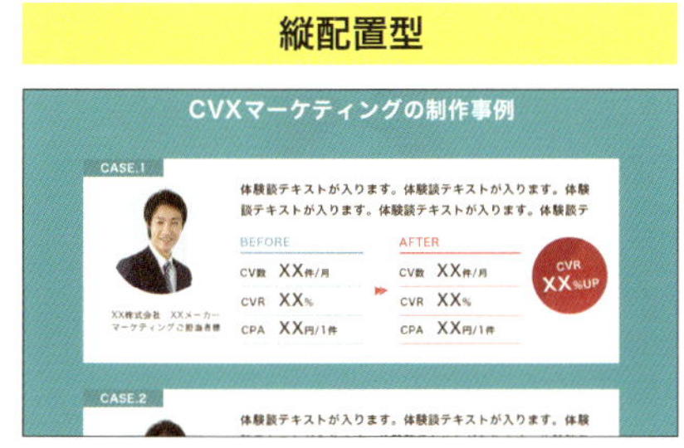

スライダー型

図04 事例セクション
事例セクションは同じフォーマットで複数展開するため、縦幅をとりすぎないなどの配慮が必要です。

並列型

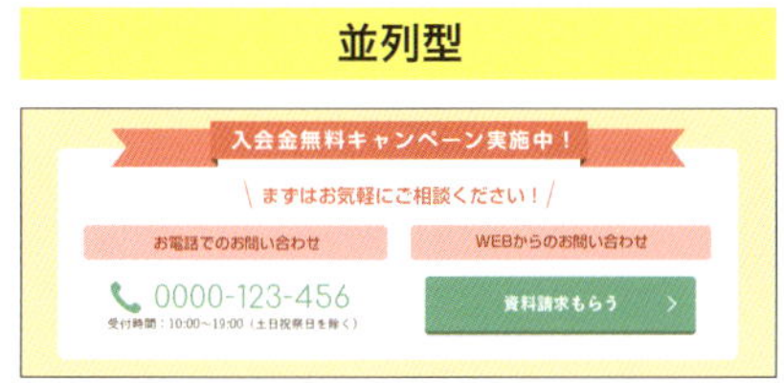

イメージ要素追加型

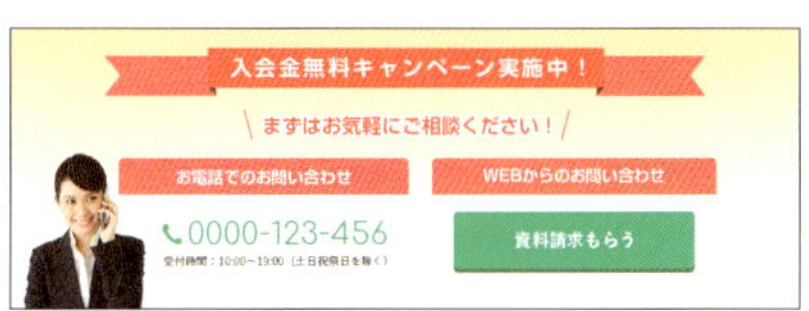

図05 コンバージョンエリア
ユーザーにアクションを起こしてもらうセクションになるため、そのほかのセクションよりも目立つようにしながらも、ごちゃごちゃとした印象にならないように注意しましょう。

Method
055 ファーストビューの改善には さまざまな要素が複合的に絡む

POINT

- ファーストビューはユーザーに100%近く見られる最初の表示画面
- ファーストビューの改修には多様な要素が複合的に絡む
- 改修後は、スクロール率・離脱率・滞在時間などの変化を見る

数値的な影響度の高いファーストビューの改修

ファーストビューとは、ユーザーがランディングページを訪れた際に最初に見る画面のことで、スクロールせずに表示される画面範囲です。ファーストビューはほぼ100%のユーザーに見られるため、**ファーストビューの良し悪しによってスクロール率や離脱率が大きく変わります**。

また、ファーストビューからのスクロール率や離脱率が改善すれば、自ずと下のセクションを見てもらえる確率が高まり、結果的にコンバージョン数にも影響してきます。そのため、ランディングページにおいてもっとも影響度が高い改修の1つであり、実際の改善運用の現場で非常に頻繁に行われます。改修にあたっては、まずは基本的な構成要素を押さえておきましょう 図01。

図01 ファーストビューの構成要素
❶コンバージョンボタンなどのUI要素、❷キャッチコピー要素（サブ的なテキストも含む）、❸ビジュアル要素、❹サブ要素。

ファーストビュー改修のポイント

ファーストビューの改修にはさまざまな改修要素が複合的に絡むため、いくつかの重要なポイントを紹介します。

①ユーザー目線になっているか

ファーストビューそのものが「ユーザーの悩みやニーズに応えるセクションになっているか」が重要です 図02。まず、メインとなるキャッチコピーが、ユーザーの検索するキーワードに関連またはニーズや悩みに応えるメッセージになっているかを検証する必要があります。そして写真・イラストなどのビジュアル要素は、視覚的な効果という点では言葉以上に大切です。

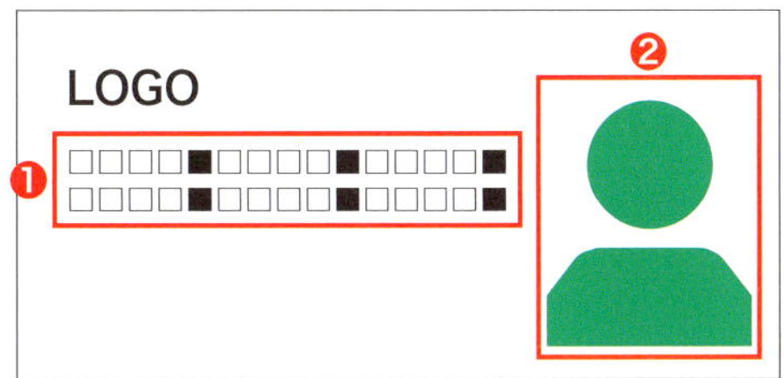

図02 ユーザー目線のキャッチコピーとビジュアルの検証
❶キャッチコピーはユーザーの悩みやニーズに応える内容に、❷人物や商品の写真を指すビジュアル要素は、視覚的に訴えるものになっているかを確認しましょう。

②ユーザーがアクションを起こせる導線はあるか

「すぐに購入したい」という意欲の高いユーザーを逃さないためにも、コンバージョンボタンなどのアクション導線を配置することが望ましいでしょう。**ボタンは、ヘッダーの右上やファーストビューの最下部に配置することが一般的です** 図03。

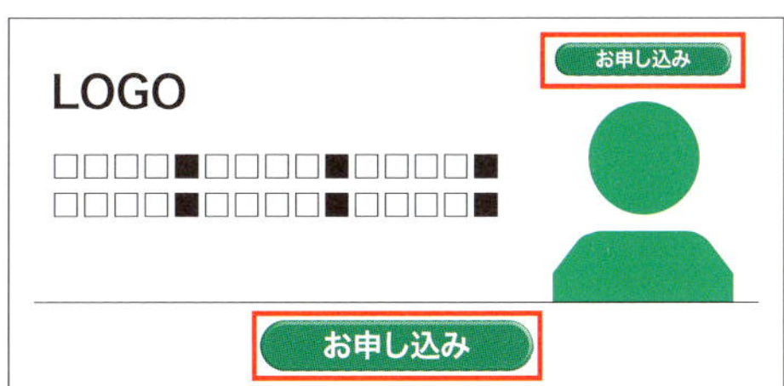

図03 コンバージョンボタンの設置
すぐに購入したいと考えているユーザーのために、ヘッダーの右上やファーストビューの直下にコンバージョンボタンを配置します。

③要素の数は最適か

基本要素にさらに付加できる代表的な要素としては、「売上 No.1」などといった権威情報や、購入などのハードルを下げるためのオファー（Method.065参照）などがあります 図04。内容によってはユーザーの意欲を大きく向上させることができるため、自社の商品・サービスについて追加できる情報がないかを検討してみましょう。

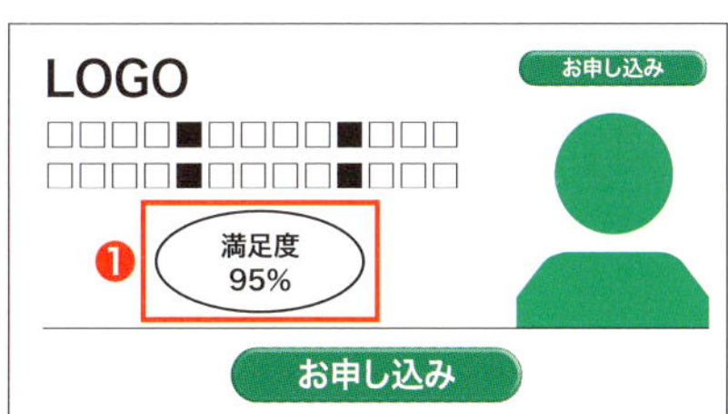

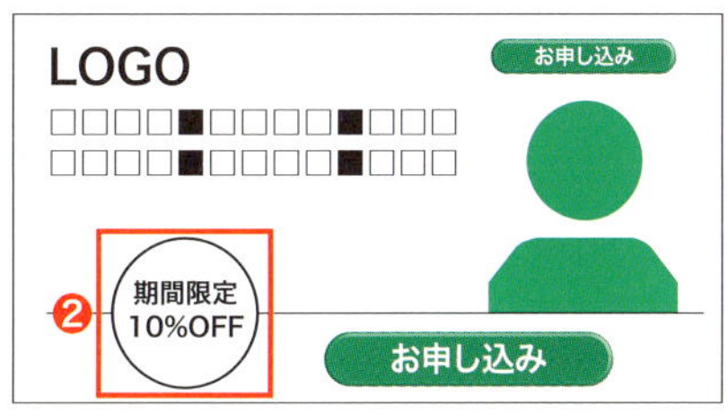

図04 要素を追加する場合
❶販売実績、お客様満足度、ランキングなどの権威情報や、❷無料オファーや限定オファーなどのオファーを追加することも検討してみましょう。

Method 056

フォントのサイズやカラーで強調して読み飛ばしても理解できるようにする

POINT

- フォントサイズやカラーの重要性を把握する
- フォントサイズやカラーの変更はページの直感性を高める上で有効
- 変更に伴う注意点を押さえておく

フォントのサイズやカラーが重要な理由

ユーザーはさまざまなWebサイトを通じて情報を集めているため、1つのランディングページをじっくり上から下まで読み込んでくれることは稀なことでしょう。そのため、前提としてよほどの興味関心がない限り、**「テキストは読まれないもの」と考えておくことが大切です**。

そのことを踏まえると、拾い読みができるようにテキストの一部だけ追いかけていっても十分に内容が理解できるよう、配慮することがポイントになってきます 図01。そこで、フォントのサイズやカラーを変更することが、ユーザーの内容理解を促すための大きなアプローチの1つになります。

図01 読み飛ばされることを意識したフォント設定を行った例
フォントサイズを大きく設定し、部分的に読んでも内容が頭に入ってくるようになっています。

一通りランディングページのデザインができたら、それで満足するのではなく、改めてユーザー目線でデザインを見たときに、「本当にユーザーにとって読みやすいデザインになっているのか」を検証する必要があります。

フォントのサイズやカラーの変更は、でき上がったデザインにさらなるスパイスを加える作業であるともいえます。この工程をしっかり行うだけで、ランディングページの完成度も大きく変わってくるでしょう。

ヒートマップ分析などから、テキストがユーザーに読み飛ばされていると判断した場合、いきなりそれを不要だと判断するのではなく、まずは「ユーザーに見てもらえるようなサイズやカラーにすることで改善できないか」と、考えてみることが大切です。

フォントのサイズを変更する際の注意点

フォントサイズを変更するときは、まずはそのページ内におけるフォントサイズのルールを設定することが大切です。たとえば、「見出しなら40ポイント」、「ボディコピーなら16ポイント」と定めた場合は、見出しであるということがユーザーにすぐ伝わるようにサイズも統一しましょう。自由度の高いランディングページであっても、最低限のルールはあったほうが全体的にバランスのよいデザインになります。

また、**拾い読みしてほしい箇所は、フォントサイズを大きくします**。サイズの違いがひと目でわかるよう、１つの文章に対して大きくしたいテキスト箇所を、1.2〜1.3倍くらいの大きさを目安に設定します 図02。これぐらいにすることで、見た目もバランスがよくなります。

フォントのサイズを変更する

図02 バランスのよいフォントの拡大比率
強調箇所を 1.2 〜 1.3 倍のサイズにすることで、バランスよく目立たせることができます。

フォントのカラーを変更する際の注意点

フォントのカラーを変更する場合の注意点は、単にフォントの色だけを変えるということではなく、全体のカラー設計がある中で「強調したい色を何色にするか」を決めることです。やみくもに色を目立たせるのではなく、強調カラーとしてしっかり設定しましょう。たとえば、ブルーなどの寒色系が主体のページであれば、その補色となる暖色系の赤やオレンジを強調色として採用すると、よりそのテキストに目を向かせることができます。

もちろん、あえて強調したい箇所を寒色系にすることもあります。重要なのは、**ページ全体のトーン＆マナーやユーザーに与えたい印象を踏まえた上でのカラーの選定が必要**だということです。強調カラーとして設定した色は、セクションごとに変えずにできるだけ同色を使用しましょう。そうすることで、ページを読み進めるユーザーにも、ページの中でどこが強調されているかが伝わりやすくなります。

フォントカラー設計の注意点

・全体のカラー設計から落とし込む
・強調カラーとして設定した色は変えない

Method 057

トーン&マナーの調整は構成要素を踏まえてA/Bテストも活用する

POINT

- ☑ トーン&マナーはデザインから受ける印象
- ☑ トーン&マナーはA/Bテストを活用すると決めやすい
- ☑ トーン&マナーを形成する構成を把握し、変更点を考える

用語

トーン&マナー

厳密にはデザインの印象（トーン）に加え、その印象の一貫性を保つために定めた使用フォントや配色などのデザインルール（マナー）の両方を指す。「トンマナ」と呼ばれることもある。

トーン&マナーの良し悪しはA/Bテストで測る

トーン＆マナーとは、デザインから受ける印象のことを指し、デザインテイストという言葉にも置き換えられます。もっとわかりやすくいうと、「かっこいい」、「可愛い」などの形容詞で表現されるような印象のことです。

ターゲットとなるユーザーにとって、どのようなトーン＆マナーが最適であるかを測るには、実際にA/Bテストなどを実施して比較する方法がもっとも確実でしょう。A/Bテストにおいて、**トーン＆マナーを変える場合は要素を変更せずに、見た目から伝わる印象のみを変える**ことがポイントです 図01。

パターンA

パターンB

図01 構成要素は変えずに見た目の印象だけ変わった例

構成要素が同じでも、パターンAは女性的な印象、パターンBは清潔感のある印象を受けます。

また、テストするランディングページのターゲットが同一である以上、「かっこいい」と「可愛い」ほど真逆のデザイン同士をテストすることはあまり多くはありません。トーン＆マナーを大幅に変えるときは、ターゲットの世代を大きく変える場合などに限られるでしょう。テストの方針によっても、変更するトーン＆マナーの振れ幅は変わってきます。

トーン&マナーは構成要素から考える

トーン & マナーを実際に変更するにあたり、まずトーン & マナーがどういった要素から作り上げられているものなのかを考える必要があります。そこを明確にすることで、デザインの改修作業が「感覚的なもの」から「説得力のあるもの」になります。

トーン & マナーは、個々のデザインの要素だけでなく、それらを組み合わせた総体として印象を左右します。何か1つの要素を変更するだけでも印象は変わりますし、変更する要素の数が増えれば、全体のトーン & マナーはまったく別物に変化することもあります。

ここで解説するトーン & マナーを作り上げるデザイン要素とは、色・フォントの種類・レイアウト・パーツのサイズ・余白などの要素です 図02。

図02 トーン & マナーの要素
トーン & マナーは複数のデザイン要素が掛け合わさった結果として生まれるものです。

デザインがこうした要素から成り立っていると理解して改修を行うのと、漠然と作業を行うのとでは、その後の改修作業にも影響します。実際に色だけを変更したりフォントだけを変更したりすることで、変更内容が明確な改修作業となり、そのあとの工程がスムーズに進むこともあります。そして、変更した要素を理解しておくことで、関係者とイメージが合わなかった場合にも、どの要素を変えればイメージに近付けるのかという議論の焦点を絞ることができます。

また、「トーン & マナーをより大きく変えるために、変更する要素を増やしましょう」といった、次回のテストに向けての議論も可能になります。認識を言葉で共有しにくいトーン & マナーにおいては、このように分解してデザイン要素を捉えてみるのも、開発をスムーズに進めるポイントです。

Method
058 セクションの追加を検討するときは競合他社との比較や注目度を見る

POINT
- セクションを追加するケースを把握する
- 継続的な競合分析で他社のランディングページを分析する
- 注視されているセクションは内容に厚みを持たせる、または別の位置に追加する

MEMO
セクションは、たとえば「ファーストビュー」や「お客様の声」などのコンテンツを「1セクション」といいます。

セクションを追加するケース

セクションとは、ランディングページを構成している個々のコンテンツのことを指します 図01。セクションを追加する場合の代表的なケースとしては、次のようなものが考えられます。

まず1つ目は、**構築したランディングページのパフォーマンスが物足りないため、競合他社のランディングページと比較して欠けているセクションを新たに追加する**といったケースです。2つ目は、ヒートマップでは想定以上に注目度が高いセクションであるにも関わらず、内容が薄い場合です。そのため、よりそのセクション自体の内容を厚みを持たせるか、別の位置に具体的にしたセクションを追加するといった施策をとります。

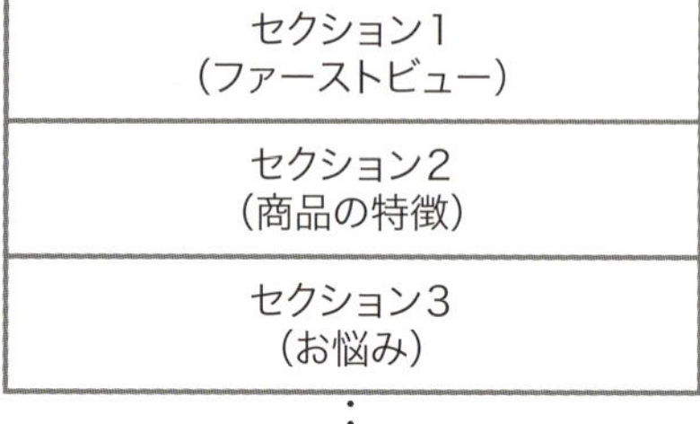

図01 **セクションとは**
セクションとは、ランディングページのコンテンツのブロックやまとまりのことです。ファーストビュー、商品紹介、申し込み…などといったようにページの内容が切り替わるごとに、セクションを数えます。

競合他社と比較して足りないセクションを追加する

ランディングページの初期構築の際にも、**競合他社のランディングページがそれぞれどのような訴求を行っていて、どのようなセクションが配置されているか、複数の企業を調べる**必要があります。同じキーワードでリスティング広告をかけている以上、競合他社のページを調べておかないと、有益なランディングページは作れません。

初期構築時だけではなく、運用段階に入ってからも、競合他社のランディングページと比較することを忘れてはいけません。なぜなら、その競合他社もページの改善をしている可能性があるからです。

　競合他社とセクションを比較する際には、実際に表を作成することで、どのセクションを追加するべきかが明確に見えてきます 図02。あるいは、前に競合比較をした際に不要だと思ったセクションが、その後有益になる可能性もあるため、状況に応じて必要なセクションの追加を検討する必要があります。

	競合A	競合B	競合C
お悩み	○	×	×
お客様の声	○	×	○
他社との比較	×	○	×
実績一覧	○	○	○
CTA	3つ	2つ	4つ

図02 他社とのセクションの比較結果を表にする
他社のランディングページのセクションの種類や、ユーザーが行動を起こすポイントがいくつあるのかを表でまとめてみると、自社のページに何が足りないのかがわかりやすくなります。

注目度が高いセクションに厚みを持たせる

　ヒートマップ上でセクション別のパフォーマンスを確認すると、「どのセクションよりも赤く表示されているが、内容量が非常に少ない」といったケースが多々見受けられます。そのような場合は、そのセクション自体のボリュームを増やしてみましょう。位置的に縦幅をあまり増やしたくなければ、別の位置に新たに詳細コンテンツを追加してみるといった施策が考えられます。

　たとえば「お客様の声」などのセクションで、ヒートマップ上で赤くなっている箇所が見出しのキャッチコピーと人物のイメージ写真だけだったとします。そういったときは**見出しとなるキャッチコピーの文面や文章量を変えるのではなく、詳細なインタビュー内容などを追加することで、ユーザーはより深い情報を得られるようになります** 図03。実際にコンテンツを追加してみて、ユーザーのアクションがどのように変化するのかを分析してみましょう。

図03 注目度が高い箇所の要素追加の例
よく見られている箇所には、ユーザーがより深い情報を得られるような内容の項目を追加するとよいでしょう。

Method
059 セクションを削除するときはA/Bテストも実施して慎重に行う

POINT
- ☑ あまり見られていないセクションを特定する
- ☑ セクションを削除する際の注意点を押さえる
- ☑ セクションを削除したら、A/Bテストで様子を見る

注目度が低いセクションへのアプローチ

ユーザーからの注目度が低く、離脱率を高め、スクロール率を下げていると考えられるセクションへのもっともかんたんな対処が、そのセクションそのものを外してしまうことです 図01。

初期構築時には必要だと思われていたセクションも、運用してみるとユーザーからほとんど見られていないといったケースは非常に多く、**該当するセクションを外したことで飛躍的にスクロール率が高まることもあります**。ただし、実際に外してみないとその効果はわからないため、現状のページとセクションを外したページをA/Bテストで比較してみましょう。

セクション1
（ファーストビュー）

セクション2
（商品の特徴）

セクション3
（お悩み）

⋮

注目度が低い
セクションは外して
A/Bテストを実施

図01 セクションを削除するときの判断
あまり見られていないと判断したセクションは、思い切って削除してみるのも1つの方法です。ただし、セクションを削除したあとのページの分析もしっかり行いましょう。

コメントアウトを使うと復活がかんたん

セクションを削除する際の注意点は、あとでそのセクションがやはり必要だとわかった場合に、**そのセクションを復活できるようコメントアウトで非表示などにして残しておく**ことです。コメントアウトの際は、あとで編集する際にわかりやすいようにHTML側は改行するなどのコード整形作業を怠らないこと、デザインのレイアウトが崩れないようにセクションの開始タグと終了タグが対になっているかしっかり確認することなど、細かい注意が必要です。

用語
コメントアウト
プログラムのソースコードなどで、もともと書かれている内容を削除するのではなく、一時的に非表示にする変更を行うこと。

削除するときは前後のつながりに注意する

単にセクションを削除するだけのかんたんな作業だと思っていても、実際に外してしまうことで、前後の構成の文脈やデザインのつながりがわかりづらくなってしまうことがあります。

また、**ランディングページはデザイン上、セクションごとにメリハリを持たせることがポイントになるため、背景の色を交互に変えるなどの対処がよく用いられます。**そうしたデザインのケースでは前後の背景色を変える必要も出てきます 図02。そもそもの改修の目的は、ユーザーにとってわかりやすいランディングページにすることなので、外すことによってわかりづらいページにならないよう常に配慮しておくことが必要です。

このように、前後のセクション自体に調整が必要になるケースは非常に多いため、付帯業務が意外に多く発生することがあります。関係者が「セクションを外すだけならすぐに改修作業ができる」と考えている場合でも、こういった内容を共有しておくことで、スケジュール面での認識のズレを防ぐことができます。

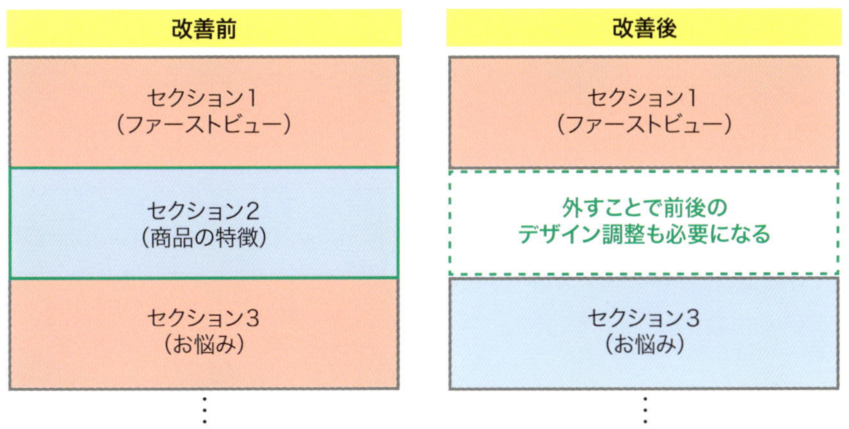

図02 セクションを削除したときの影響
セクション２を削除すると、セクション１からセクション３へのデザインや文のつながりがおかしくなってしまう場合もあります。そのため、削除した前後のセクションにも修正が必要になります。

削除以外の手段も考える

そのセクション自体を本当に外していいのかを検討してみることも大切です。「あまり見られていないセクションだけど、重要なセクションのため外したくたい」といった場合もあるでしょう。その際には、セクションをすぐに外してしまうのではなく、まずはキャッチやデザイン、写真などの要素を変更することで、もっと注目度を高めることができないかを検証したのちに判断するべきです。読み飛ばされているからといって、必ずしもユーザーにとって不要なセクションであるとは断言できません。

Method
060 セクションの入れ替えはスクロール率や注目度をもとに判断する

POINT

- ☑ セクションの入れ替えパターンを把握する
- ☑ セクションの入れ替えを前提にページを制作する
- ☑ ランディングページに配置される主なセクションを押さえる

セクションの入れ替えが発生する2つのパターン

改修業務において頻繁に行われるセクションの入れ替えは、大きく２つのパターンに分かれます。

１つ目は、ヒートマップで注目度が高いにも関わらずページの後半にあるセクションを、前半に移動するパターンです。２つ目は、ページの前半にあるが注目度が低くスクロール率を妨げているセクションを、後半に移動するパターンです 図01。

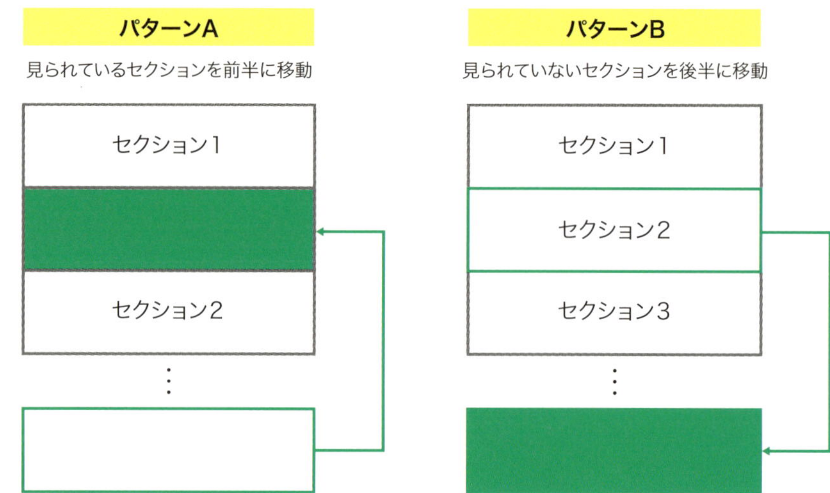

図01 セクション入れ替えの例
セクションの入れ替えには、注目度が高い後半のセクションを前半に持ってくる場合と、注目度が低い前半のセクションを後半に持っていく場合の２つのパターンがあります。

実際にセクションを入れ替えたり移動したりすることによって、多くのランディングページで数値の改善が見られます。たとえば、ある家電製品のページにおいて、そのページのメインの製品ではなく、周辺機器を紹介する動画を配置していたところ、**直接的に製品と関係するものではないためか、動画セクションがあることによりスクロール率が低下していました**。そこで、同セクションを後半に移動したところ、スクロール率が10%近く高まったという事例もあります。

セクションの入れ替えを想定したデザインとコーディングを行う

改修が多く、セクションの入れ替えなども頻繁に起こり得るランディングページの場合は、**初期構築の段階から、セクションの入れ替えを想定したデザインやコーディングにしておく**こともポイントの1つです。たとえば、「セクション同士の境目にパーツ要素を配置しない」、「セクションの切れ目は斜めにしない」などのデザインやコーディングになっていれば、セクションの入れ替えがスムーズになります。

ランディングページに主に配置されるセクション

どのランディングページにおいても、共通して必要になってくるセクションがあります 図02。また、どのセクションが上部にあればスクロール率が高まるかも、そのページによって変わってきます。実際に入れ替えを行い、A/Bテストを通して最適なセクションの並び順を見ていきましょう。

お悩み

ユーザーの声・事例

製品・サービス紹介

申し込みのフロー

実績一覧

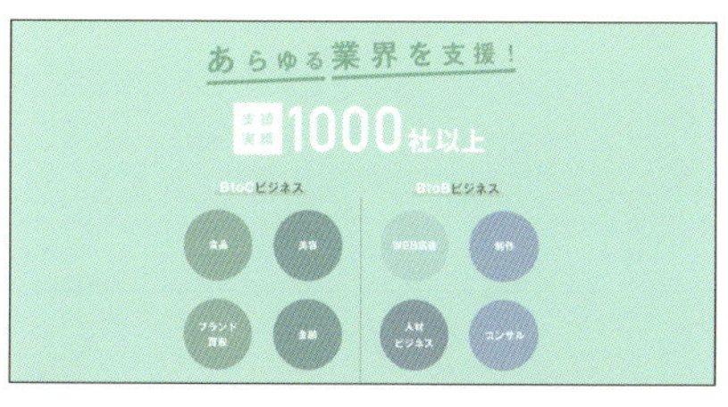

よくある質問

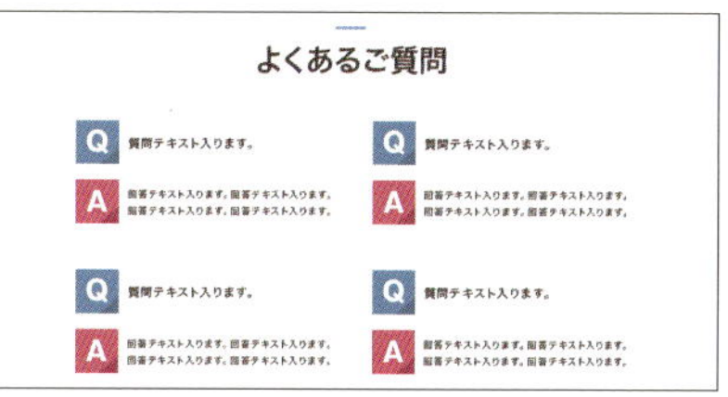

図02 ランディングページで主に配置されるセクションの例
配置されるセクションはそのページで取り扱っている商品やサービスによってさまざまですが、どのランディングページでも見受けられる使用頻度の高いセクションもあります。

Method
061 ヘッダーにコンバージョン機能を持たせる

POINT

- ヘッダーには運営元の企業ロゴやボタンなどを配置する
- ヘッダーを利用してコンバージョン数を高める
- ヘッダーの役割を変えることで成果にも変化が見られる

用語

ヘッダー
サイト上で本文より上部の領域のこと。サイトのロゴやタイトルなどが表示される。

ランディングページのヘッダーの役割とは

ページ数が複数に渡るWebサイトと1ページ完結型のランディングページでは、ヘッダーの役割も変わってきます。複数のページを持つWebサイトには、どういった企業がページを運営しているのかを知らせることと、一般的にはグローバルナビゲーションが配置され、複数のページへの導線としての役割があります。

ランディングページは1ページで完結するため、ヘッダーの主な役割は、そのページを運営している主体がどこの企業であるかを伝えることです。ほかのページに離脱することを避けたいランディングページでナビゲーションを配置する場合は、あくまで同一ページ内のセクションへ遷移させる形になります。そのためランディングページでは、企業やサービスのロゴを配置するだけのシンプルなものか、右側にコンバージョンボタンや問い合わせ先の電話番号を置く形が一般的です 図01。

図01 **ランディングページの一般的なヘッダーの形**
ランディングページのヘッダーは、左側にロゴやタイトル、右側に申し込みなどのコンバージョンボタンが配置されている形が多いです。

ヘッダーのコンバージョン機能を強化する

ランディングページでは、ヘッダーの右側にコンバージョンボタンを配置する形がよく見られます。しかし、「商品やサービスのこともよくわからない段階でいきなり右上にあるボタンを押すのか？」と疑問を持つ人もいるでしょう。ところがさまざまな分析によると、**多くのランディングページで右上のボタンがかなりの確率でクリッ**

クされていることがわかっています。つまり、ファーストビューを見た段階で、問い合わせや申し込みなどのアクションに移るユーザーが一定数いるということです。このことから特別な理由がない限り、コンバージョンボタンは配置したほうがよいと考えられます。

さらにヘッダーを有効利用する方法として、コンバージョン率を高めるために、スクロールしてもヘッダーが固定表示された状態にしておく場合があります。常に右上にコンバージョンボタンが表示される状態になるため、ユーザーがアクションを起こしたいと思ったときにいつでもクリックできる状態になります 図02。

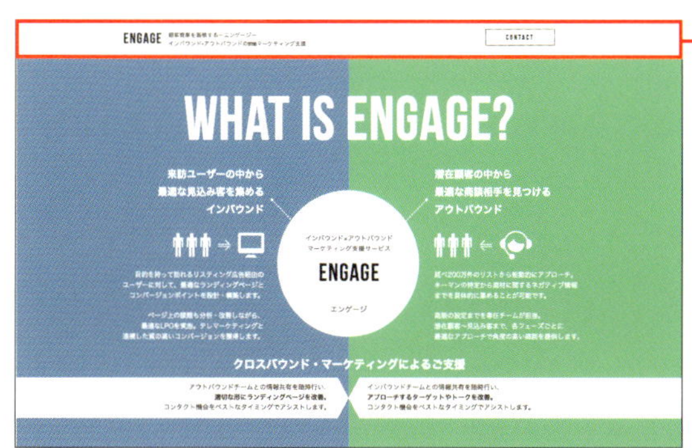

ヘッダーが固定される

図02 スクロールしてもヘッダーが固定されているランディングページ
ヘッダーが固定されていると、スクロールしていく中で申し込みなどをしたいと考えたユーザーが、すぐにコンバージョンにつながるアクションを起こしやすくなります。

ヘッダーにナビゲーションの役割を設ける

ヘッダーを追尾型で固定表示させる場合には、ページ内のナビゲーション（Method.074参照）を一緒に固定させるケースもあります 図03。ランディングページにおいてナビゲーションを配置する目的は、非常に長いページの中で、とくに見せたいセクションへと誘導することなどです。ただし、配置することで逆に必要なセクションが飛ばされてしまうというリスクもあるため、解析ツールなどでユーザーの行動を見てみる必要があります。

MEMO
ランディングページでは、別ページに遷移させるためのメニューは基本的に配置しませんが、ページ内のセクションへ誘導するためのアンカーリンク機能を持ったナビゲーションを配置することはあります。

図03 ヘッダーナビが固定されているランディングページ
非常に長いランディングページで、とくに注目してほしい箇所に移動できるナビゲーションを配置しておくと、ユーザーが目的のセクションにたどり着きやすくなります。

Method
062

CTAのキャッチコピーを セクションの内容に応じて変えてみる

POINT

- CTAはユーザーの行動を促すエリア
- 直前のセクションに連動したキャッチコピーをCTAに配置することで、ユーザーの行動をより喚起する

CTAとは

CTAは、「Call To Action」の略です。日本語では「行動喚起」といわれ、ランディングページを訪れた訪問者に起こしてもらいたい行動を促すためのエリアです。コンバージョンエリアという呼び方もします。

CTAは訪問者に具体的な行動を促すエリアであり、ランディングページにとっては非常に重要なエリアです。 また、基本的な構造は同じでも、パソコンとスマートフォンでのデザインは異なる場合もあります 図01。CTAは、1つのランディングページ上に4～5つほど配置する形がよく見られます。ファーストビューの直下に1つ目を配置して、あとは下まで可能な限りバランスよく配置し、訪問者にとって「またか」というしつこい印象を与えない配慮ができるとよいでしょう 図02。

パソコン

スマートフォン

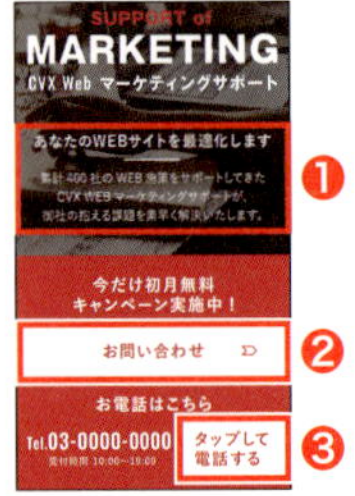

図01 **CTAの基本構造**
❶誘導キャッチコピー、❷コンバージョンボタン、❸電話での問い合わせなどがあります。

ファーストビュー
CTA1
特徴紹介
詳細説明1
詳細説明2
CTA2
事例紹介
サービスプラン紹介
CTA3

図02 **CTAの配置イメージ**
CTAは、ユーザーにしつこい印象を与えないようにバランスよく配置しましょう。

CTAのキャッチコピーをエリアごとに変える

CTA は、ちょっとした工夫を加えるだけでコンバージョン率にも変化をもたらすことができるエリアです。その代表的な方法が、CTA に採用するキャッチコピーをエリアごとに変えるというものです。

ランディングページは、上から下まで１つのシナリオを持って構築されるため、セクションごとに伝える内容も変わってきます。**セクション内容に連動した形のキャッチコピーを CTA に配置することで、訪問者の行動をより促しやすくする**のです 図03。

たとえば、CTA の直前のセクションが「商品説明」セクションである場合は、CTA では「○○製品のさらに具体的な魅力を知りたいなら」といったようなキャッチコピーが考えられます。あるいは、CTA の直前のセクションが「お悩み」セクションである場合には、「発売以来○万人のお悩みを解消してきました」といったキャッチコピーが考えられるでしょう。

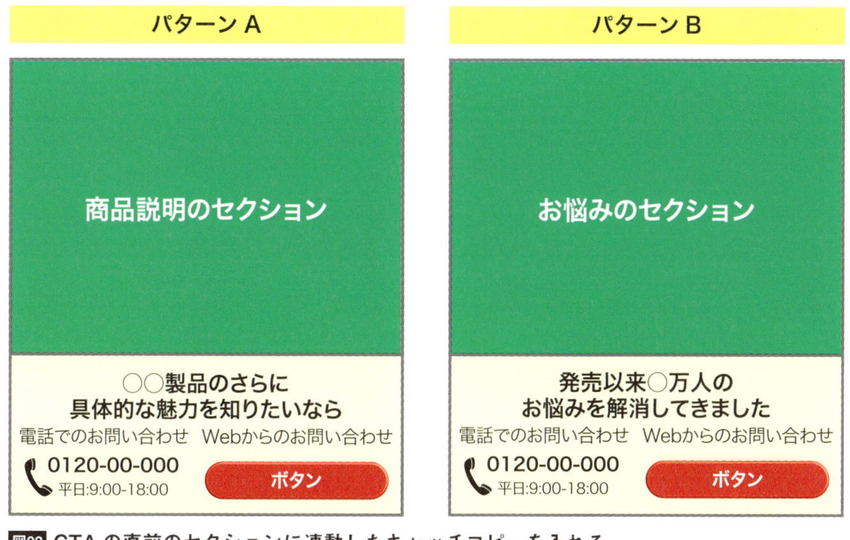

図03 CTA の直前のセクションに連動したキャッチコピーを入れる
パターン A のように、商品紹介のセクションのあとには購買意欲が高まっているところでさらに後押しするキャッチコピーを入れましょう。パターン B のように、お悩みのセクションのあとには悩みを解決した実績を示すキャッチコピーなどを入れるとよいでしょう。

改修しやすいコーディングを行う

継続的な改善と作業スピードを高めるために、CTA の誘導キャッチコピーは編集しやすい状態にしておくことが大切です。

テキストのコーディングには、イメージ要素の画像テキストとエディタで編集できる HTML テキストの２種類があると解説しました（P.117参照）。**CTA のキャッチコピーはとくに変更する可能性が高い要素であるため、あらかじめ変更が可能なように HTML テキストでコーディングを行う**ことをおすすめします。

Method 063

CTAのデザインは ターゲットによって様変わりする

POINT

- ほかのセクションと差別化できるデザインにする
- デザインをユーザー層に合わせる
- さまざまなデバイスに配慮したデザインが必要

用語

補色

下図のように色を環状に並べた色相環の中で、反対側に位置する色のこと。

CTAがほかのセクションと差別化できているか

CTAには複数の要素がありますが（Method.062参照）、ページの中でCTAの領域がほかのセクションと差別化できているかどうかが重要になります。

中でも、CTA領域全体の印象を決めるのは、ボタンや背景色などのカラーリングです。**CTAのデザインは、使用するコンバージョンカラーがメインカラーに埋もれないようにすることが重要**です。たとえばメインカラーがブルーであれば、そのページ全体の印象は当然ブルーになります。対してコンバージョンカラーは、ブルーの補色関係であるレッドやオレンジなどの色を設定する形が最適です。そうすることで、必然的にほかのセクションよりもCTAが目立つようになります。

ボタンのカラーと背景色は、必ずしも同系色である必要はありません。同系色である場合は、濃淡などでボタンと背景のカラーに差を持たせるとよいでしょう。また、あえて背景色を薄い色に設定することで、ボタンをより強調するという方法もあります。つまり、そのページ内でCTA領域が印象的に見えることが大切です 図01。

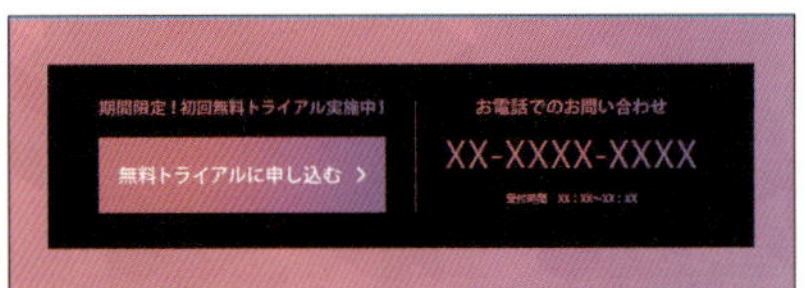

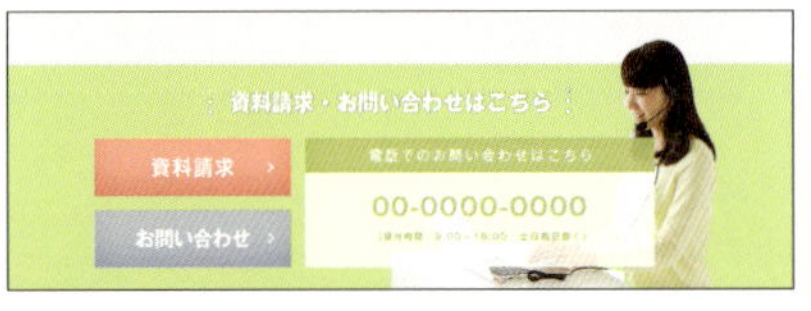

図01 CTAのデザイン例

ボタンのカラーをメインカラーの補色にしたり、濃淡の違いによって背景色から浮かび上がらせたりして、CTAが目立つように工夫しましょう。

ユーザー層に合わせたCTAデザイン

CTA のデザインは、「どのようなカラーリングとデザインであるか」、「ユーザー層に合った CTA デザインになっているか」という視点を持つことが必要です。

ユーザー層に合わせる際は、年齢や性別に応じたデザインにします。たとえば、男女別に装飾やカラーを変更するというケースでは、男性向けにはプレーンなゴシックのフォントを使用し、ボタンの形状は四角形を採用します。女性向けには丸みの帯びたフォントを使用し、ボタンの形状は角丸にすることで柔らかい印象を出す、などの違いのつけ方があります 図02。

男性向け

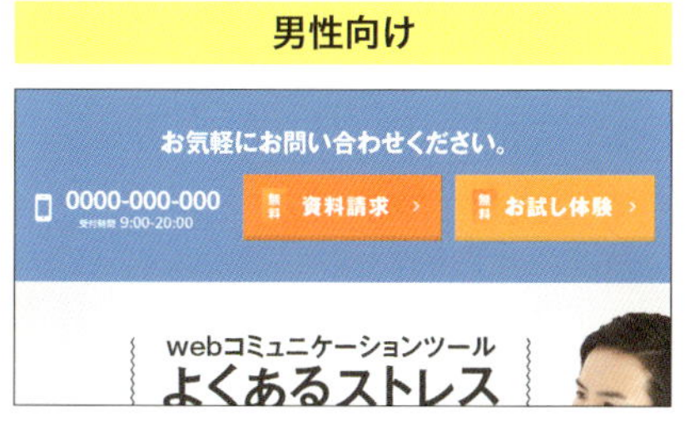

女性向け

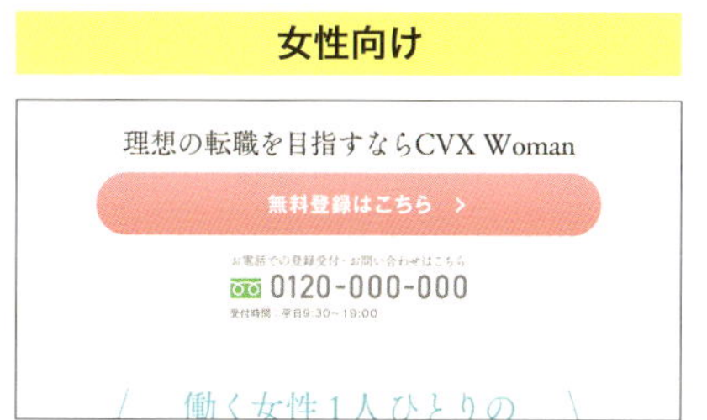

図02 男性向けの CTA と女性向けの CTA のデザイン例
ただ目立たせるのではなく、商品やサービスのユーザー層に合わせたデザインを心掛けましょう。

デバイスに応じたCTAデザイン

パソコンやスマートフォンなどのデバイスによっても、CTA のデザインの考え方は変わってきます。とくにスマートフォンは、パソコンで見るよりも縦長の画面になることと、直接画面をタップするという点での違いがあります。**パソコンは画面が広く、要素が多い場合でもレイアウトがしやすいのに対し、スマートフォンは横幅が狭いため、要素をあまり横並びにすることができず、レイアウトがしにくい**面があります。また、電話番号情報を配置する場合は、パソコンではそのままのテキストで配置するのに対し、スマートフォンではタップできるボタンデザインにすることがあります 図03。

パソコン

スマートフォン

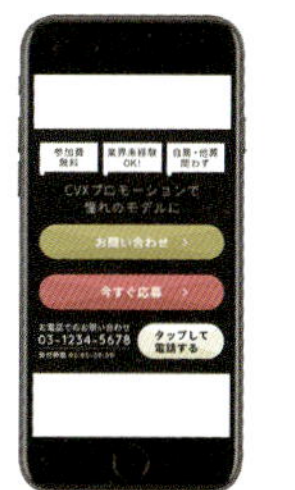

図03 デバイスによる CTA デザインの違い
パソコンとスマートフォンでは画面サイズや操作方法が違うため、それぞれに適した CTA のデザインにする必要があります。

MEMO
若い人向けであれば、ブランドイメージを優先して今風のフラットなデザインでボタンのサイズを小さくしても、十分にコンバージョンを獲得できる場合もあります。年配の人向けとなると、ボタンのサイズや CTA 上にあるテキストのフォントサイズを大きめに設定し、ボタンの装飾自体もより立体感のあるデザインのほうがコンバージョンにつながりやすい傾向があります。

Method
064

CTAはページ内に複数設置して分析により有効性を判断する

POINT

- ☑ ユーザータイプ別にCTAを配置する
- ☑ スクロール率や注目度に合わせてCTAの位置を変更する
- ☑ CTAの分析に基づき、直前のセクションの有効性を判断する

MEMO

ランディングページの長さにもよりますが、CTAはページ内に4つ～5つ配置することが一般的です。

ユーザーのタイプに合わせてCTAを配置する

同じターゲットでも、アクションを起こすまでの決断の早さは人によって異なるため、そういった点を考慮してランディングページを構成し、CTA を配置することがポイントです 図01。

そうした意味での**ユーザーのタイプは、大きく「即決派」と「慎重派」の2つに分けられます**。即決派タイプは、下までスクロールをせず早い段階でコンバージョンをするユーザーです。そうしたユーザーは、ある程度商品・サービスの概要が見えた段階で、申し込みや購入を決めます。対して、慎重派タイプは、後半のセクションまでしっかりと読み込んでから、申し込みや購入などのアクションを行うユーザーです。

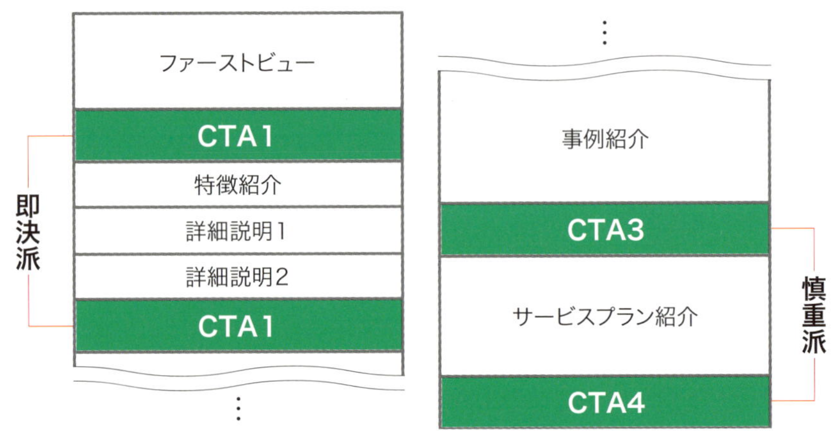

図01 **ユーザーのタイプに応じた CTA の配置**
即決派のユーザーの中には、ファーストビューを見ただけでアクションを行うタイプのユーザーもいるため、ファーストビューの中やすぐ下のセクションに CTA を配置することは王道的な方法です。

運用を行ってみないとそのCTAの有効性はわからない

初期構築の段階では、まずユーザーのタイプに合わせた基本的な CTA の設置を行

います。しかし、実際に運用を開始してみると、ファーストビューの下にCTAを配置することで離脱率が高まる場合もあります。**ある程度の説明を行わないとユーザーの購買意欲が喚起されないような商材であれば、かえってCTAを早めに配置することがマイナスになるケースも起こり得ます**。その際はヒートマップでのスクロール率や注目度を見て、そのCTAを外してしまうことも方法の1つです。

一方で、CTAを追加するケースや位置を変更するケースもあります。ヒートマップの分析により、熟読されているにも関わらずたくさんスクロールをしないとCTAまでたどり着けないページがあるとします。そういったページには、熟読されているセクションの下にCTAを移動または追加することで、意欲の高いユーザーにすぐにアクションを起こしてもらえるようになります。

CTAの分析により直前のセクションの有効性が判断できる

CTAの最大の目的は、ユーザーにアクションを起こしてもらうことです。また、分析を行った上での改善においては、**CTAそのものを変更するのではなく、直前のセクション自体の改修の必要性を判断することができます。**

たとえば、複数あるCTAの中でなぜか3つ目のCTAだけクリック率が低いとします。その場合は、「直前のセクションがユーザーにとって魅力的ではないから」と判断できます 図02。直前のセクション自体を外してしまうか、内容をもっと魅力的なものに変更するかという選択肢を出すことができます。

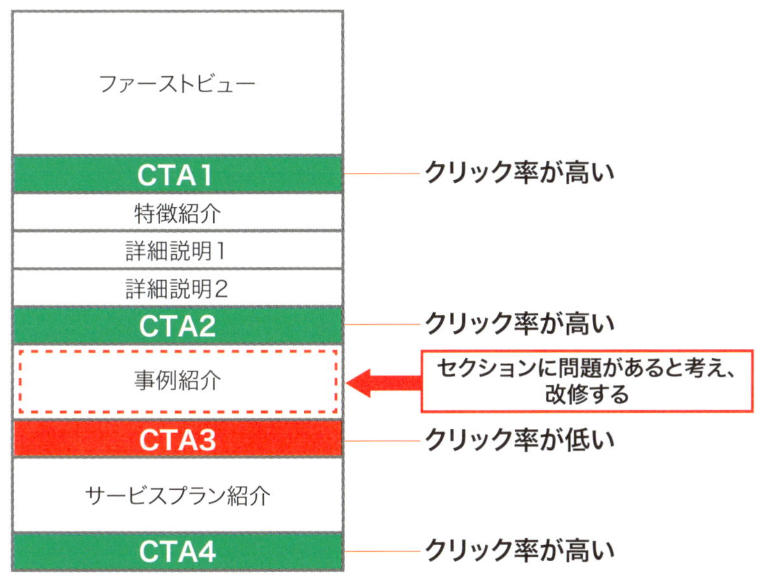

図02 CTAの分析により直前のセクションを改修する
クリック率の低いCTAがある場合、その直前にあるセクションの内容を変更するなどの対策が考えられます。

Method

065 オファーを追加することでコンバージョン率の向上を狙う

POINT

- オファー1つで成果が大きく変化する場合がある
- 自社の商品・サービスにもオファーが付けられないか検討する
- オファーを付けたあとはA/Bテストでコンバージョン率を確認する

ユーザーの行動意欲を高めるオファー

オファーとは、そのランディングページに訪れたユーザーの購買や申し込みのための意欲を高める「特典」のことです。ランディングページに限らず、ダイレクトレスポンスマーケティングではよく用いられている手法です。

実際にオファーを追加したり、オファーの内容を変更したりすることで、コンバージョン率にも大きな変化が見られる場合があります。オファーには、**無料で商品・サービスの購入や利用ができるものや、無料でサンプルが付くなどといった「無料オファー」、期間を限定した割引などを行う「金額オファー」**など、いくつかの種類があります。オファーはCTAをはじめとして、ファーストビューなどでも訴求することが多いです。オファーの有無や内容によって、ユーザーの行動に変化をもたらすことができるため、ランディングページ改善時の1つの手段として頭に入れておきたい項目です。

用語
ダイレクトレスポンスマーケティング
Webサイトや広告などで情報を発信し、問い合わせや返信などの行動を起こしたユーザーに対して、商品やサービスを販売していくマーケティング手法のこと。

	主要オファー一覧
無料オファー	ランディングページにおいてはもっともポピュラーなオファー。個人法人を問わない。無料サンプル、無料冊子プレゼント、初回無料、初月無料などがある。
金額オファー	「○%OFF」や「○%買取金額アップ」などの金額面でお得感を感じさせるオファー。春のキャンペーンなどの「季節」や公式サイト限定などの「限定」といったお得にする理由とセットで提示することで、より説得力が高まる。
限定オファー	期間限定や数量限定、そのランディングページ限定などの希少性を示すオファー。「今アクションを起こしたほうがお得」と思ってもらう狙いがある。
プラスオファー	「もう1つ商品が付いてくる」などといったプラスのオファー。商品・サービスの購入とともに追加でサンプルや商品をもらえたり、プラスでサービスを受けられるお得感を示す。
保証オファー	「全額返金保証」が代表的。商品・サービスに満足できない場合などの保証として提示するオファー。購入や申し込みの安心感を高める。

ユーザーの行動意欲を高めるオファー

図01は、オファーがあるランディングページのデザインです。オファーはさまざまなケースにおいて有効ですが、たとえば、実際に使ってみないと購入に踏み出せない商品・サービスや、利益を多少削ってでも見込み客を獲得し、その後の育成を行いたい場合などに有効です。

図01 **ファーストビューにオファーを配置した例**
限定オファーと金額オファーを組み合わせることで、お得感を想起させています。

オファーの追加でコンバージョン率が約4倍に

オファーの追加により、コンバージョン率が上がった事例を紹介します。あるベビー用品関連の企業が、オリジナルブランドによるチャイルドシートのランディングページを制作し、改善運用を実施しました。立ち上げ当初はページへの流入はあるものの、コンバージョンが思ったより芳しくない状態でした。そこで、**「買取保証」と「クリーニング無料券」の2つの特典を付けたところ、コンバージョン率は約4倍になり、CPA も1/4に抑えることができた**というケースがあります。

とはいえ、特典にはコストが発生するため、次の段階では特典から「クリーニング無料券」を外してテストしたところ、コンバージョン率が最低目標の1% を割り込んで約1/4に低下し、自ずと CPA も4倍に跳ね上がりました。利益が多少減ることにはなりますが、広告とのコストのバランスを見て再度「クリーニング無料券」のオファーを再開したところ、外す前の数値よりも大幅に上昇する結果になりました。

このようにオファーを付けるだけで、結果は大きく変わります。成果につなげる改善には見た目のデザインだけでなく、こういったアイデアも大切になってきます。

用語
CPA
1件のコンバージョンを獲得するまでにかかったコストのこと。

Method

066 ボタンのデザインは構成要素別に変更するポイントを考える

POINT

- ☑ ボタンの構成要素を押さえる
- ☑ 各要素の変更でどのような効果があるのかを把握する
- ☑ ページの中でどのように機能するボタンデザインかを考える

ボタンの構成要素を踏まえて変更する

ユーザーがアクションを起こすための装置となるコンバージョンボタンのデザインは、ランディングページにおいては非常に重要です。**ボタンデザインを見直すことで、コンバージョン率などの数値面の直接的な変化が見られます。**

ボタンの構成要素は、カラー・サイズ・テキスト・装飾という要素に分かれます 図01。このように要素を分解することで、ボタンの何を変更するのかも決めやすくなります。

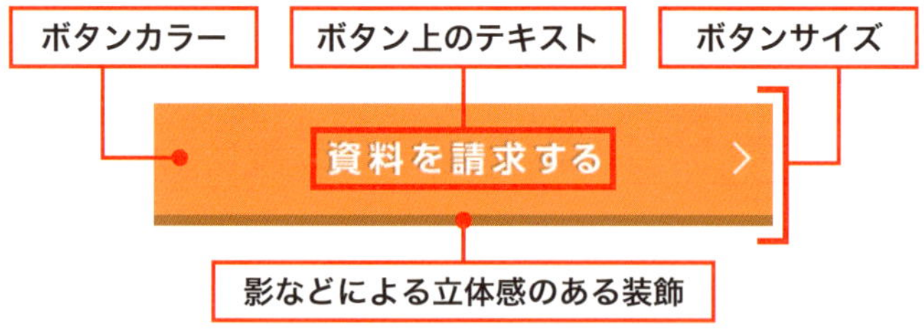

図01 ボタンの構造
ボタンカラー、ボタンサイズ、ボタン上のテキスト、影などによる立体感のある装飾からボタンは構成されています。

ボタンのカラーを変更する

ユーザーから見てもっともわかりやすいものが、ボタンのカラーです。**ランディングページにおいて、一般的には緑のボタンが押されやすいとされています。**しかし、ボタンカラーを決める上でのポイントは、そのページ全体のメインカラーとの補色関係にある色を選定することと、ボタンと認識しやすいカラーにすることです 図02。

資料を請求する　資料を請求する

図02 カラー変更のイメージ
メインカラーとの関係性を考え、ユーザーにとってわかりやすいボタンカラーにしましょう。

ボタンのサイズを変更する

ボタンのサイズは、ランディングページ全体のデザインとのバランスを見ながら変更することが大切ですが、対象ユーザーの年齢を考慮して押しやすいボタンサイズになっているかということも1つの判断基準になります。また、デバイス別で考えた場合に、とくに**スマートフォンではボタンを指でタップしやすいサイズ感になっているか**といったことも非常に重要になります。図03。

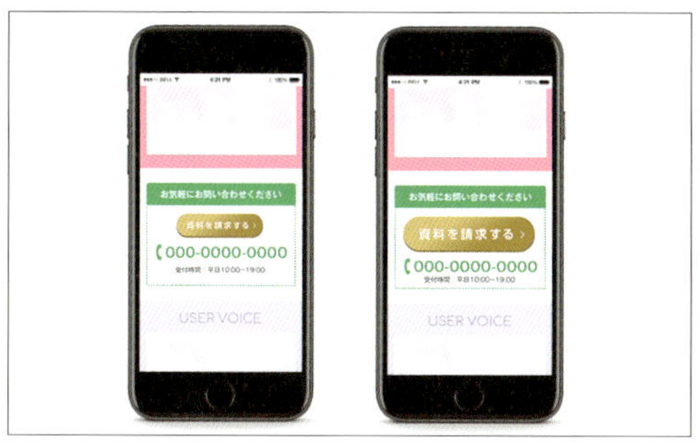

図03 サイズ変更のイメージ
このようにボタンのサイズを変えると、見た目の印象もタップのしやすさも大きく変わります。

ボタンの装飾を変更する

ボタンの装飾は、押しやすさという観点から、いわゆる**「ボタン感」、「ボタンっぽさ」があるか**ということが変更におけるポイントになります。いちばんわかりやすい例は、ボタンに立体感のある装飾を施すことです 図04。また、デザイン上の処理ではなくても、CSSの記述により立体感のある動きを実現することができるため、デザインとコーディングの両面から検討してみましょう。

資料を請求する ＞　資料を請求する ＞

図04 装飾変更のイメージ
ユーザーがひと目で「ボタンだ」と認識できるような、立体感のある装飾が有効です。

ボタン上のテキストを変更する

ボタン上のテキストは、ユーザーにどのようなアクションを起こしてもらうかを記載するものになるため、テキスト内容はよりわかりやすく記載する必要があります。

「資料請求」というコンバージョン1つにとっても、テキストの記載内容は複数のバリエーションが考えられます。たとえば「資料請求」、「資料をもらう」といった文章を短くして端的に伝えるパターンと、「○○の詳細がわかる資料をもらう」、「○○の資料を請求する（無料）」といった具体的な内容を記載するパターンがあります。

MEMO
ボタン上のテキストは変更・検証がしやすいように、画像テキストではなくて、編集のしやすいHTMLテキストでコーディングを行う場合もあります（P.117参照）。

Method 067

CTAの実装内容を変更してコンバージョン率の向上を狙う

POINT

- ユーザーに何をしてもらいたいのかという根本的な目的を見直す
- CTAはわかりやすく、かつ具体的に表現する
- 現状のユーザーの動きに合わせて改善の方向性を決める

CTAの実装の変更は内容・構造自体を変える

CTA の実装内容の変更とは、「資料請求」などの目的とするコンバージョン自体を別のものに変えるケースもあれば、コンバージョンボタンの数を変更したり、CTA 全体の構造や構成要素を変更したりするケースもあります。変更に決まったパターンはないため、変更時には自社のランディングページに合わせた対応が必要になります 図01。

図01 CTA の実装内容の変更例
実際にコンバージョン自体を変更・追加する場合には、関連するセクションの追加も検討要素に挙がります。上図のケースでは「無料体験」のコンバージョンを追加しているので、無料体験について紹介するセクションをページ内に盛り込む、などの改善案が考えられます。

パソコン側のユーザーをスマートフォン版のランディングページに誘導する改善施策を実施

CTAの実装内容をどのように変更し、どのような効果が期待できるのか、実際の改修事例で具体的に見てみましょう。この事例は、ある骨董品買取企業のランディングページにおける改善運用の事例です。ランディングページの目的はユーザーからの骨董品の買取で、パソコン版とスマートフォン版の両方を制作しました。

ユーザーが骨董品の買取を依頼する際に、骨董品の簡易査定も受け付けています。ユーザーから査定用の申し込みフォームから必要事項と骨董品の写真を送信してもらい、買取価格の目安などを返信するという流れです。

ランディングページの初期構築段階では、想定されるユーザーの年代から考えて、パソコンの査定フォーム経由でのコンバージョンがメインであると想定していました。しかし、**運用を開始してみると、意外にもスマートフォンの査定フォームやLINE経由による問い合わせが非常に多いことがわかりました。**

そのため、「獲得効率のよいスマートフォン版のページにより多くのユーザーを誘導する」という前提で、パソコン版のページに着地したユーザーをスマートフォン版のページに誘導する施策を実施しました。具体的な変更点は、パソコン側のランディングページのCTAに、LINE査定やスマートフォン査定フォームへと誘導するQRコードを追加したことです。さらに、パソコン版のランディングページを見てそのまま電話できるよう、電話番号を大きく目立たせたレイアウトに変更するという改修を行いました 図02。

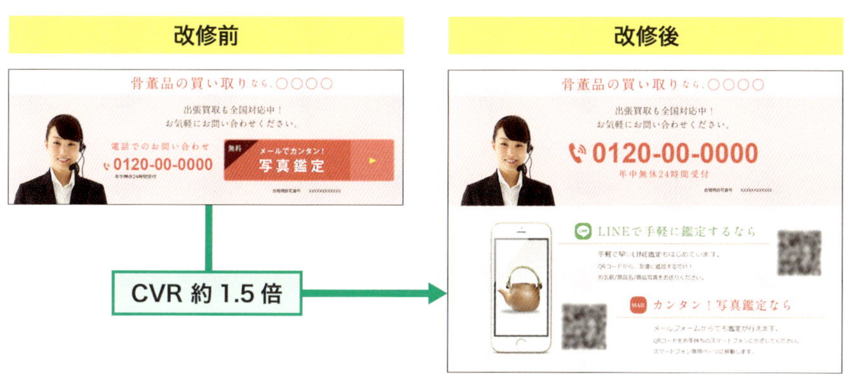

図02 スマートフォン版のランディングページに誘導する改修の例
誘導のための導線設計に加え、スマートフォン画像を配置することで、ビジュアル面からも誘導促進を狙っています。

これらの改善業務により、電話の問い合わせはもちろんのこと、LINEや査定フォームからの問い合わせが増大し、コンバージョン率が約1.5倍へと向上しました。このように、前提条件をもとに狙いをしっかり定めることで、改善の方向性や、行うべき作業が見えてきます。そのため、より確度の高い改善施策を行うことができます。

Method
068 フォーム一体型と分離型にはそれぞれメリットとデメリットがある

POINT

- ☑ フォームを一体型にした場合と別ページにした場合のそれぞれのメリット・デメリットを把握する
- ☑ どちらの形式がよいとは一概にはいえない

購入や申し込みを行うフォームの種類

ランディングページの改善において、ユーザーが商品の購入や申し込みを行うフォームをページと一体型にするのか、または別ページに分けるのかは、議論の対象になるテーマです。

フォーム一体型はランディングページ内にフォームが設置された形になり、別のページに移動する動作が不要です。そのため、**ユーザーは購買意欲が高まっている状態で申し込みや購入のアクションを取ることができ、別のページに分ける場合に比べてコンバージョンが発生しやすい**といわれています 図01。

たとえばランディングページ本体とは別に、入力フォーム→確認画面→完了画面という流れでページを遷移する場合は、完了するまでに３回のページ移動があります。これをフォーム一体型のランディングページにすることで、ページ移動の回数を２回に減らすことができます。そのため、フォーム一体型でランディングページの構築を行うことは、成果を高める手法の１つとして、多くの企業で採用されています。

図01 フォーム一体型のランディングページ
フォーム一体型は、移動の手間がない分コンバージョン率が高まるといわれています。

フォーム一体型で必ず成果が高まるとはいえない

しかし、フォーム一体型のランディングページにすることで、成果が必ず高まるともいい切れません。ページ移動があっても、入力するフォーム自体が別ページとして単独のページになっていることで、ページとしての認識ができるため、かえって入力しやすいと感じるユーザーもいます。また、**購入までの流れを「あと○ステップで完了」といったように表示しておけば、ユーザーもあとどれだけの移動があるのかを把握でき、離脱されることは少なくなります。**

実際にはフォーム一体型の場合とフォームを別ページに分けた場合とで、どちらが成果が高まるかどうかをテストしてみないと、一方が有効なのか、あるいはどちらも同じなのかという判断はできません。

一体型と別々にした場合でのA/Bテストのケース

あるランディングページで、入力フォームを一体型にしたパターンと別々にしたパターンでコンバージョン率がどのように変わるかA/Bテストを行ったところ、**フォームを別々にしたパターンのほうがコンバージョン率が0.02%高いという結果になった事例がありました**。このケースでは、数値的にはほぼ違いは見られなかったといってもよいでしょう。

どちらの方法がよいのか一概にはいい切れないため、それぞれの方法のメリット・デメリットを理解し、テストを行った上で決定しましょう 図02、図03。

	メリット	デメリット
フォーム一体型	ページの移動が少ない	フォームへどれだけのユーザーが遷移したのか計測できない
	ページを移動せずに入力に必要な項目が見える	ランディングページを複数用意する場合はそのたびにフォームを構築する必要がある

図02 フォームを一体型にした場合のメリットとデメリット
フォーム一体型はページの移動がなく、スムーズな購入・申し込みなどが可能になります。

	メリット	デメリット
フォームを別に構築	フォームへどれだけの数のユーザーが遷移したかを計測できる	ページの移動が発生する
	複数のランディングページを用意する場合でも、同一のフォームを流用できる	入力内容がページを移動しないとしないとわからない

図03 フォームを別々に構築した場合のメリットとデメリット
ランディングページとフォームを別々に構築すると、ユーザーのとるべきアクションが増えますが、改善や運用面では有益な形になります。

このように、今後の運用方針も踏まえて考えた際に、どちらが管理しやすいかという面からも判断が異なってきます。なお、フォーム一体型のランディングページへ改修する場合は、そのページの最下部にフォームが位置する形になるため、ユーザーが最下部に遷移しやすいようボタン上の矢印アイコンを下に向けたり、ナビゲーションを用意したりなど、ユーザビリティの高いページへの改修もポイントの1つです。

Method
069
入力フォーム改善のチェックポイントを押さえる

POINT

- ランディングページと入力フォームが別ページであるほうが効果的な分析・改善が行いやすい
- 入力フォームはできるだけユーザーへの負担を減らす

入力フォームの課題抽出はページごとの遷移率とヒートマップ分析を組み合わせる

Method.068で、入力フォームがランディングページに一体型（同一のページ内）になっている場合と、別ページになっている場合の2つのパターンがあると解説しました。それぞれメリット・デメリットがありますが、改善運用においては2つの方法のうち、別ページになっているほうがより分析や改善が行いやすい面があります。

その理由は、**別ページにあることで、ユーザーがどれくらいページを移動したかという遷移率からの分析ができる**ためです。遷移率の計測は、Ptengineのファネル機能によって行えます（Method.042）。ランディングページ本体から入力フォーム、入力フォームから確認画面、確認画面から完了画面など、それぞれのページからの遷移率を計測できます 図01。

このファネル設定を行うことで、入力フォームに課題があるのかどうかが見えてきます。たとえば、ランディングページ本体から入力フォームへの遷移率が高いにも関わらず、入力フォームから確認画面（または完了画面）への遷移率が低い場合は、入力フォームになんらかの課題があるといえます。入力フォーム内の項目数に問題があるのか、必須の入力項目が多いためかなどの課題が挙げられますが、入力フォーム自体の課題は、ヒートマップ分析によるクリック率やスクロール率、注目度から抽出していきます。

MEMO

どうしてもランディングページ一体型でフォームを構築したい場合は、右図のような遷移率での分析ができなくなりますが、その場合はヒートマップ分析を活用するなどして、課題に対する推測を行う形になるでしょう。

ランディングページトップ　5,000
10%
入力フォームに進む
入力フォーム　500
2%
購入完了に進む
購入完了　10

図01 ファネル図の例
入力フォームに10%近くのユーザーが訪れているにも関わらず、2%しか購入されていないという状況を見ると、入力フォームに課題があると判断できます。

入力フォームの改善内容

入力フォームの具体的な改善内容としては、次のような施策が考えられます。

・入力項目数を減らす

入力項目の数はコンバージョン率に大きく影響し、項目数を減らすことは有効な方法になります。入力項目のどの部分から離脱が始まっているのか、ヒートマップ分析で確認することも大切です。

・入力項目を増やす

コンバージョン数を絞ってでも質を重視し、ユーザーからどうしても取得したい情報があるという場合は、あえて入力項目を増やすという考え方もあります。また、社内のオペレーション上、どうしても項目の設置が追加で必要になるケースもあるでしょう。

・必須項目を減らす

入力項目数と同様、必須項目が少ないほどユーザーの入力の負担を減らすことができます。そのため、本当にこの項目は必須であるのかを見直してみることも大切です。

・エラー入力時の表示内容の見直し

ユーザーの入力忘れや入力漏れがあった場合は、**エラー箇所をわかりやすく知らせる**必要があります。メッセージ内容や表示箇所、入力ボックス自体の色が切り替わるなど、ユーザーに伝わりやすい状態になっているか検証してみましょう。

・フォームデザインの縦幅を縮める

同じ入力項目の数でも、1列ごとの縦幅を短くすることでフォーム全体が短くなり、ユーザーが感じる負担が軽くなります。ただし、ユーザーの年齢層によってはフォームのサイズが小さすぎると入力しづらい可能性があるため、ユーザー層に合わせてUIデザインを検討する必要があります。

・ボタンデザインを変更する

入力後に次のステップに進むボタンが押されていない場合などは、「カラー」、「サイズ」、「装飾」、「ボタン上のテキスト」という4つの要素に対して、デザイン検証を行います。

・入力例を追加・変更する

フォームでは、一般的にユーザーの入力を補助するために入力例が記載されます。入力例がすでに記載されている場合、内容がわかりづらくないか、記載する位置は適切であるかを検証してみましょう。入力例の記載がない場合は、挿入位置も含めて追加するかどうかを検討します。

Method 070

レスポンシブWebデザインの特徴と制作の注意点を押さえる

POINT

- 既存のランディングページをレスポンシブ化する場合は、新たに作り直したほうが効率的
- デザインはパソコン版とスマートフォン版を同時に進める

改修の効率を考えてレスポンシブWebデザインに変更する

レスポンシブWebデザインとは、パソコンやスマートフォン、タブレットなどのデバイスが持つ画面幅に合わせてレイアウトを変更する技術のことです。

レスポンシブWebデザインの特徴としては、1ソース（1つのHTML）で管理できる点が挙げられます 図01。**改修時にパソコン版やスマートフォン版のランディングページごとに内容を変更する必要がなく、変更した箇所が両方のデバイスに反映されるため、改修作業も効率がよくなります**。そのため、パソコン向けとスマートフォン向けの別々に構築されたランディングページを、レスポンシブWebデザインに切り替えるケースもまれにあります。

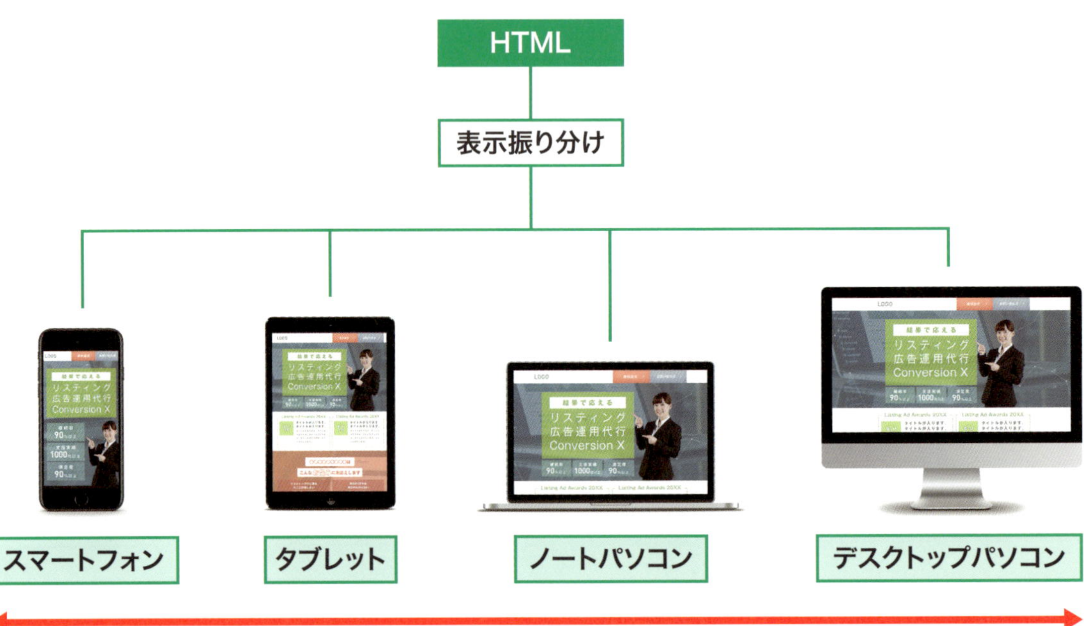

図01 レスポンシブWebデザインのイメージ
1つのHTMLでも、デバイスによって表示が最適化されるため、改修作業などの効率がよくなります。

レスポンシブWebデザインへの切り替えにあたって

ランディングページは縦に長くなる傾向があり、ユーザーに飽きさせずにスクロールを促すため、動きのあるデザインも必要とされます。コンバージョンを第一に考える**ランディングページでは、デザインや画像について、パソコン・スマートフォンで個別にベストな形を考えるほうが一般的**です。同じコンテンツやセクションであっても画像のサイズ感などが異なるなど、共通ルールが作りづらいのです。

そのような前提があるため、既存のランディングページのHTMLをそのまま流用して、レスポンシブWebデザインのページへ改修していくことは容易ではありません。もとがシンプルなデザイン・レイアウトで構築されている場合を除いて、既存のページをレスポンシブ化する際は、新たなページを作り直すほうがかえって効率的でしょう。

レスポンシブWebデザイン構築の際の注意点

ランディングページをレスポンシブWebデザインで構築する際、パソコン版とスマートフォン版で同じ画像を使用することが多いため、どちらのデバイスに当てはめても「サイズ感が適切であるか」、「画像内の文字要素の視認性は担保されているのか」などといった、**パーツ要素の作り込みやレイアウトの検証をパソコン版とスマートフォン版で同時に行う必要があります** 図02。

パソコン版　ランディングページ

スマートフォン版　ランディングページ

図02 レスポンシブWebデザインのデザイン制作の進め方
共通のパーツを使用するため、上のセクションをパソコン版とスマートフォン版で交互にデザイン制作を進めていきながら、パーツのサイズや文字の視認性などを検証していかなくてはなりません。

また、場合によってはデバイス２つ分のページを制作するよりもコーディングに時間がかかる可能性もあるため、作業時間を通常より精査する必要があります。

そのほかの注意点として、同一の画像をモニターサイズの異なるデバイスごとに表示させるために、画像によっては引き伸ばされて荒れてしまう可能性もあります。その際には、通常時より高解像度での書き出しが必要になることがあります。デザインやコーディングそれぞれにおいて、通常のランディングページの制作と異なる点があることを押さえておきましょう。

Method

071 レスポンシブWebデザインとランディングページの相性を理解する

POINT

- ランディングページはデバイスごとの最適化が望ましい
- デバイスによってユーザー属性の違いが生じた場合は別々のページを構築することを検討する

ランディングページはデバイスごとに最適化する

本来ランディングページは、パソコン版やスマートフォン版といったデバイスごとにページを作成することが望ましいといえます。なぜなら、デバイスごとにモニターサイズの仕様が異なるため、それぞれのデバイスに合ったレイアウトやパーツのサイズなどが必要だからです。

とくにランディングページは複数のページに渡るWebサイトとは異なり、1ページ完結型の広告ページであるため、スクロール時にユーザーの関心度を下げないダイナミックなデザインが必要になります。

コンバージョンボタンについても、パソコンではマウスを使用してクリックを行いますが、スマートフォンは直接画面を触ってタップを行うため、押しやすさにも違いが出てきます。そうしたランディングページの特殊性、デバイスごとのモニターサイズ、異なる操作方法といった観点から考えてみると、**コンバージョン獲得を目的とするランディングページには、デバイスごとにもっとも適したページを用意することがふさわしい**といえます 図01。なお、レスポンシブWebデザインを行うメリットとして1つのURLで管理できるという特徴がありますが、デバイス別に別々で構築した場合でも、同一のURLで管理することは可能です。

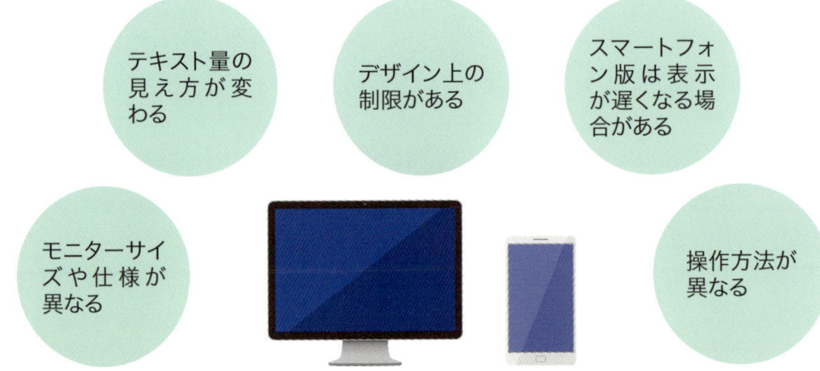

図01 ランディングページをデバイスごとに構築したほうがよい理由
広告であるランディングページは、ダイナミックなデザインが必要とされることと、モニターサイズの違いや操作性の違いなどに伴うデバイスの特徴に合わせた構築が必要になります。

デバイスごとのユーザー層の違いも考慮する

効率化を考えてランディングページをレスポンシブWebデザインで構築したとしても、運用を通じてデバイスごとにHTMLを分ける必要性が出てくることがあります。それは、Googleアナリティクスなどによる分析からパソコン版とスマートフォン版で訪れるユーザー層に違いが出てきたときです。

たとえば、**パソコン版は年齢層が高いユーザーが訪れているのに対して、スマートフォン版には年齢層が若いユーザーが訪れているという違いが出てくる**などのケースがあります。また、デバイスごとにランディングページを閲覧している時間帯に違いが見られることも多々あります。パソコン側のユーザーは日中にランディングページを訪れているが、スマートフォン側のユーザーは夕方から夜間にかけて訪れることが多いといった違いです 図02。

そんな中でレスポンシブWebデザインのページのコンテンツを改修すると、パソコンとスマートフォンの両方に反映されてしまいます。その結果、「高齢のパソコンユーザーには魅力的だが、若い年齢層のスマートフォンユーザーには関心のない内容になってしまった」など、どちらかのデバイスのユーザー層が離れてしまうリスクもあります。

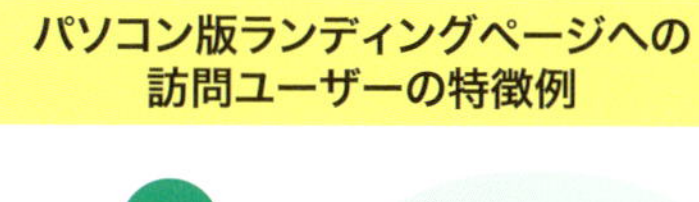

図02 各デバイスによる訪問ユーザーの特徴
同じ内容のランディングページでも、パソコン版とスマートフォン版、それぞれのランディングページに訪れるユーザーの属性や行動に違いが見られる場合があります。

もちろんレスポンシブWebデザインであっても、パソコン版とスマートフォン版で同一の画像を使用せずにあえてデバイスごとに表示される画像を切り替えることもできます。しかし、そうなるとソースコードの量や画像枚数が多くなり、ページ全体の容量が増える分、表示速度に悪影響をもたらす可能性や、そもそものレスポンシブWebデザインの効率性という意義に反した改修になってしまいます。

そのような状況が訪れた場合はレスポンシブWebデザインの状態で改修を重ねる前に、早い段階でデバイスごとに別々のランディングページを用意し、適切なタイミングで運用方法を切り替えていくほうがよいでしょう。

Method
072 コンバージョンしたキーワードはコンテンツの改修のヒントになる

POINT
- コンバージョンへの貢献度が高いキーワードから傾向を分析する
- ページの内容とコンバージョンキーワードの乖離レベルから改修要素を決める
- 大幅な改修の前に方向性を定めるためのテストを行う

広告流入におけるコンバージョン獲得数上位キーワードの傾向から仮説を立てる

ランディングページをより成果の出るものに最適化していく１つの方法として、**コンバージョンをしているキーワードをもとに、コンテンツを作り変える**というものがあります。そうすることで、獲得したいユーザーに、ランディングページ自体を寄せていくことができます。広告流入においてコンバージョン獲得数上位を占めているキーワードの傾向から、改修内容を考えていきます 図01。

キーワード	セッション	コンバージョン率	コンバージョン数
(not provided)	30,000	0.67%	200
キーワードA	8,500	1.53%	130
キーワードB、キーワードC	3,200	2.5%	80
キーワードD	2,300	1.08%	25
キーワードE、キーワードF	1,800	0.5%	9

図01 コンバージョンへの貢献度が高いキーワードを調べる
キーワードが複数あると、仮説を立てるのための視点も複数持て、より深い仮説が導かれます。

ランディングページの内容とコンバージョンキーワードが合っていない場合はその差を埋める改修を行う

改修レベルは、**コンバージョンしているキーワードと現在のランディングページを比較した際にどれだけの乖離があるか**にもよって変わってきます。

全体のコンバージョン数に大きく影響しながらも、ランディングページに反映できていないキーワードがあるときは、ページ全体の構成自体を変更して大幅に作り変えるか、新たにまったく異なるページを立ち上げてテストを行ってみるなど、思い切った方法をとることも考えられます 図02。一方で、網羅できていないキーワードが少ないときは、改修内容の幅も小さくなる場合があります。

キーワード	セッション	コンバージョン率	コンバージョン数
(not provided)	30,000	0.67%	200
キーワードA	8,500	1.53%	130
キーワードB、キーワードC	3,200	2.5%	80
キーワードD	2,300	1.08%	25
キーワードE、キーワードF	1,800	0.5%	9
キーワードG	1,000	1.5%	15
キーワードH	980	1.84%	18
キーワードI	900	1.78%	16

ページに反映済み

ページに未反映

図02 コンバージョンへの貢献度が高いキーワードをページ反映させる
現状のランディングページに含まれていないキーワードにも関わらず、コンバージョンに貢献しているキーワードがあれば、積極的にページに取り込んでいきましょう。

キーワードからターゲット像を見直す

大幅な変更が必要になる場合は、当初に設定したターゲット像自体がずれていたという可能性もあります。その際は、Googleアナリティクスなどによる訪問ユーザーの傾向分析とあわせて、ペルソナを見直してみましょう 図03。

・年齢、性別、居住地、仕事
・現在抱えている悩みや課題
・1日の生活スタイル、行動動線
・価格、機能、デザインのこだわり
・趣味や嗜好
などの人物像に関わる情報

図03 具体的なユーザー像の見直し
ペルソナを改めて考えることで、新たなシナリオ設計の軸になる仮説を構築することができます。

こまめにテストすることで早めに方向性を導き出す

大幅な変更が必要になると、それだけ改修に費やす時間がかかります。また、手間をかけて改修コンテンツや新しいページを作っても、想定した成果を得られないこともあり得るため、大きなロスにもつながりかねません。

そういった理由から**思い切った変更をしづらい場合は、成果の見極めをしやすいA/Bテストをこまめに行い、方向性を検討しましょう**。たとえば、ファーストビューのキャッチコピーのみを変更して、ひとまずA/Bテストを実施してみるといったやり方です。そうした小さな改善を行った結果を踏まえて、大幅な変更を行うかどうかを判断するという方法もあります。

Method
073 テーマやターゲットに合わせてランディングページを分ける

POINT

- 運用の結果から、ランディングページを複数運用に切り替える
- テーマはターゲット・商材・エリアなどで切り分けられる
- 管理しやすいよう運営方法を工夫する

MEMO
それぞれのランディングページを制作することは手間のかかる作業になりますが、ランディングページマーケティングにおいては有効な施策になり得ます。

ターゲットを絞り込んで細分化する

マーケティングには、「ターゲットを限定せずに広くアプローチする」、「よりターゲットを絞り込んでいく」という2つの考え方があります。数を求めるのか質を求めるのかによっても選択肢は変わってきますが、絞り込むほどにユーザーに響く広告になり、結果的に数も増えると考えられています。

また、**ターゲットを絞り込みながらさらに細分化していくことで、より多くの質の高いコンバージョンを獲得できるチャンスが生まれます**。つまり、これまで1つのページで運用していたものを、ターゲット別にページを複数用意するというものです。

細分化したランディングページを効率的に作成する

各ターゲットに合わせたページを効率的に制作する際には、初期構築したラン

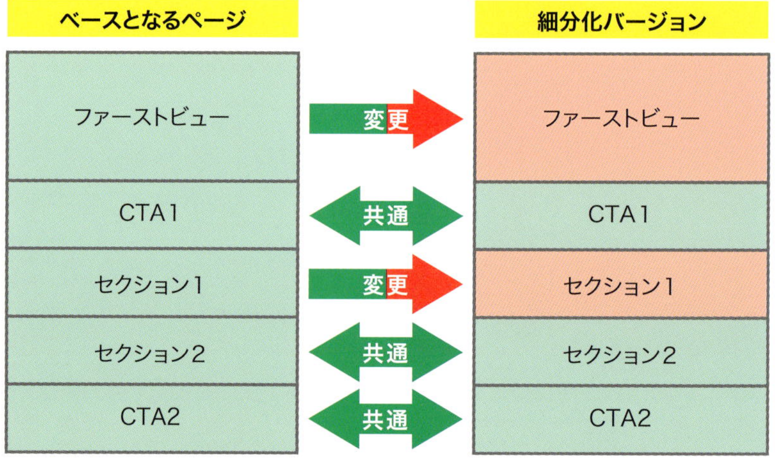

図01 ベースのページと細分化するページで変更する部分と共通する部分を分ける
ベースとなるページから、細分化したどのユーザーにも当てはまる共通点をまず整理しましょう。その上で、伝えなければならない情報が変わる部分があれば、ターゲットごとのセクション・コンテンツとしてそれぞれ考える必要があります。

ディングページをベースに、「変更する部分」と「共通する部分」を決めましょう 図01。

初期構築の段階では、ターゲットの細分化を想定できないケースのほうが多いと思います。しかし、事前の計画に盛り込んでおける場合は、初期構築時に変更箇所と共通箇所を決めておくことで、のちの業務が効率的になります。

MEMO
改修が想定されるエリアは画像テキストを使用せずに、HTMLテキストにしておくとよいでしょう（P.117参照）。

細分化の切り口はターゲット以外にもある

細分化は、ターゲットに限らず、商材やエリアなどさまざまな切り口で考えることができます。

たとえば、ある骨董品買取を行う企業のランディングページの改修事例では、当初は骨董品全体の括りでページを運用していましたが、データがたまっていくと買取に有効なジャンルがわかってきたため、買取ジャンルごとに商材を細分化したページをそれぞれ構築してテストを行いました。

細分化したジャンルは「茶道具」、「掛け軸」、「中国美術」、「銀・銅製品」、「絵画」の５つの商材です。それぞれファーストビューのビジュアルやキャッチコピーなどを変えたページを用意しました 図02。

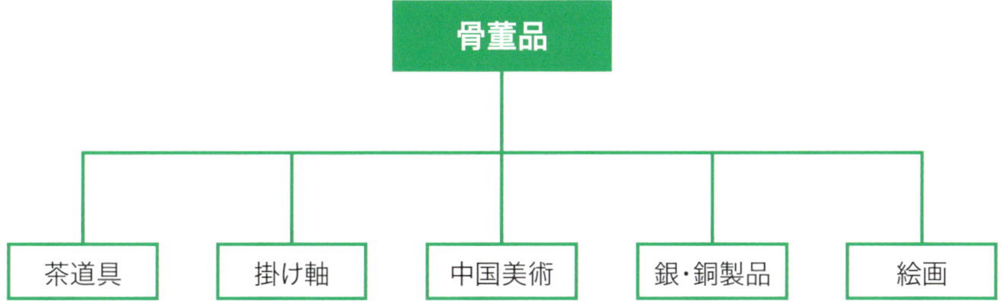

図02 骨董品買取を目的としたランディングページの細分化の例
買取ジャンルごとにランディングページを複数に分けることで、それぞれのジャンルにニーズのあるユーザーが集まりやすくなり、コンバージョンの質が高まりました。

複数のランディングページを運用する際の注意点

ランディングページを複数用意していても、申し込みなどのフォームは共通のものを使用したいといった場合は、**ユーザーがどのページから申し込みフォームにたどり着いたのか、管理者側にわかるようにしておくこと**が重要です。たとえば、申し込み時に管理者側に届くメールのタイトルをページごとに変更するなど、管理しやすい方法で出し分けを行う方法があります。

また、ページを複数用意する際は、今後その数が増えたり減ったりすることも想定して、わかりやすいディレクトリ名にしておくことなどもポイントです。

Method
074 ナビゲーションを固定することでユーザーのアクションを促す

POINT

- ナビゲーションはユーザーの動きを導くための仕掛け
- 3つの固定型ナビゲーションから目的に合う形式を採用する
- ナビゲーション設置の成果をA/Bテストで分析する

ナビゲーションでユーザーからの関心度が高いセクションに誘導できる

1ページで完結するランディングページは、上から下までシナリオに基づいて設計されており、すべてのセクションや流れに意味と目的があります。しかし、セクションによって重要度に差があります。ユーザーにとって魅力的なセクションは、ヒートマップの分析を通じて見えてきます。

ナビゲーションは、関心度の高いセクションに早めにユーザーを誘導したいと考えたときに追加します。また、ランディングページは情報量が多く縦に長いため、主要なセクションのみをピックアップしてナビメニューにしたい場合にも追加します。

ランディングページにおけるナビゲーションは、「ヘッダー固定型」、「サイド固定型」、「フッター固定型」の3つが挙げられます 図01。

図01 3つの固定型ナビゲーション

❶ヘッダー固定型は、一般的にグローバルメニューが固定されています。❷サイド固定型は、画面の大きいパソコンデバイスのみに設置されます。右利きのユーザーを想定して、右側に配置されるケースが一般的です。❸フッター固定型は、できるだけ目に触れてもらえるよう、目線の下の位置に固定されます。

用語

グローバルメニュー

Webサイトに設置された主要コンテンツへの案内リンクのこと。

3つの形式に共通するのは、スクロール時に常に画面上に表示されるように固定することです。また、ナビゲーション内のメニューはそのページ内で遷移させたい主要なセクションへのリンクを張る仕様になるため、複数ページに渡るWebサイトのように、別ページに遷移させる仕様とは異なります。

ナビゲーションの実装

ナビゲーションは、主にパソコン向けのランディングページに実装することが多くなります。もちろんスマートフォン向けのランディングページでも実装を行うことがありますが、**画面サイズに合わせると横幅が限られるため、ナビゲーション内のメニューの数を減らすなどの最適化が必要**になります。また、サイド固定型のナビゲーションも配置が難しいことと操作性の違いという観点から、基本的にスマートフォン向けのページでは設置しません。下記では、ナビゲーションのデザイン例を紹介します 図02 〜 図04。

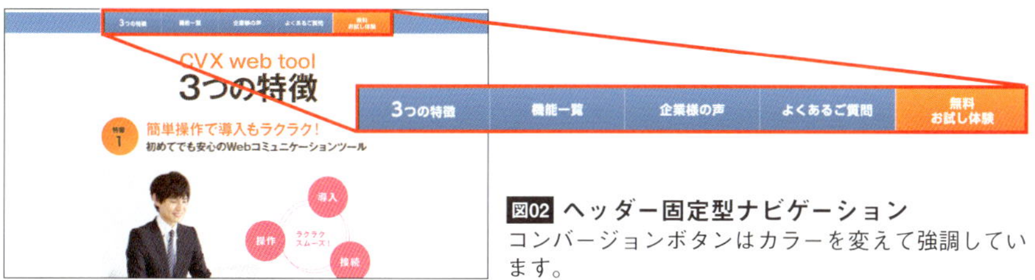

図02 ヘッダー固定型ナビゲーション
コンバージョンボタンはカラーを変えて強調しています。

図03 サイド固定型ナビゲーション
現在地がひと目でわかるよう、閲覧しているセクションに該当するナビボタンの色を反転しています。

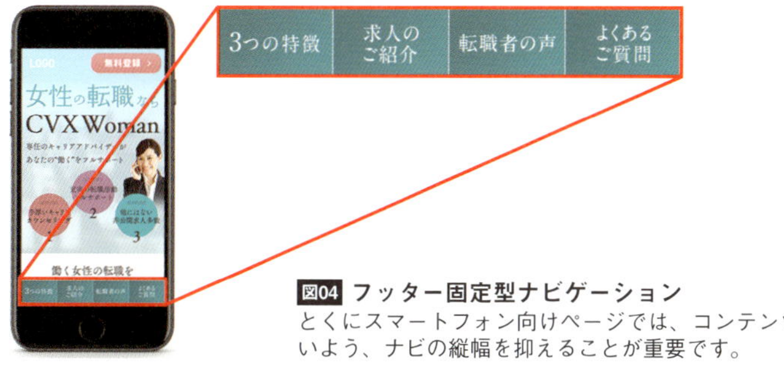

図04 フッター固定型ナビゲーション
とくにスマートフォン向けページでは、コンテンツの視認性を妨げないよう、ナビの縦幅を抑えることが重要です。

固定型ナビゲーション実装上の注意点

固定ナビゲーションは常に画面に表示される状態になっています。そのため、ランディングページのコンテンツをユーザーが読もうとしている際に、邪魔にならないように注意しましょう。ユーザーがいざ申し込みなどのアクションを行おうと思った際に、きちんと視認できるような目立たせ方が必要な反面、あまりに目立ちすぎるとコンテンツそのものを読む気が失せるおそれがあります。コンテンツとナビゲーションのバランスをとることが大切です。

「ヘッダー固定型」や「フッター固定型」であれば、設置するナビゲーションの縦幅を抑えることがポイントです。高さがあれば目立つものの、コンテンツの表示領域自体はその分減ってしまいます。「サイド固定型」であれば、横幅に注意しましょう。

なお、ヘッダーナビゲーションを固定する場合によくあるミスに、ナビゲーションのページ内リンクをクリックした際に、ヘッダーナビゲーションが遷移先のコンテンツと重なってしまう、というものがあります。このようなミスを見逃さないよう、動作確認時はすべてのリンクをクリックするなど、漏れのないように注意しましょう。

MEMO

このミスは、固定ナビゲーションに使用するCSSのposition:fixedでは、要素の高さが無視される仕様であることから起こります。これを防ぐためにはJavaScriptを用いて、遷移位置をヘッダーの高さ分ずらす必要があります。

固定ナビゲーションを実装する際の注意点

・ナビゲーション内のテキストはHTMLテキストにする
・邪魔にならないサイズ感とカラーを意識する
・目立ちすぎず、ただししっかり視認できるようにする
・ヘッダー固定型とフッター固定型は縦幅をとりすぎない
・サイド固定型は横幅をとりすぎない

固定型ナビゲーション設置後の計測

固定型ナビゲーションを設置したあとは、Ptengine（Method.036参照）の「イベントの手動設定」でクリック数やタップ数を計測できるようになります。また、Googleアナリティクスの「イベントトラッキング」でも計測することができます。

別ページに購入フォームなどがあり、固定ナビ内のコンバージョンボタン設置の成果を分析する場合は、Googleアナリティクスのセカンドページ遷移率の前後比較で評価する方法や、セカンドページ遷移後のコンバージョン完了率の前後比較で評価するといった方法で、設置後の挙動を分析できます。

PART 4
A/Bテストで検証する

Method
075 A/Bテストを行って継続的にパフォーマンスを改善する

POINT

- ☑ ランディングページのA/Bテストとは
- ☑ GoogleアナリティクスのウェブテストでA/Bテストを実装する
- ☑ 仮説検証を繰り返すために継続的にA/Bテストを行う

ランディングページのA/Bテストとは

A/B テストとは、異なる複数のページを均等に表示させて、一定期間の集計データをもとに「どのパターンがもっとも効果が高いのか」を判定するためのテストです。広告運用はもちろん、ランディングページ改善でも頻繁に行われるテストです。ここではランディングページの A/B テストについて解説しましょう（広告の A/B テストについては Method.081 で解説します）。

たとえば、変更前のランディングページを A とし、ファーストビューの写真だけを変更したランディングページを B として、A と B のどちらがコンバージョン率が高いのかを競争させます 図01。そしてコンバージョン率が高かったページに対して、次はメインビジュアルのキャッチコピーを変更したランディングページ C と競わせるなど、**継続的にテストを繰り返し、成果を向上させていく方法**として用いられます。A/B テストは、基本的に流入させる条件が同じ状態で検証を行うことが前提となります。

ランディングページ A

VS

ランディングページ B

図01 A/B テストの例
A/B テストは、一般的には一部の要素が異なる 2 つのページを比較する検証方法です。コンバージョン率などが高かったほうのページの要素を取り入れ続けることで、継続的なコンバージョン率改善につなげられます。

なぜA/Bテストが必要なのか

ランディングページのA/Bテストは、同じ時間軸で異なる2つのページの優劣を判定することができます。そのため、**変更前と変更後の検証という時間軸が異なるテストと比べて、時期やタイミングなどの別の影響を受けず、優劣を判定することができる**点が最大のメリットとなります。また、現在のページを変更し、仮にパフォーマンスが悪化したという場合においても、テストを早いタイミングで中止すればダメージを最小限に抑えることができます。

A/BテストはGoogleアナリティクスでも行える

A/Bテストを行うためにはいくつかのツールが存在します。その中でも、Googleアナリティクスの「ウェブテスト」は無料で利用でき、Method.019～034で解説している分析の際も、同じアカウントで分析と検証がまとめて行えます。ここでは、Googleアナリティクスのウェブテストの手順を解説します 図02 ～ 図04。

MEMO
「Googleオプティマイズ」というツールでも同様にA/Bテストを無料で行うことができます。

MEMO
テスト対象のトラフィックの割合を調整することで、それに応じたトラフィックのみをA/Bテストにかけるということもできます（デフォルトでは100%で表示されています）。また、詳細オプションでは、すべてのパターンにトラフィックを均等に分配する設定もできます。

ウェブテスト - 新しいテストを作成
1 テストの目標を選択
このテストの名前
無題のテスト
このテストの目標
指標を選択 or 新しい目標を作成
テスト対象のトラフィックの割合
100%

図02 手順①
［行動→ウェブテスト］から「テスト作成」を選択し、テスト名を決めたら、このテストの目標（設定済みのコンバージョン）を選択します。「次のステップ」をクリックし、オリジナルページ（A）と検証したいページ（B）のURLをそれぞれ挿入し、「次のステップ」へ進みます。

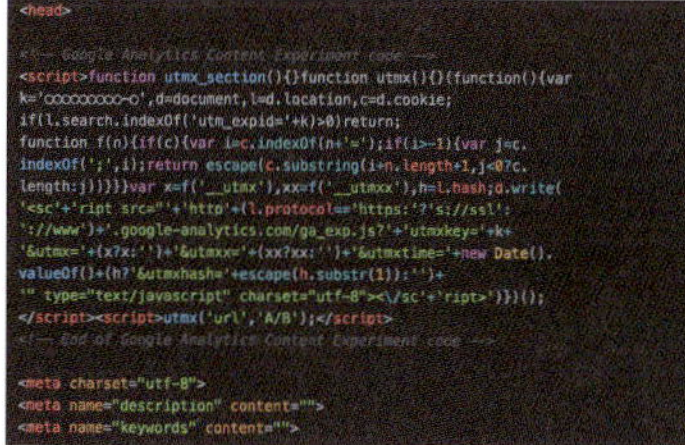

図03 手順②
「テストコードの設定」で「手動でコードを挿入」を選択すると、テストコードが出力されます。このテストコードをコピーし、手順①で登録したオリジナルページ（A）のHTML内の<head>タグの後ろにコードを挿入後、再び管理画面上の「テストを開始」をクリックすれば、A/Bテストが開始されます。

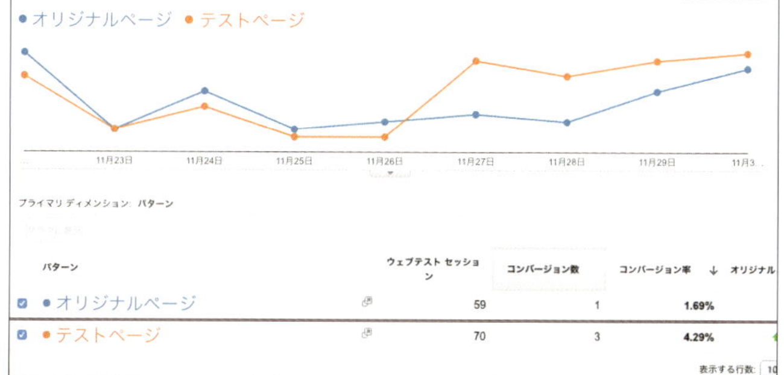

図04 手順③
開始したA/Bテストの進捗状況は、［行動→ウェブテスト］の「開始した任意のウェブテスト」のフィールドから確認ができます。また、出力されたグラフは日・週・月単位で切り替えることもできます。

Method

076 A/Bテストの4つのステップを理解する

POINT

- A/Bテストはやみくもに行えばよいわけではない
- 狙いを持ったA/Bテストのルールを守ることで勝率を上げていく
- 検証の繰り返しでよりよいランディングページへと改修する

継続的にA/Bテストを行うために

A/B テストをやみくもに実施するだけでは、実装までの時間や労力を考えると非効率です。A/B テストは継続的に成果を上げていく手法にとどまらず、実行後の検証をもとに新たな改善のヒントを得られるという側面もあるため、狙いを持って行うことが必要不可欠です。そのためにも、次のようなスキームを意識しておくとよいでしょう 図01。

①検証要素の特定
現ページの分析を行い、
問題となっている箇所を特定する。

②変更案の作成
検証要素の改善案となる
テスト用のページを準備する。

A
B
③A/Bテスト実行
現ページとテストページで一定期間
均等にA/Bテストを行う。
(※均等配信はGoogleアナリティクス
ウェブテストのオプションで設定)

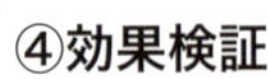

④効果検証
テストの結果を検証・分析。
パフォーマンスのよいページを採用し、
現ページと差し替える。

図01 継続的な A/B テストの流れ
A/B テストは一回の実行で終わりではなく、よりよいランディングページへと改修するために、「検証要素の特定」〜「効果検証」までのステップを繰り返していく必要があります。

このようなスキームを意識して A/B テストを繰り返しながら、**「どういう訴求内容が効果的なのか」、「デザインはどういうテイストが好まれるのか」、「構成・シナリオはどのパターンが効果的だったのか」など、具体的な知見を得ていきます。**

ただし、100% 成果が上がるとは限りません。場合によっては、仮説を持って取り組んだものの、既存ページよりも成果が下回るというケースもあります。つまり、A/B テストがうまくいく場合といかない場合の両方を踏まえて PDCA を繰り返すことが、コンバージョンに至っている要因を特定していくことにもつながるのです。

①検証要素の特定

ランディングページは、ファーストビューからフッターまで、1つのテーマに沿って情報が組み立てられています。この**ページ全体の中でどの部分に課題があるのかを、Google アナリティクスやヒートマップツールを利用して特定します**。詳しくは第2章で解説しています。

図02 問題がある箇所を見つける
ランディングページ全体の中で、効果低迷の要因となっているポイントを特定します。

②変更案の作成

問題となっている箇所に対して、「こう変えれば成果が出るのではないか」という仮説をもとに、新たな変更案を作成します。検証箇所以外の要素は変更せず1箇所に定めることで、その後の検証が行いやすくなります。

図03 仮説をもとに変更案を作成する
変更はやみくもに行うのではなく、仮説を立てた上でアイデアを出しましょう。

MEMO
状況によっては多くの箇所をまとめて変更する場合もありますが、検証難易度が上がるため注意が必要です。

③A/Bテストの実行

Google アナリティクスのウェブテストでは、数時間単位でテスト結果が自動更新されるため、レポート画面で進捗をチェックすることができます。

④効果検証

テスト終了後に各ページの成果について比較し、ページ上でどういう変化が起こったのかをヒートマップツールでそれぞれチェックすることで、より深い検証を行うことができます。

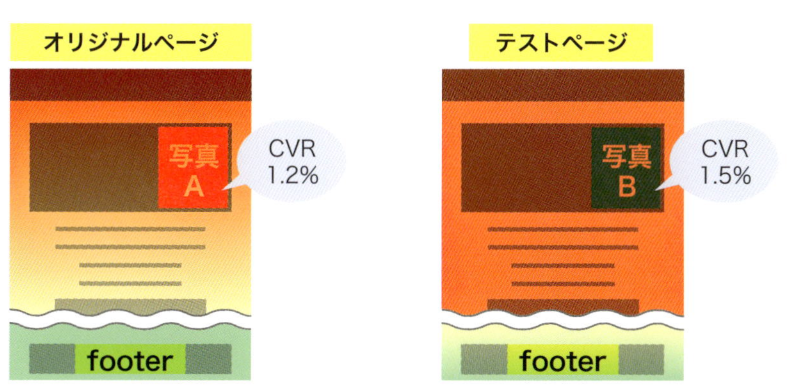

図04 ヒートマップツールで変更箇所の効果を確認する
スクロール率や注目度の変化などを把握することで、次のテストへ活かします。

Method
077 A/Bテストで検証するテーマを決める

POINT
- ページ上の問題点を見つける
- 見つけた問題を解決するための施策を洗い出す
- 流入数に応じた最適な検証を行う

何を検証するのかを決める

A/B テストは、運用中のランディングページのパフォーマンスが芳しくないときや、目標とするコンバージョン率を達成していないときに、成果をその都度上げていくための方法として用いられます。A/B テストを行うときは**「ページの何を変更すればよいのか」を決めるために、Google アナリティクスやヒートマップを活用する**とよいでしょう。

たとえば、Google アナリティクスで現状分析してみた結果、「ランディングページから申し込みフォームへの遷移数をもっと上げる必要がある」と判断したとします。その際に、「ページ上にある申し込みボタンのクリック数（タップ数）を高めるためにはどうすればよいか」という観点で変更案を考えることができます。一例として、以下のようなアクションプランが考えられます 図01。

テキストを追加して心理的ハードルを下げる

デザインを変更してボタンの視認性を高める

配置を変更して優先順位を明確にする

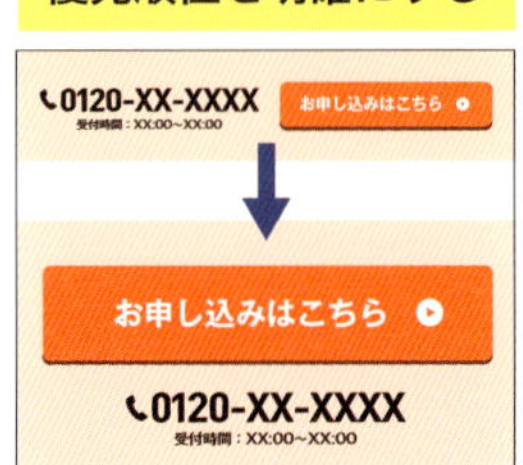

図01 **申し込みボタンのクリック率を上げる変更案の例**
テーマを決めて検証案を作成し、テストを行うことが大切です。そうすることで、クリック率に影響を及ぼす要因を特定しやすくなります。

また、ヒートマップ分析の結果、「途中のコンテンツが読み飛ばされている」、一方で「最下部にあるコンテンツはしっかり読み込まれている」ということがわかれば、「ページ内の構成を入れ替えてみる」、「ページのボリュームをコンパクトにする」などの対応策が発見できます。変更案は分析を行ったのちに、「どの部位に問題があるのか」と「どう変更すればよいのか」を分けて考えることで、整理しやすくなるでしょう。

現在の流入母数に合わせて最適な検証を行う

A/B テストを繰り返していく上では、施策のアイデアをまとめた複数のページを同時に検証することもできます。しかし、この方法は流入数が多く確保できる（＝広告費用がかけられる）場合には有効ですが、少ない場合は検証期間もそれだけ長くなってしまうため、**「現在の流入数がどれくらいあるのか」を目安に、A/B テストの検証にどれくらい日数がかかりそうか把握しておくことも必要です** 図02。

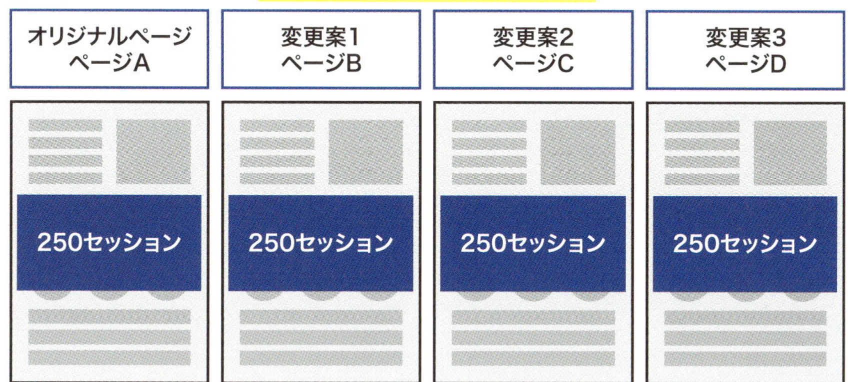

2,000セッションを目安とした場合に、
8日程度で傾向がつかめる。

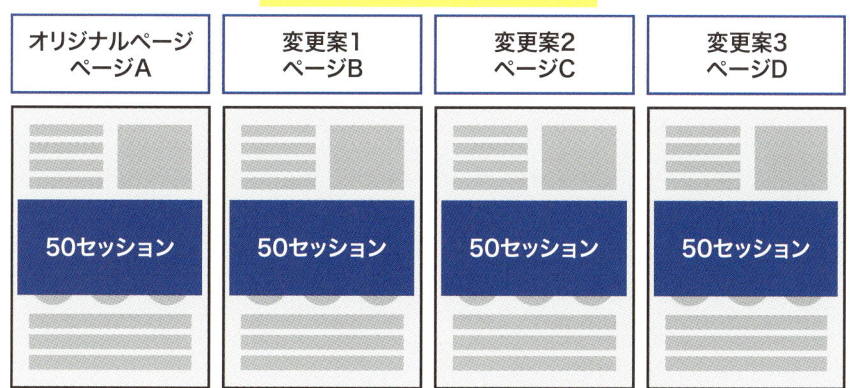

2,000セッションを目安とした場合に、
傾向をつかむのに40日程度かかる。

図02 複数のページを同時にテストする場合
複数のページの A/B テストを同時に行う際、多くの流入数が見込めない場合は傾向をつかむのに時間がかかってしまいます。目安としては、1ヶ月以内に検証できるとよいでしょう。

Method
078 A/Bテストの検証にセグメントやセカンダリディメンションを利用する

POINT

- ☑ A/Bテストは総合結果だけで勝敗を決めない
- ☑ Googleアナリティクスのセグメント機能を活用する
- ☑ Googleアナリティクスのセカンダリディメンション機能を活用する

総合結果とセグメントにおける結果の両面チェックで優劣を判定する

A/Bテストを継続的に行っていく過程で十分な流入数（母数）があるにも関わらず、オリジナルページとテストページでコンバージョンに明確な差が見られないケースも起こり得ます。この場合、**「あまり変化がなかった」と結論付けてしまう前に、もう一歩踏み込んで要因を探ってから、判断する**必要があります。

Googleアナリティクスのセグメントを活かす

本書で紹介しているGoogleアナリティクスのウェブテストでは、Googleアナリティクスに備わったさまざまな分析機能を利用できます。最終的なA/Bテストのコンバージョン率の結果だけではなく、滞在時間などのページ価値やセグメント機能、セカンダリディメンションの機能を活用することで、さらに踏み込んだ分析を行うことができます。

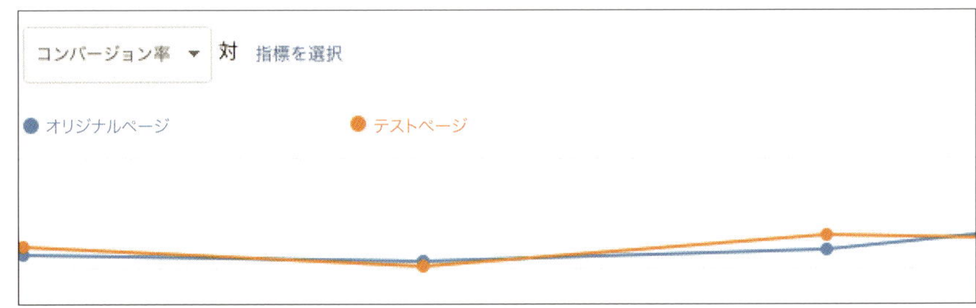

図01 A/Bテストの全体の結果
A/Bテストを繰り返す中で、それぞれのランディングページのコンバージョン率に大きな違いが出ず、「どのページをオリジナルページとして採用すべきか」と悩むこともあります。

たとえば、図01の結果に対しては、「新規ユーザーのみのセグメントでチェックする」などの方法があります。この場合、新規ユーザーに対してどのページがもっとも効果が高かったのかを、図02のようにセグメント軸で検証することもできます。

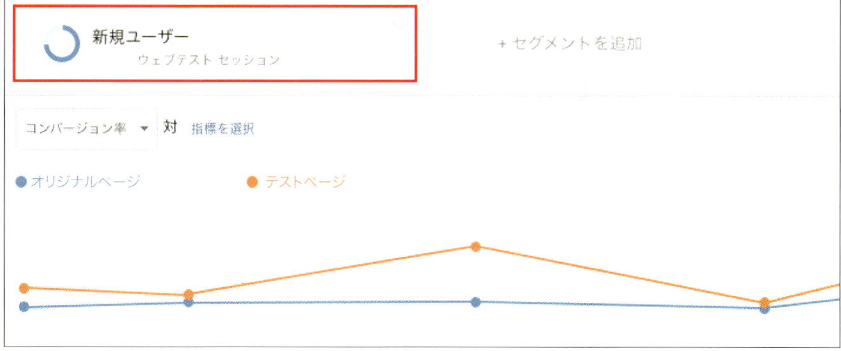

図02 A/B テストの結果を新規ユーザーのみに絞る
総合結果で優劣の判定が難しい場合の一例として、「初めてページに訪れた新規ユーザーはどのページをよいと判断したのか」など、セグメント機能で踏み込んで分析してみることで、A/B テストで得られた知見を蓄積し、次の検証に活かすことができます。

また、パソコン版とスマートフォン版で同じ URL のランディングページで A/B テストを行う場合も、デバイスごとの結果をセグメントすることで、オリジナルページとテストページ、それぞれのコンバージョン率の違いや滞在時間、直帰率などを確認することもできます。

Googleアナリティクスの
セカンダリディメンションを活かす

Google アナリティクスのウェブテストの場合、オリジナルページとテストページで URL が異なるため、計測も別のページとしてデータが集計されます。そのため、**各ページを掘り下げて分析したいときには、セカンダリディメンションを用いて任意の指標を選択することで、オリジナルページとテストページをより深く比較分析できます**。たとえば、「コアとなるユーザーの年代に対して、どのページがもっとも好ましかったのか」という観点で比較する場合、図03のような年代別のコンバージョン率の比較が行えます。

オリジナルページ

年齢別	ビューの平均 [illegible]
18-24	[illegible]
25-34	[illegible]
35-44	[illegible]
45-54	[illegible]
55-64	[illegible]
65+	[illegible]

テストページ

年齢別	ビューの平均 [illegible]
18-24	[illegible]
25-34	[illegible]
35-44	[illegible]
45-54	[illegible]
55-64	[illegible]
65+	[illegible]

図03 A/B テストの結果を年代別で比較してみる
[行動→サイトコンテンツ→ランディングページ] から各ランディングページを選択後、セカンダリディメンションで任意の分析指標を選択すると、各ページの傾向をそれぞれ確認できます。

Method
079

A/Bテストの検証にファネル分析やヒートマップ分析を利用する

POINT

- 変更した箇所によってユーザーの動きも変化する
- ファネル分析で遷移率や完了率を検証する
- ヒートマップ分析でユーザーの動きを検証する

ファネル分析で遷移率・完了率の効果も検証する

メインのキャッチコピーや訴求内容などのコンテンツを変更した場合と、ボタンまわりのUIデザインやレイアウトを変更した場合では、ユーザーのページ内での動きも異なってくる場合があります。そのため、コンバージョンに至るまでのプロセスも把握しておく必要があります。大きく分けて**「ランディングページから申し込みフォームへの遷移」と「申し込みフォームから完了ページへの遷移」の2つの行動変化をチェックしておく**ことで、検証した箇所が何に影響を与えたのかという「影響範囲」を知ることにもつながります 図01、図02。

MEMO
最終到達地点である完了ページに向かうまでの動きもGoogleアナリティクスのセカンダリディメンションでファネル分析できます。

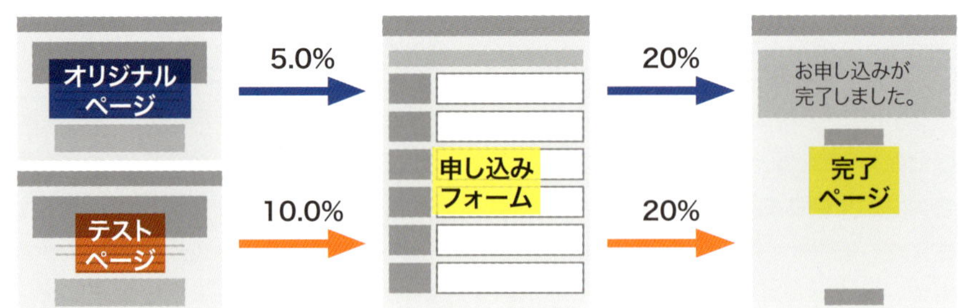

図01 テストページのコンバージョンが2倍になったケース①
ページから申し込みフォームへ流れるユーザーの数が2倍になっていたということがわかり、ページ内のボタンクリックのアクションを増やすことができたというユーザーの動きが見られます。

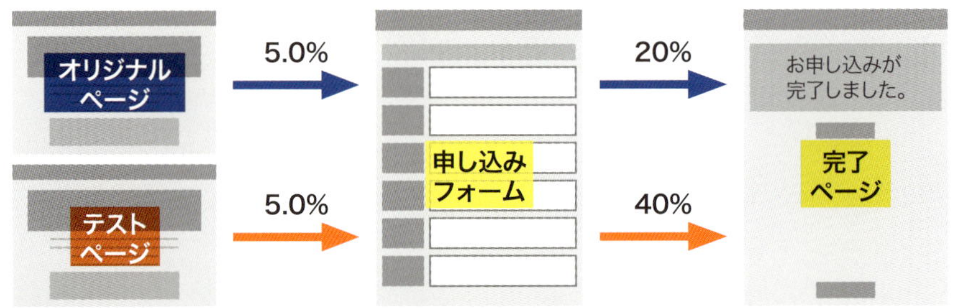

図02 テストページのコンバージョンが2倍になったケース②
申し込みフォームへの遷移率に変化はないものの、申し込みフォームから完了ページへの遷移が2倍になっていたことが確認できるため、オリジナルページと比べてユーザーはテストページのほうが申し込みを決意させる動機付けが強くできているということがわかります。

ヒートマップ分析でスクロール率や注目エリア、クリック(タップ)ポイントも検証する

ページ遷移率を確認したら、**「ページ上ではどういう動きや変化があったか」をヒートマップでさらに分析してみる**ことで、数字の変化とユーザーの動きの変化の関連性を探ることができます 図03 ～ 図05。

・スクロール率の比較

オリジナルページとテストページで、スクロール率の推移変化を主要ポイントごとに分析することで、興味・関心をどれくらい持たせることができたのかを比較します。どの段階からスクロール率に差が出始めているかなどもチェックしましょう 図03。

オリジナルページ

<ユーザーFV> 911訪問	ボタン	クリックの傾向 ※参考値	スクロール率
ヘッダー	電話	15	100%
cta01	LINE	24	44%
	メール	5	
	電話	5	
	折り返し電話	0	
cta02	LINE	3	24%
	メール	2	
	電話	4	
	折り返し電話	0	
cta03	LINE	2	17%
	メール	0	
	電話	0	
	折り返し電話	0	

テストページ

<鑑定士FV> 896訪問	ボタン	クリックの傾向 ※参考値	スクロール率
ヘッダー	電話	10	100%
cta01	LINE	17	62%
	メール	8	
	電話	7	
	折り返し電話	2	
cta02	LINE	8	37%
	メール	2	
	電話	1	
	折り返し電話	2	
cta03	LINE	2	26%
	メール	2	
	電話	0	
	折り返し電話	0	

図03 スクロール率の比較
スクロール率の数字を一覧で確認すると、変更後どれだけユーザーの興味・関心が変化したかがわかります。

・注目エリアの比較

オリジナルページとテストページの全体的な注目範囲の変化も、検証を深める重要な指標となります。変更箇所はもちろん、その下の部位にどういう影響があったかなども確認することで、検証箇所におけるユーザーの行動や心理の変化を想像しやすくなります 図04。

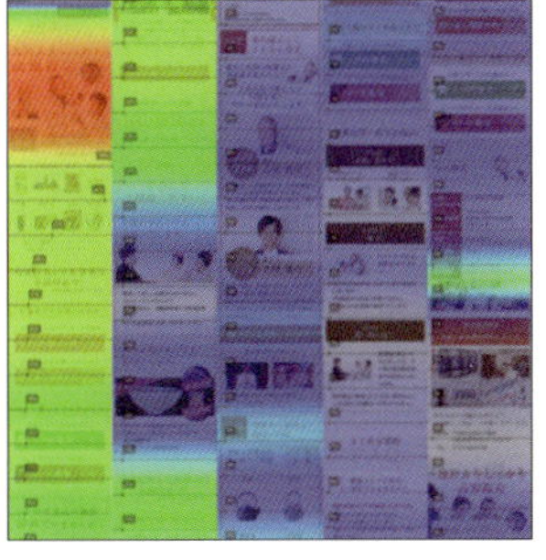

図04 注目エリアの比較
アテンションヒートマップでは、ユーザーによるページ全体の注目範囲の変化を確認することができます。

・クリック数(タップ数)の比較

変更を加えたことでどの部分のクリック数・タップ数が増えたのかを確認しましょう。また、コンバージョンしたユーザーのみのデータを出力して比較することで、さらに具体的なコンバージョンパターンを見つける手がかりとなります 図05。

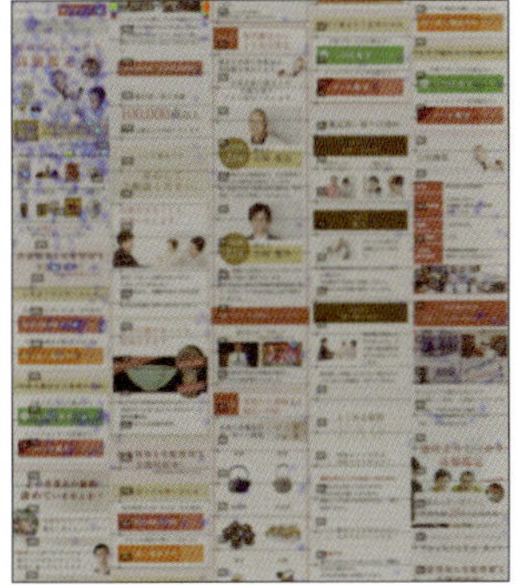

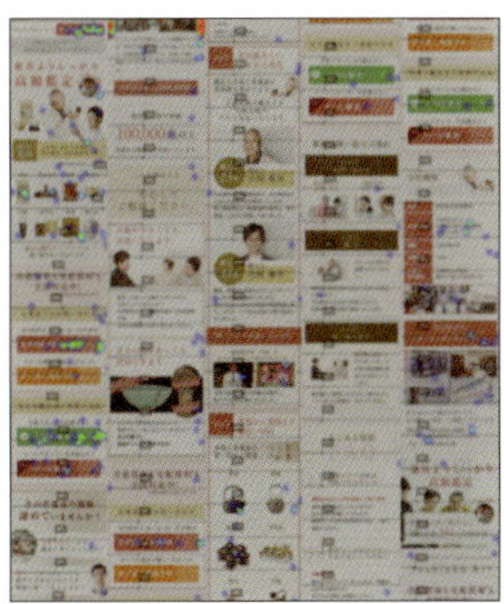

図05 クリック数（タップ数）の比較
クリックはユーザーに起こしてもらいたい行動の第一歩です。変更箇所のクリック数はしっかり確認しましょう。

Method
080 オリジナルページを時系列で定点観測する

POINT
- ☑ 継続的なA/Bテストで成果改善ができているのかを把握する
- ☑ A/Bテストの結果を時系列で振り返る
- ☑ 成果が下がってきている場合の対処を覚えておく

A/Bテストを繰り返して成果が下がってしまった際の対処

A/B テストでは、微妙な成果の誤差や短期間の比較データで勝敗を判断してしまうこともあるでしょう。しかし、そのようにしてテストを繰り返しているうちに、気付けば過去の A/B テストのほうがコンバージョン率が高く、現状の A/B テストでは成果のベースライン自体が下がっていた、ということもありえます。そのような場合には、以下の方法で軌道修正しましょう。

過去のテスト結果の履歴を見直す

まず1つ目の方法は、一度テストを中止して、過去のテスト履歴を遡って原因分析に注力することです。**これまでの結果をリスト化して、何回目に行ったテストでの判断が間違っていたのかを確認します** 図01。テストを繰り返していくと勝敗の結果だけに意識が向きがちになってしまいます。定期的にテストの履歴をチェックし、正しい改善ができるようにしましょう。

テスト回数	オリジナルページのコンバージョン率	テストページのコンバージョン率	検証内容
1	0.8%	1.0%	キャッチコピー違い
2	1.1%	1.3%	メインビジュアル違い
3	1.2%	1.5%	ボタンデザイン違い
4	1.5%	1.55%	コンテンツ追加
10	1.1%	1.2%	写真違い

図01 テストの履歴を一覧で確認する
一時期まで上がっていた成果が降下している場合は、リスト化したテストの履歴を遡って何回目の A/B テストの判定が疑わしかったかを確認しましょう。

オリジナルページのコンバージョン率を月別推移で確認する

2つ目の方法は、Google アナリティクスで A/B テストを開始した時期から直近までの期間で、[行動→ランディングページ] のオリジナルページのディレクトリを指定し、**コンバージョン率を月や週単位で検証してみる**ことです 図02。オリジナルページとテストページは別々の URL でデータが集計されています。テスト履歴と同様に、コンバージョン率の増減も定期的に確認しましょう。

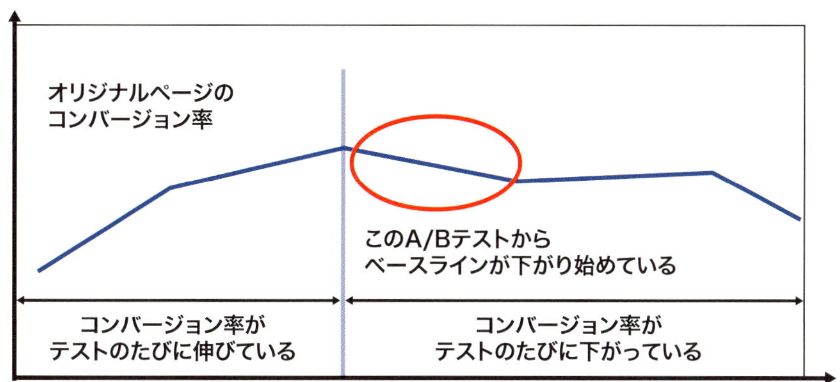

図02 オリジナルページのコンバージョン率を月別でチェックする
オリジナルページのコンバージョン率は、Google アナリティクスの [行動→サイトコンテンツ→ランディングページ] でオリジナルページの URL を選択して確認します。

時系列でコンバージョン率を確認する

勝ちと思われる要素をオリジナルページへ繰り返し反映していくことで、テストを重ねていくごとに 図03 のようにコンバージョン率は右肩上がりになるはずです。A/B テストを繰り返す際には、**ページの比較にとどまらず時間軸による検証も時には必要になります**。

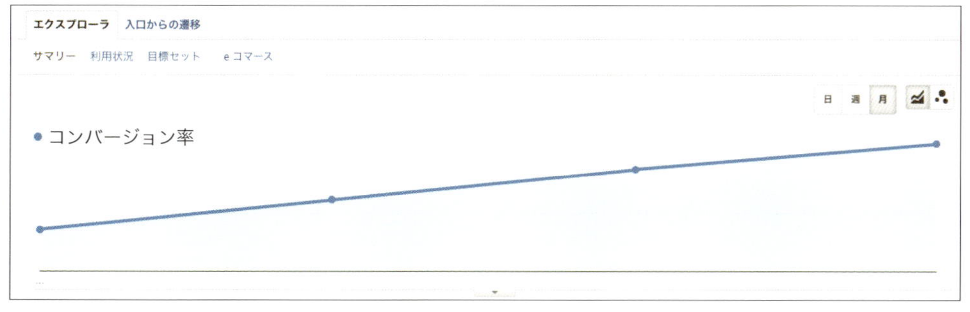

図03 時系列でコンバージョン率を確認する
コンバージョン率を時系列で確認したとき、グラフが右肩上がりになっていれば、継続的な A/B テストが成果に直結しているといえます。

Method

081 広告でもA/Bテストを行う

POINT

- 広告のA/Bテストとは
- A/Bテストを行う理由やメリットを把握する
- Web広告における一般的な指標を覚えておく

広告のA/Bテストとは

スマートフォンやパソコンが普及するに伴い、さまざまなユーザーがWeb広告に触れる機会が増えています。広告出稿を考えている広告主としては、どのような訴求内容がユーザーの心を動かし、消費行動に結び付くのか気になるところです。

そのような効果的な広告を運用するために有効な手法が、広告のA/Bテストです。A/Bテストは「スプリットランテスト」とも呼ばれ、ランディングページのA/Bテストと同じように2つのパターンの広告を同じ条件で同時に配信し、それぞれの広告効果を比較するテストになります 図01。

比較する広告は2パターンだけではなく、3つ以上の広告で検証する場合もあります。しかし、一度に多くの検証要素を比較してしまうと、集計作業が煩雑になったり、1パターンあたりの配信量が少なくなり、各広告の効果の差がぼやけてしまったりします。そのため、**まずは2～3つのパターンで検証する**ことがおすすめです。パターンが少ないほうが効果の差をはっきりさせやすいため、その後の広告運用に役立つ知見が得られます。

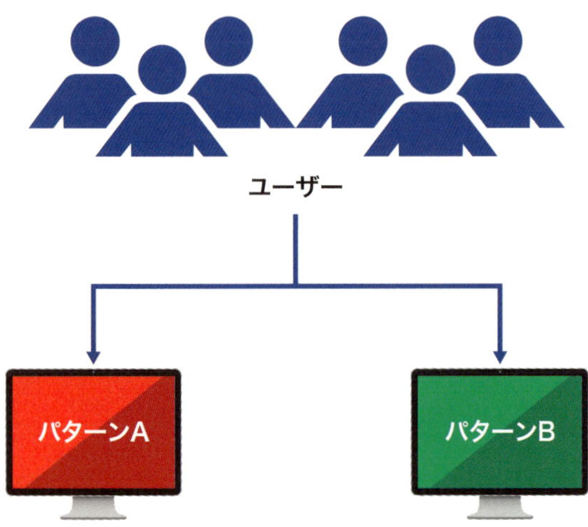

図01 広告のA/Bテスト
A/Bテストで2つのパターンの広告を比較することで、目標を達成するためにもっとも効果的なパターンの広告を判断することができます。

A/Bテストを行う理由

効果の悪い広告を配信し続けると、無駄な費用が発生することになります。効果の悪い広告を停止して効果のよい広告に切り替えれば、費用対効果は大きく改善することでしょう。**定期的に広告をA/Bテストで検証し、効果の悪いものを差し替えていくというPDCAを継続させることで、効果を改善し続けることができます**。そのため、広告運用をする上でA/Bテストが推奨されているのです。

Web広告における効果測定のための指標

A/Bテストでは、効果指標をどこに置くかが非常に重要になります。指標とされる数値は、以下のものが一般的です。

・インプレッション

実際に広告文が表示された回数を指します。一部の要素を変更した広告のA/Bテストの場合は、どちらのパターンも同じ程度の表示回数になることが望ましいです。一方、媒体や配信メニューを比較し、**広告の配信先としてどちらが効果的かを判断する大きな枠組みでのA/Bテストの場合は、表示回数を評価指標とし、ユーザーへのリーチ数を比較します**。

・クリック数

実際に広告がクリックされた回数です。表示された広告がユーザーにとってどれくらい魅力的かが直接的に表れる指標になります。ただし、ユーザーの操作ミスでクリック数が増えている場合もあるため、その結果だけを過信しないようにしましょう。

・クリック率(CTR)

広告の表示回数に対してクリックされた割合を指します。一部の要素を変更した広告のA/Bテストを実施する場合、それぞれの広告が同じ程度表示されることが望ましいと述べましたが、実際にはそのような状況にならないことがほとんどです。そのため、割合で比較することで、同じ尺度で効果を可視化することができます。

・コンバージョン数

広告の目的の達成数です。サイトの目的ページ（購入後に表示される完了ページなど）に到達したことをコンバージョンとすることが一般的です。

・コンバージョン率(CVR)

クリック率と同様に、広告をクリックしてきたユーザーのうち何人が目的を達成したかを測る指標で、ランディングページや申し込みフォームのA/Bテストの際に重要になります。

MEMO

評価の指標は、ユーザーのモチベーションや広告の目的によってどの指標が適切なのかが異なります。たとえば、認知度を拡大するための広告施策であれば、どれだけ表示されたかを示す「表示回数」、サイトへの流入数を増やすための広告であれば、「クリック数」や「クリック率」などです。

用語

リーチ数

広告を見たユーザーの数を指す。

Method 082

リスティング広告のA/Bテストでは広告文やキーワードの最適化を狙う

POINT

- リスティング広告とは
- リスティング広告に関連する3つの要素を把握する
- 検索キーワードとランディングページをつなぐ広告文のパターンを複数用意する

MEMO
リスティング広告は、ユーザーの探し求めているニーズ（検索したキーワード）に応じた広告文が表示されるため、ユーザーを消費行動に促すようなアプローチが可能な広告といえます。

リスティング広告にとっての広告文

リスティング広告（検索連動型広告）にとって、広告文は非常に大切な要素です。リスティング広告の広告文は、ユーザーが検索エンジンでキーワードを入力した際に、その検索結果とともに連動して表示されます 図01。

図01 **リスティング広告の例**
リスティング広告は、ユーザーが検索窓に入力したキーワードに関連して表示されます。

キーワード、広告文、ランディングページの一貫性

リスティング広告において効果が見込める広告文は、「キーワード」、「広告文」、「ランディングページ」の3つの要素の関連性が高いものであるとされています。

たとえば、ユーザーが「リンゴ 通販」というキーワードを検索し、「産地直送、農家自慢のリンゴ通販なら」という広告文が出たとします。そしてリンク先がリンゴの箱売りや贈答用詰め合わせについてのECサイトだった場合、3つの要素の関連性は高く、消費者も購入しやすいはずです 図02。しかし、これが「リンゴ 通販」というキーワードに対して「みかん」の広告文が出ていて、リンク先に「フルーツ盛り合わせ」の販売ページがあった場合、3つの要素の関連性が低い上に、商品を購入したくなる導線になっているとはいえません 図03。

リスティング広告の広告文には、ユーザーのニーズである検索キーワードとランディングページで提供するサービスをつなぐという役割が求められます。この2つをつなぐ要素を比較し、検証するのがA/Bテストになります。

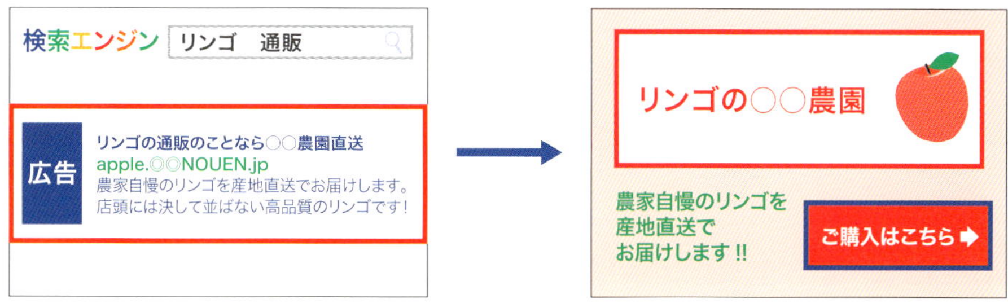

図02 ランディングページに一貫性がある例
「リンゴ 通販」というキーワードに対してリンゴの広告が出ていて、クリックするとリンゴ農園のランディングページにリンクしているため、ユーザーにもわかりやすく、ニーズもマッチしています。

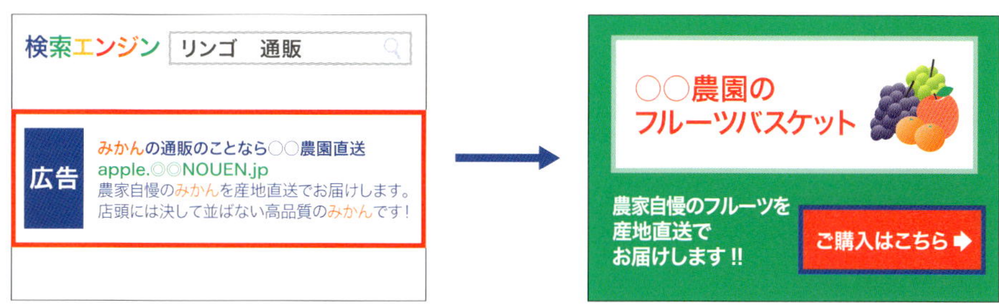

図03 ランディングページに一貫性がない例
「リンゴ 通販」というキーワードに対してみかんの広告が出ていて、クリックするとフルーツ盛り合わせのランディングページにリンクしているため、ユーザーのニーズにはマッチしていません。

A/Bテストの実施

リスティング広告では、「この検索キーワードが入力された場合にはこの広告文を表示させる」という設定が必要になります。「商品・サービスの魅力をユーザーに伝えるためにはどの訴求要素がユーザーを動かすのだろう」と思い悩む場合は、**A/BテストでAとBの2つの訴求パターンの広告を配信して比較**しましょう。

たとえば 図04 のように、「リンゴ 通販」という検索キーワードに対し「リンゴを送料無料で」という送料無料を訴求する広告文と、「農家から産地直送リンゴ」という産地直送を訴求する広告文を配信し、1ヶ月後どちらのパターンが購入数が多いのかを比べることで、どちらの広告文が有効だったのかを知ることができます。

パターンA	パターンB
リンゴの通販のことなら○○農園直送 広告 apple.◎◎NOUEN.jp 1箱からでも北海道から沖縄まで全国送料無料！ どこよりもお得にリンゴをお届けします！	リンゴの通販のことなら○○農園直送 広告 apple.◎◎NOUEN.jp 産地青森県から直送！ どこよりも高品質なリンゴをお届けします！

図04 広告文の訴求パターンの例
パターンAでは「送料無料」を強みにした広告文、パターンBでは「産地直送の質の高さ」を強みにした広告文を設定し、A/Bテストで比較してみます。

Method
083
ディスプレイ広告のA/Bテストではクリエイティブの最適化を狙う

POINT

- ディスプレイ広告のA/Bテストの手順と、Yahoo!・Google両方のディスプレイ広告に共通する考え方を知る
- ユーザーの興味・関心を図る

ディスプレイ広告にとってのクリエイティブ

Method.082で解説したリスティング広告の主な要素はテキスト文でしたが、ディスプレイ広告の要素はバナー広告が一般的のため、より視覚的要素が多くなります。訴求要素をどのように視覚的に表現してユーザーに伝えるかが求められます。

そして、潜在的なユーザーにアプローチできるのもディスプレイ広告の特徴です。リスティング広告はユーザーが入力する検索キーワードに対して広告を出稿するため、顕在化したニーズにアプローチすることができます。一方、ディスプレイ広告ではユーザーが何気なくWebサイトを見ているときや、アプリを使用しているときなどにバナー広告を表示させることができるため、「今すぐに欲しいという状態にはなっていないが、きっと欲しくなるだろう」という**表面化していないニーズを抱えているユーザーにアプローチできます** 図01。

顕在化しているニーズに対する訴求であれば、価格訴求や機能面での強みなど、最後のひと押しとなる要素が必要です。一方で、潜在的なニーズに対する訴求であれば、そもそもの需要を喚起させるような訴求要素が必要になります。

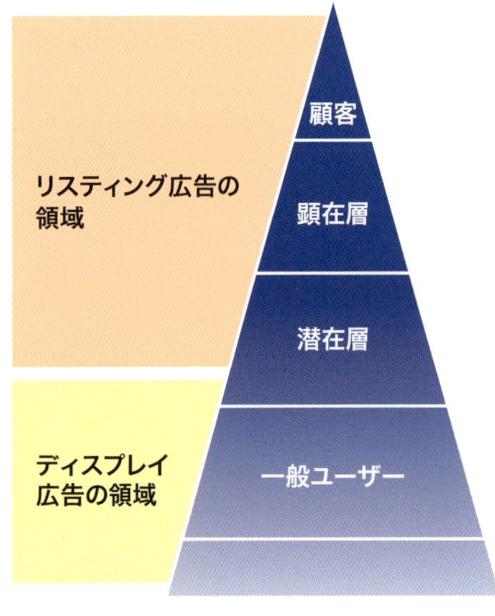

図01 ユーザーのタイプとリスティング広告とディスプレイ広告の対応図
リスティング広告はニーズがハッキリしている顕在的なユーザーに強く、ディスプレイ広告はニーズがまだはっきりとしていない潜在的なユーザーに強いです。

MEMO
ディスプレイ広告でA/Bテストを実施する際は、どういうターゲットユーザーに配信するのかを意識した上で訴求要素を考えていくことが重要です。

ランディングページで何を解決できるかということを伝えるクリエイティブ

リスティング広告では、ユーザーのニーズとランディングページで紹介する商品・サービスをつなぐ役割が求められると解説しました。このことはディスプレイ広告用のバナー広告にも当てはまります。**ディスプレイ広告の場合、どのターゲットに向けた施策なのかにより、つなぐ要素の評価は指標が違ってきます** 図02 ～ 図04。

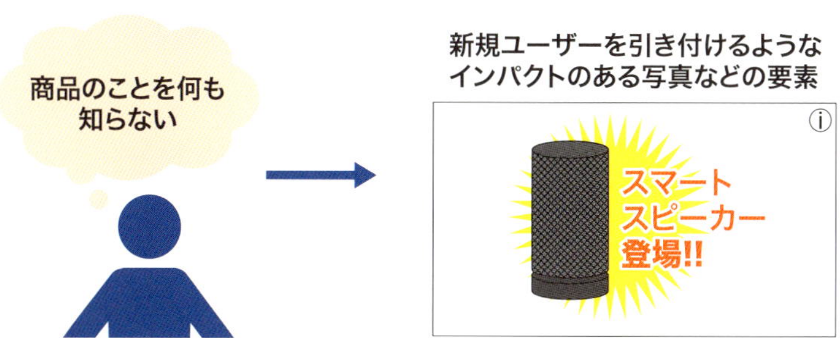

図02 潜在層のユーザーに向けてブランドやサービスの認知を目的とした場合
まだ知られていない自社のブランドやサービスをもっと知ってもらいたいというケースです。広告には、ユーザーに興味関心を抱かせるための要素が必要になってきます。そのため、広告の評価も表示回数やクリック数・クリック率で見ることが多いです。

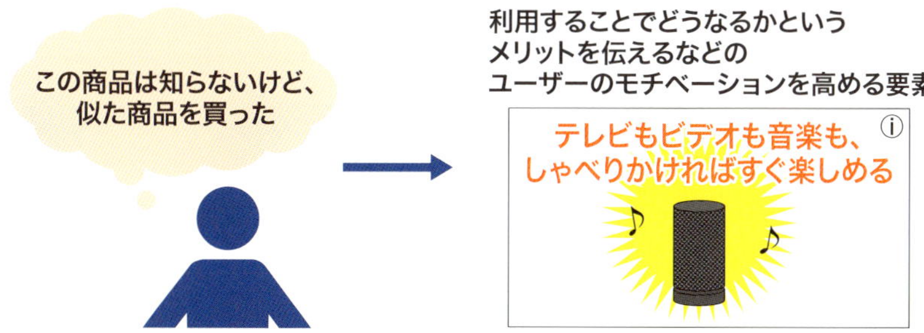

図03 潜在層ではあるがコンバージョンが期待できるユーザーをターゲットとした場合
広告主が持っている顧客データから類似ユーザーをターゲットとするなど、認知はされていなくてもコンバージョンが期待できるというケースでは、ユーザーのモチベーションを高める要素が必要になります。この場合の広告の評価は、どれだけ目標を達成できたかという獲得数・獲得率になります。

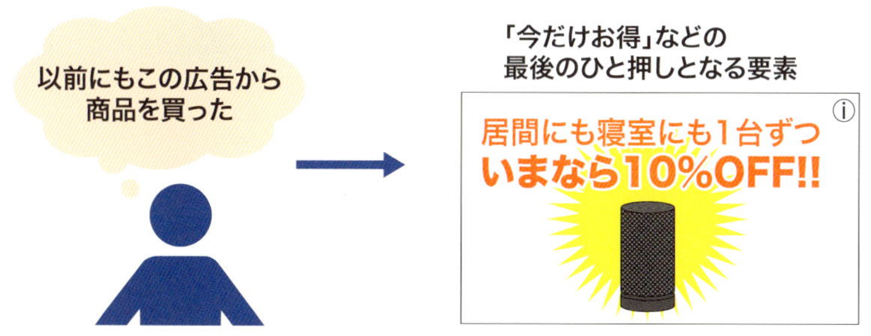

図04 すでに認知しているユーザーの再訪を目的とした場合
一度Webサイトに訪れたことのあるユーザーや、すでに利用したことがあるユーザーに対して、再度商品・サービスを利用してもらうことを目的とするケースでは、最後のひと押しとなるような要素が求められます。この場合の広告の評価も獲得数・獲得率になります。

用語
類似ユーザー
ディスプレイ広告では、コンバージョンを達成したユーザーと似たような行動をWeb上でとるユーザーを「類似ユーザー」としてセグメントすることができる。

Method
084 広告のA/Bテストを行う際の事前のテスト設計を理解する

POINT
- ランディングページを複数のセクションで分割する
- ユーザーの興味・関心を図る
- 評価の指標を決める

広告のA/Bテストを行うまでの流れ

A/Bテストを実施するまでの流れは以下のようになります 図01。A/Bテストを実施する際には、テスト設計をしっかり行っておかないと、効果的な検証結果は導き出せません。テスト結果のデータを見てどう判断してよいのか迷ってしまったり、次の手を考える際に施策を間違って設定してしまったりなど、**効果改善どころか逆に効果が悪化することも想定されます**。

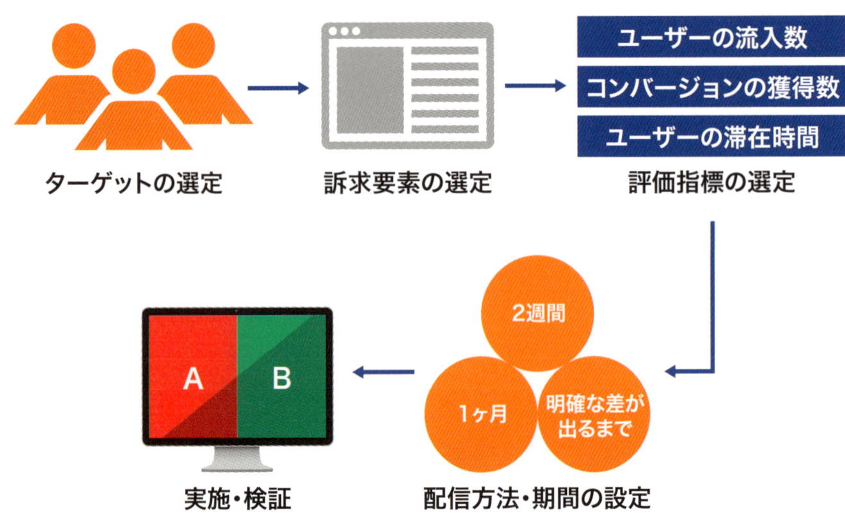

図01 広告のA/Bテストを行うまでの流れ
ターゲット、変更要素、評価指標の選定を行ったら、配信方法と期間を決めてテストを実施し、その結果を検証します。

ターゲット選定

A/Bテストはターゲット設定が曖昧なままでも実施できますが、**比較の結果から詳細な仮説立て・検証をするためには、ターゲットの設定がとても重要になります**。性別や年齢、リピーターなのか新規なのか、これらの条件によって効果的な訴求内容はまったく異なるはずです。このようにセグメントを切り分けて、リピーターにはAパターンの訴求、新規のユーザーにはBパターンの訴求、というように、ターゲットごとに検証を進めていくことが全体の効果改善につながっていきます。

訴求要素の選定

選定したターゲットに対し、**どの訴求要素が効果的かをイメージし、仮説を立てます**。たとえば、ECサイトなどですでに商品を購入したことのあるユーザーを囲い込むための訴求であれば、「新商品」の訴求や、「まとめ買いがお得」といった追加の商品購入を促す訴求がよいでしょう。まだ一度も商品を購入したことがないユーザーであれば、「初回限定割引」など、まずは初回の購入を促しましょう。

評価指標の選定

ターゲットと訴求要素が決まったら、次にそのA/Bテストをどのように評価するのかを考えます。このステップを飛ばしてしまうと、テスト結果に対して担当者間で意見が一致せず、評価が迷走してしまうことがあります。評価指標はあらかじめ決めておきましょう 図02。

たとえば、**潜在層に向けた認知の拡大を目的としている場合、クリエイティブの効果は「どれだけのユーザーを効率的にサイトへ流入させたか」が評価となります**。この場合に獲得数を評価指標としてしまうと、目的に対して正しい検証ができなくなってしまいます。

ターゲット	配信手法・キーワード例	訴求要素	指標
顕在層 顧客	ブランドキーワード	A：まとめ買い 訴求 B：会員限定セール 訴求	購入点数
顕在層 一般	一般キーワード × 購入・比較	A：初回限定 おまけ 訴求 B：どこよりも安い 訴求	購入者数 (ユニークユーザー)
潜在層 一般	ビッグワード	A：初回限定 おまけ 訴求 B：どこよりも安い 訴求	クリック率
潜在層 非認知	ディスプレイ広告 オーディエンス拡張	A：有名人起用バナー B：フリー素材バナー	クリック数・ クリック率

図02 ターゲット配信手法・キーワード例・訴求要素・指標とユーザー心理
ターゲットの状態別に、何を評価指標とするのか、あらかじめ決めておくことが大切です。

Method
085 広告のA/Bテストを行う際の実施方法とPDCAサイクルを理解する

POINT

- ☑ 適切な媒体と配信方法、検証期間を定める
- ☑ A/Bテストの結果から仮説を立てる
- ☑ 仮説検証を繰り返すことで広告の効果を高める

テスト要件の設定・配信方法と期間

「A/Bテストをどのターゲットに対して行うのか」、「どの訴求要素を比較するのか」、そして「どのように評価するのか」が決まったら、実際にどのようにテストを実施するのかを決めていきましょう。

配信方法を決める場合は、配信媒体と配信量・期間を決める必要があります。媒体の選択時には、「設定したターゲットに配信することはできるのか」、「どのくらいの予算をかけてどのくらいのユーザーに配信できるのか」、「どのくらいの効果が見込めるのか」など、一般的な試算をもとに媒体を評価して判断することも大切です。そして検証期間もしくは検証に必要な配信量をあらかじめ決めておきましょう 図01。

この際、設定したターゲットに本当にリーチできるのかは、広告の運用担当者に相談してみましょう。Web担当者や制作担当者のみでターゲットを選定した場合、Web広告の媒体側でセグメントできるターゲットとずれていたり、セグメントが細かすぎて配信量が極端に少なくなってしまい検証できなかったりするケースもあります。この段階ではターゲット設定に関するマーケティング知識のほかに、Web媒体上でどのような広告配信ができるのかという知識が、あわせて必要になります。

ターゲット	訴求要素	指標
顕在層一般	A：初回限定　おまけ　訴求 B：どこよりも安い　訴求	購入者数 (ユニークユーザー)

訴求A：30件　訴求B：50件

図01 **検証結果**
商品を比較・検討しているユーザーに対しては、初回購入限定の訴求よりも、他社と比較した際の価格優位性を訴求したほうが効果があることがわかります。

A/Bテストは一回で終わりではありません。ユーザーのニーズの変化や競合他社の広告出稿状況などは、日々変化しています。そのため、**一度テストが終わったら、新たな仮説を立てて次の検証要素を追加するという、継続的な実施が必要になります**。

A/BテストによるPDCAサイクル

広告をA/BテストしてPDCAサイクルを継続的にまわすことで、最善の効果をもたらす広告を導き出すことができます 図02。

たとえば「リンゴ 通販」というキーワードで見た場合は、「通販」という掛け合わせのキーワードから購入したいというユーザーのニーズが見て取れますが、実際の配信ではビッグワードと呼ばれるキーワードからの流入が多くあります。「リンゴ」というキーワードからも多くのユーザーが流入してくるでしょう。しかし「リンゴ」というキーワードだけでは、リンゴに興味があることはわかっても、「リンゴをどうしたいのか」というニーズを読み取ることはできません。そのため、仮説を立てて検証していく必要があります。

リンゴに興味のあるターゲットに対しては、**「産地直送」という質の訴求が求められているのか、もしくは「送料無料」というサービス内容の訴求が求められているのか、といったように仮説を立てて訴求要素を比較**していきます。この結果、「産地直送」という質の訴求要素が効果がよかったとすれば、「リンゴに興味のあるユーザーは、お得度よりもリンゴの品質に関心が高い」という仮説が実証されます。そしてそこから、新たに「糖度が高い」や「大きいサイズ」など品質に関する別の訴求軸を導き出すことができます。

用語
ビッグワード
検索エンジンでよく検索されているキーワード。反対に、あまり検索されないキーワードのことをスモールワードという。

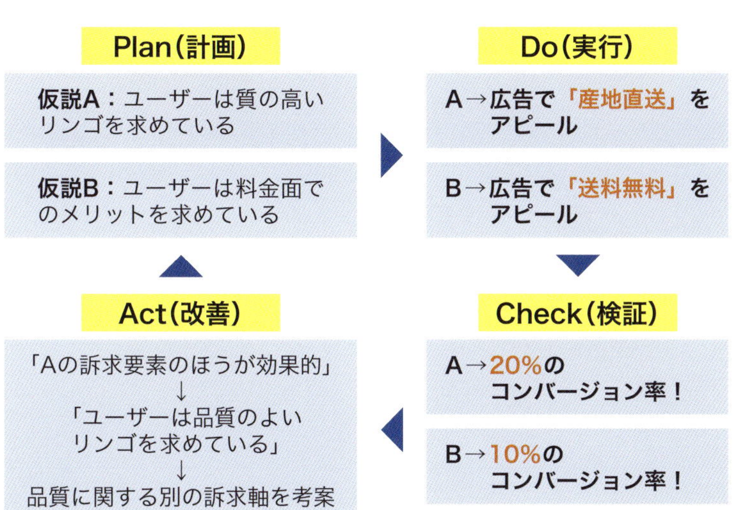

図02「リンゴ」を例に挙げたPCDAサイクル
訴求内容の仮説を立てたら、仮説に沿った広告を配信して検証することで、広告の効果を高めていくことができます。

Method 086 より高度なテスト手法を理解する

POINT

- 多腕バンディットテスト・多変量テストとは
- 多腕バンディットテスト・多変量テストのメリット・デメリットを理解する
- A/Bテストの結果から判断に迷った場合の対処を覚えておく

Google AdWordsの多腕バンディットテスト

今まで解説してきたA/Bテストには、問題点もあります。それは、AパターンとBパターンで効果に優劣があった場合、効果の低いほうを配信し続けることで機会損失が発生してしまうことです。その機会損失を最小限にするのが、「多腕バンディットテスト」です。多腕バンディット（multi-armed bandit）という言葉は、スロットマシンのプレーヤーが、当りの出ているマシンをプレイしながら、より当たる確率の高いマシンを求めて複数のマシンのレバーを引く様子になぞらえたものです。

広告やランディングページのA/Bテストにおける多腕バンディットテストとは、もっとも利益の大きい選択肢の特定を目標とするもので、複数の比較対象に対して少しずつ予算を振り分けながら効果のよいものを見つけるアルゴリズムのことを指します。**テスト期間中でも成果を得ているパターンに予算が多く渡るよう調整されるため、機会損失を最小限にしながらもっとも優良なパターンを特定することができます** 図01。

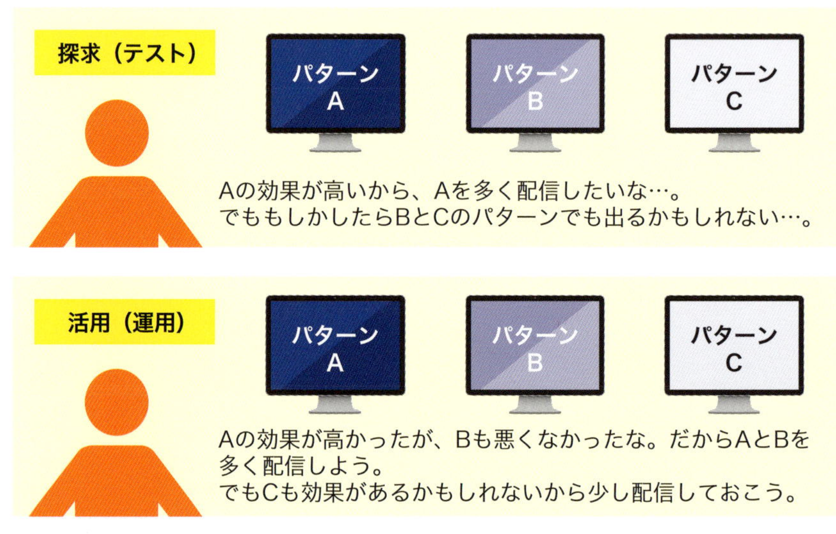

図01 **多腕バンディットテストの仕組み**
A/Bテストを継続しながら、成果の大きいパターンに予算を多く配分するため、機会損失を最小限に抑えることができます。

Google AdWords ではこの多腕バンディットが導入されていて、広告の A/B テストをしながらでも最適化を進めることができるようになっています。また、Google アナリティクスを用いた検証でも多腕バンディットテストを設定することができます。

> **MEMO**
> Google AdWordsでは、広告のローテーションの設定を「最適化：掲載結果が最も良好な広告が優先的に表示されます」などにする場合に、多腕バンディットテストを行います。

多腕バンディットテストが効果的なケース

多腕バンディットテストでは、比較対象のうち、効果が出ているほうに予算を振り分けていきます。そのため、**比較する要素に明確な差がある場合は、A/B テストよりもテスト期間中の成果の逸失が小さくなります** 図02。

しかし、要素の違いが小さい場合には、テスト結果にも明確な差を出すことができません。こうした場合は、広告の訴求パターンを大胆に変えてみるなどの対処法が必要になります。

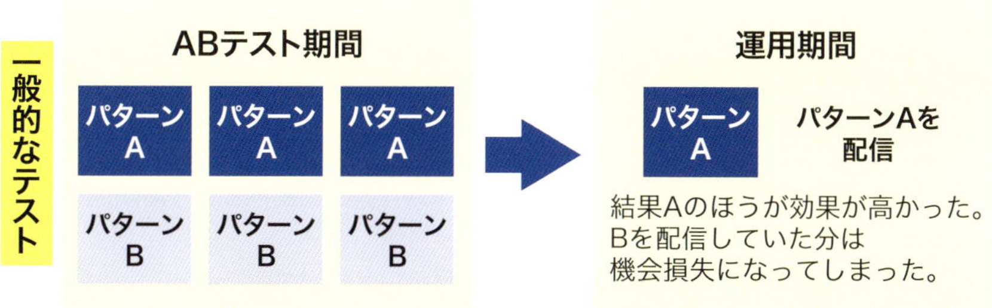

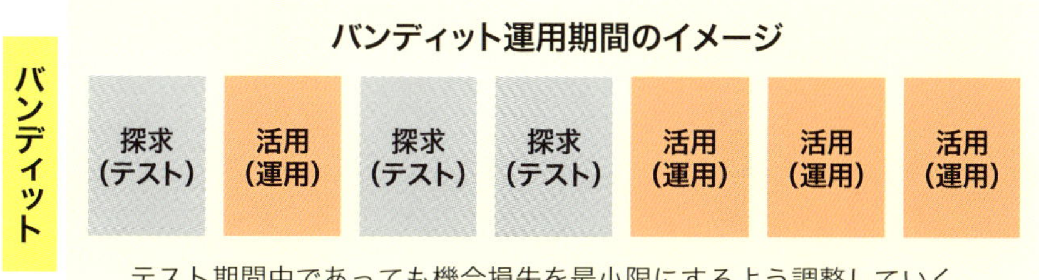

図02 多腕バンディットテストが有効なケース
要素の差が少ない場合は、偶発的な差によって予算配分が左右されてしまうこともあります。

多変量テストとは

A/B テストと似たような言葉で、「多変量テスト」というものがあります。多変量テストは近年、ビッグデータの活用法が模索される中、急速にニーズが高まっている分野でもあります。

A/B テストでは2パターンの比較になりますが、多変量テストは比較する要素が多く、また、その要素間の関係性についても考慮して分析する手法になります。**多変**

量テストではどのパターンのどの要素が効果に結び付いてるのかを分析できるため、A/B テストよりも多くの情報を得ることができます 図03。

広告文	画像	背景	位置
安い！	商品	白	上部
増量！	人物	ピンク	中央
送料無料！	アウトドア	黒	下部

「白」×「安い！」　「白」×「増量！」　「白」×「送料無料！」

ほかにも「ピンク」×「安い！」、「ピンク」×「増量！」、
「ピンク」×「送料無料！」…など

図03 各要素をすべて掛け合わせて全パターンを作る
表内の要素をすべて掛け合わせてパターンを作り検証します。要素が多いほど、検証が複雑になります。

多変量テストでは、分解した要素を数パターン作成し、それぞれの組み合わせを作って比較します。たとえばバナー広告の場合、広告文（パターン A、パターン B)、テキストの色（白抜き、黒、黄色など)、画像（人物の性別や年齢層など)、背景、広告文の位置（上部、下部）などの要素になります。**比較要素が多くなるほど組み合わせも多くなるため、テスト設計の際には検証に十分なトラフィック量が必要になる**点に注意しましょう。

多変量テストは、ランディングページの検証にもよく使われます。多変量テストは A/B テストよりも解析方法が複雑になるため、実施の際には MA ツールや LPO ツールなどの多変量解析の機能を持っているツールの導入もあわせて検討しましょう。

用語
トラフィック
Web 上でやりとりされる情報量のこと。広告の場合、トラフィック量を上げるためには、入札単価を引き上げて広告を上位掲載したり、ターゲティングセグメントを拡張したりする施策を立てる。

A/Bテストの勝敗判定で迷ったら

A/B テストの結果を見て、勝敗の判定が難しい場合は以下の対処を行いましょう。

勝敗判定が難しい場合の対処

① 総合的なコンバージョン率以外に、セグメントごとのコンバージョン率をチェックする
② 変化がわからない場合は、流入数を増やすために検証期間を延ばして様子を見る

PART 5
実装・最適化のポイント

087　コードを見やすくして改善をスムーズにする
088　CSSの記述と画像の順序を整理する
089　命名規則を設けて統一性を保つ
090　ソースコードはツールを使うと自動インデントできる
091　画像ファイルはツールを使って軽くする
092　ブラウザやディスプレイへの対応方法を決める
093　見落としやすいポイントと品質チェック項目のリスト化
094　長期運用を見据えて改修を前提にコーディングを行う
095　アニメーションの必要性の有無はユーザー目線で評価する
096　古いInternet Explorerからのアクセスへの対応を決める
097　HTMLテキストにした際のタイポグラフィ処理を押さえる
098　HTMLテキストはOS・デバイスにより表示が変わる
099　マイクロコンバージョンを設定して最適化の粒度を細かくする
100　複数の広告を組み合わせた際の評価方法を理解する

Method
087
変更に強いコーディング設計①
コードを見やすくして改善をスムーズにする

POINT

- 整理整頓ができているコードは改善運用がスムーズになる
- コメントアウトとインデントを最大限活用して見やすいコードにする
- 丁寧な記述は手間だが、それに見合うだけのメリットを得られる

見やすく、改修しやすいようにコードを設計する

ランディングページは改修を何度も行い、効果が最大化されるように“育てていく”ものです。最初のリリースの段階でわかりやすいコードになっていれば、A/Bテスト後の改善作業もスムーズに行えます。発注側の視点で見ても、煩雑なコードは時間の浪費につながるため、品質チェックの際には確認しておきたいポイントです。

①セクションを細かく区切ってコーディングする

ランディングページの改修で頻繁に発生するのが、セクションの入れ替えです。ヒートマップ分析によって、コンテンツの入れ替え作業が発生した場合、**セクションが細かく区切られていたほうが、改修作業が行いやすくなります** 図01。

図01 セクション別のコーディングのイメージ
セクションが細かく区切ってあると、コーディングの編集が行いやすくなります。

②コメントアウトを有効活用する

セクションを細かく区切ったあと、**HTMLに「どのセクションのコードなのか」を示すコメントアウトを記述します**。コメントアウト内の文字列は、ブラウザによっては無視されるため、コードの説明文を書く上でなくてはならないものです。図02では、セクションの閉じタグのあとにコメントを記述しています。記述箇所に厳密なルールはありません。各々が管理しやすい箇所に記述するのがよいでしょう。

```
<nav id="global_nav">
    <div class="inner">
        <div id="nav_logo" class="nav_logo"><a href="/">
        <ul class="clearfix">
            <li><a href="#about">What's SEGMENT</a></li>
            <li><a href="#case">CASE STUDY</a></li>
            <li><a href="#solution">SOLUTION</a></li>
            <li><a href="#backup">BACK UP</a></li>
            <li><a href="#project">PROJECT TEAM</a></li>
        </ul>
        <a href="/form/"><p class="nav_contact">CONTACT</
    </div>
</nav><!-- #global_nav -->
```

図02 コメントアウトの活用例
セクションの閉じタグのあとにコメントを記述しています。

CSS も、セクションごとにブロックを分け、コメントで区切って管理・記述することで、あとで編集する際に効率よく作業を行うことができます 図03。ランディングページの改修では、セクションを丸ごと削除することもあります。その際に、不要なセレクタをまとめて削除することができ、作業時間を節約できます。

```
style.css
@charset "utf-8";

/*
    common style

.common-ttl { margin: 0 0 8px; color: #c49158; font-size: 108px; text-
.common-lead { margin: 0 0 25px; font-size: 25px; font-weight: bold; t
.common-deco { margin: 0 0 52px; text-align: center; }

/*
    .hero style

.hero .hero-bg { height: 1600px; padding: 70px 0 0; background: url(..
.hero .hero-logo { width: 155px; margin: 0 auto 52px; }
.hero h1 { margin: 0 0 15px; font-size: 86px; text-align: center; line
.hero .lead { font-size: 22px; font-weight: bold; text-align: center;
.hero h2 { margin: 0 0 82px; font-size: 90px; text-align: center; }
.hero .middle-block { position: relative; margin: 0 0 60px; }
.hero .middle-block .left-side { margin-left: -172px; }
```

図03 セクション別のコーディング(CSS)
CSS でもセクション別にコーディングすることで、今後の編集が行いやすくなります。

改善・運用のプロジェクトが長期に渡る場合、1人の技術者が制作から改善まですべてを行うケースもありますが、複数人の技術者が改善に関わるケースも多々あります。そのことから、**第三者が見ても読みやすく改善しやすいコードにする必要があるため、コメントは必須だといえます**。一つひとつ丁寧にコメントを記述することは、手間がかかるため敬遠されがちですが、ランディングページの場合、その手間に見合うだけのメリットを得られます。

③インデントを有効活用する

どの言語においても、コードの入れ子構造を明確にしておきましょう。一般的には、半角スペースを2つまたは4つ分のインデントを作成します 図04。半角スペースはtab 文字で置き換えることもあります。**インデントを利用すると、コードの階層構造を把握しながら作業でき、処理のブロックがひと目でわかります**。

```
ValidationClass.prototype.submit = function() {

    var self = this;

    $(self.targetID).submit(function(e){

        var hasError = false;
        var firstErrorPosition = 0;

```

図04 インデントの活用例
インデントにより、コードの階層構造を把握しながら作業できます。

用語
セレクタ
CSSを適用させたいHTML要素を指定するための条件式。たとえば、.hero { color:fff; }であれば、「.hero」がセレクタで、heroというclassのHTML要素にCSSを適用することになる。

Method
088 変更に強いコーディング設計②
CSSの記述と画像の順序を整理する

POINT

- CSSの改善は頻繁に発生するため、整理整頓を心掛ける
- 可読性を高めるため、子孫セレクタの階層を深くしないように意識する
- 画像の命名規則を知り、編集・削除がしやすい環境を作る

用語

Sass

CSSを便利に、そして効率的に記述するための言語。CSSをプログラムのように記述できるのが特徴で、変数や演算などが使用できる。昨今のフロントエンドでは、頻繁に用いられる。

CSSの階層を深くすると改善しにくくなる

CSSのコーディングで多用される「子孫セレクタ」は、たとえば「header要素内のlogo」など、子孫関係を利用してCSSを適用するためのセレクタです。これを利用するとHTMLにスタイル用の記述を追記する必要が減るため、HTMLを簡潔な状態に保てます 図01。しかし子孫セレクタへの依存には、表示速度の低下を招くだけでなく、改善しやすさも損ねてしまうというデメリットがあります。また、コーディングにSassを使用している場合は、かんたんに子孫セレクタを作ることが可能なため、とくに気を付ける必要があります。

```
header .content-inner .content-box .logo span p { font-size: 12px; }
#hero .bg-style .content-inner .main-ttl-block h1 span { color: #fff; }
```

図01 長い子孫セレクタの使用例
親子（子孫）関係のセクレタを指定して記述すれば、HTMLは簡潔な状態を保てます。

子孫セレクタには、「使用しないとHTMLが煩雑になるが、過度に使うと表示速度の低下を招き、CSSが煩雑になる」というジレンマがあります。しかし、**子孫セレクタを多くて3階層まで、可能であれば2階層で組むように工夫**すれば、このジレンマを解消できます 図02。

子孫セレクタの階層が浅くなると、コードの可読性がぐっと高まります。ランディングページの改善運用はコードが少ないほど行いやすくなりますので、このようなルールを事前に定めておくことをおすすめします。

```
/*
 * 2階層の例
 */
header .logo { font-size: 12px; }
#faq .content-box { background: #fff; }

/*
 * 3階層の例
 */
footer .list .txt { font-weight: bold; }
.cta .tel .txt { line-height: 1.8; }
```

図02 2階層と3階層の子孫セレクタ
子孫セレクタを2階層・3階層にすることで、CSSファイルがすっきりします。

CSSのプロパティの順番を整理する

プロパティの数も増えれば増えるほど可読性が低くなり、どこに何が書かれているのかがわかりづらくなってしまいます。そこで、**プロパティの順番を統一すると、CSSの改修が容易になります**。CSSのプロパティは「display」や「postion」、「float」などの表示やレイアウトに関わるもの、「width」、「height」、「margin」、「border」などのボックスに関するもの、「font-weight」や「line-height」のようにフォントに関わるものと、いくつかのカテゴリーに分けることができます 図03。

```
header .logo {
    display: block;
    position: absolute;
    top: 0;
    left: 20px;
    float: none;
    width: 230px;
    margin: 8px 0 4px 20px;
    border: 2px solid #fff;
    color: #fff;
    font-size: 18px;
    letter-spacing: .5px;
}
```

表示・レイアウト
ボックス
フォント

図03 プロパティの順番を統一する
プロパティをカテゴリーごとに分け、順番を統一しておくことで、完成後の改修だけでなく、コーディング段階での効率化も図れます。

TIPS
CSSのプロパティの順番は、あくまで一例であり、絶対的なルールではありません。フォントに関する変更が多いようであれば、フォントのグループを前に持ってきても問題ありません。編集しやすい順番を見つけましょう。

画像のファイル名にもルールを作る

たとえば、ランディングページに使用している画像を上から順に「1.png」、「2.jpg」というように、番号で命名したとします 図04。すると、特定の画像を編集または削除したくなった際に、ファイル名から中身を想定できないため、探すのに手間がかかってしまいます。また、この中の1つの画像が削除されると番号の関係性が崩れてしまうため、**セクションと親子関係を示す命名方法がおすすめです**。

たとえば、リンゴを販促するためのランディングページに使われているヘッダーのロゴを命名する場合は、「apple_header_logo.svg」となります。ランディングページの名前がない場合は、「セクション＋役割」だけでも十分です。セクションと親子関係が明確になっているため、画像のサムネイルを確認しなくても、何の画像かを特定することができます 図05。ランディングページの改修作業は画像の上書きや削除・修正も多くなるため、このような細かい整理整頓が欠かせません。

MEMO
ファイルをアルファベット順に並べておけば、セクションごとに画像が整頓されます。

1.jpg
2.png
3.png
4.png
5.png
6.png
7.png
8.png
9.png
10.png
11.png
12.png
13.png
14.png
15.png
16.png

図04 番号をファイル名にした例
一見わかりやすそうですが、1つでも画像が不要になると関係が崩れてしまいます。

図05 親子関係がわかるファイル名
要素を親、詳細を子とすれば、関係性がわかりやすくなります。

Method
089 変更に強いコーディング設計③ 命名規則を設けて統一性を保つ

POINT

- 命名規則はコードの改善しやすさに大きな影響を与える
- キャメルケースかスネークケースかをプロジェクトごとに統一する
- どの要素に対してどのような名前を付けるかをパターン化しておく

可読性・判読性の高い命名規則を定める

改善をスムーズに進めるためには、コードの命名規則を定めることも大切になります。HTMLではIDとclass名を、JavaScriptでは変数名、関数名、引数名、メソッド名を定義しますが、これらの名前ががわかりにくいと、改善の際に余計な時間がかかってしまいます。

命名規則は一般に思われている以上に蔑ろにできず、**ルールが徹底されたコードとそうでないコードとでは、運用のしやすさに大きな違いが生まれます**。ここでは、ランディングページ制作向けに必要な命名規則とポイントを見てみましょう。

キャメルケースとスネークケース

どの言語を利用するにしても、プロジェクトごとにキャメルケースで命名するのか、スネークケースで命名するのかを決めます 図01。

キャメルケースとは、単語間のスペースを詰めて次の文字を大文字でつなげる表現方法です。たとえばHTMLのclassに「landing page」というclass名を付けるときに、「landing」と「page」に半角スペースが入ってしまうと、これらは別のclassとして扱われてしまいます。そこでキャメルケースでは、「landingPage」と記述します。

スネークケースでは「landing_page」となり、半角スペースをアンダーバー（_）に変えます。もちろん、アンダーバー（_）はハイフン（-）に置き換えても問題ありません。**どちらの書き方を採用しても問題はありませんが、この2つを同時に使うと、統一感のない見た目のコードになってしまいます。**

```
<div class="landingPage"> ……… キャメルケース
<div class="landing_page"> ……… スネークケース
```

図01 **キャメルケースとスネークケースの命名例**
命名はキャメルケースとスネークケースのどちらかに統一しましょう。

class名は要素の役割で付ける

ランディングページのコーディングでは、**class名には要素の役割をコンパクトにまとめて命名する**ルールがおすすめです。コードの構造や変更したい箇所が誰にでもわかりやすくなります 図02。

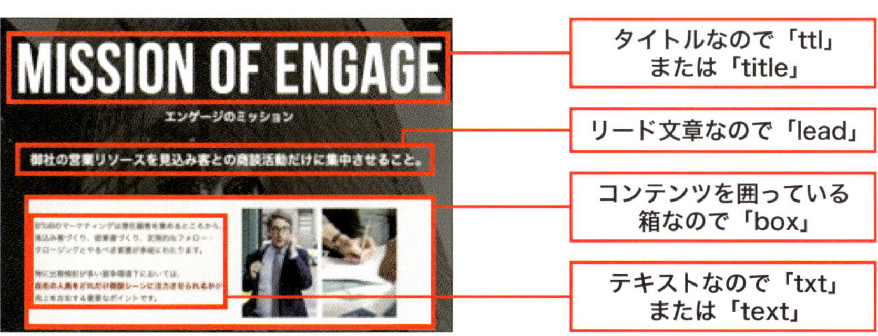

MISSION OF ENGAGE
エンゲージのミッション
御社の営業リソースを見込み客との商談活動だけに集中させること。
タイトルなので「ttl」または「title」
リード文章なので「lead」
コンテンツを囲っている箱なので「box」
テキストなので「txt」または「text」

図02 要素ごとの命名例
要素の名前は、長くなりすぎないようにするのがコツです。このほかにも、ul タグには「list」、li タグには「item」と class 名を付けることも定番だといえるでしょう。

ランディングページでは定番のセクションが多いので、あらかじめリストアップしておくと、制作時の作業もスムーズに進みます。図03 に主な要素をまとめたチートシートを掲載するので、参考にしてみてください。あくまで一例なので、使いやすいようにパターン化しておくとよいでしょう。

MEMO
命名の仕方は、技術者によって多種多様です。コーディングを担当しているのであれば、日頃からさまざまな Web サイトのソースを見て、参考にすることをおすすめします。「こんな命名の仕方があるんだ」と、面白い発見をすることができますし、自分の中の引き出しを増やしておくことにもつながります。

コンテンツ全体を囲う div	wrapper または container
div の中に挿入した div	inner または content-inner
セクションの中で領域を決める	region または content
コンバージョンエリア	cta-block
小さいコンテンツを囲う div	box または holder
box 内に div を挿入する場合	box-inner または holder-inner
パンくずリスト	breadcrumb
よくある質問	faq
背景画像を設定する div	bg または background

ul タグ	list
li タグ	item
数字を囲うタグ	num または number
注釈などの細かい文字	note
写真、画像	img または photo
画像で書き出したフォント	img-txt
section タグ	そのセクションの役割、たとえばサービスの特徴なら feature、お客様の声なら voice、case などが定番
ロゴ画像を囲うタグ	logo ヘッダー部分であれば header_logo
キャッチフレーズ	catch

図03 定番の命名方法の一例
要素の名前はパターン化させておくとよいでしょう。

Method
090

変更に強いコーディング設計④
ソースコードはツールを使うと自動インデントできる

POINT

- ✔ 整理されていないコードは整形して修正しやすくする
- ✔ 開発者用テキストエディタで既存のコードを綺麗に整える
- ✔ 無料で使用できるBracketsを使ってコードの整形をしてみる

既存のランディングページのコードを綺麗にする

運用時に見出しの文言などを少し変えてテストを行う際に、煩雑なソースコードだと変更したい箇所がわかりづらくなります。長く運用することを見越したランディングページならば、最初から改善作業を考慮してソースコードを見やすい形で記述しているでしょう。ですが、すでに完成しているコードが煩雑な状態になっている場合は、手動で整理しようとすると大変な労力がかかります。

コードを整理して可読性を上げることを「整形」と呼びますが、**開発者用のテキストエディタには、コードの自動整形機能を持つものが存在します**。これらを利用することで見づらいコードを綺麗に整形でき、文言の変更箇所もわかりやすくなります。

ここでは、無料で使用できる高機能エディタ「Brackets」を使用したコードの整形方法を紹介します。

Bracketsを使ってかんたんに整形する

「Brackets」は、Photoshop や Illustrator などで有名なアドビシステムズがリリースしている、オープンソースソフトウェアです。**自分の好みに合わせてプラグインなどで機能を拡張できる**点が特徴で、おすすめのエディタの1つです。図01 のページからダウンロードしてインストールしましょう。

用語
プラグイン(拡張機能)
ユーザーが好みに応じて、機能を追加することができる仕組みのこと。テキストエディタであれば、ソースの圧縮、構文チェック、タグの補助入力などの機能がプラグインで追加できる。

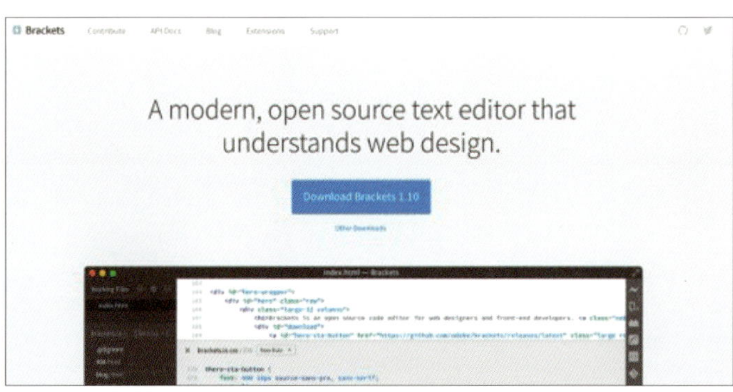

図01 Brackets
http://brackets.io/

Beautifyを追加する

Bracketsは、「Beautify」というプラグインを追加することで、コードの整形機能を使用できるようになります。Beautifyのインストール方法は以下の通りです 図02。

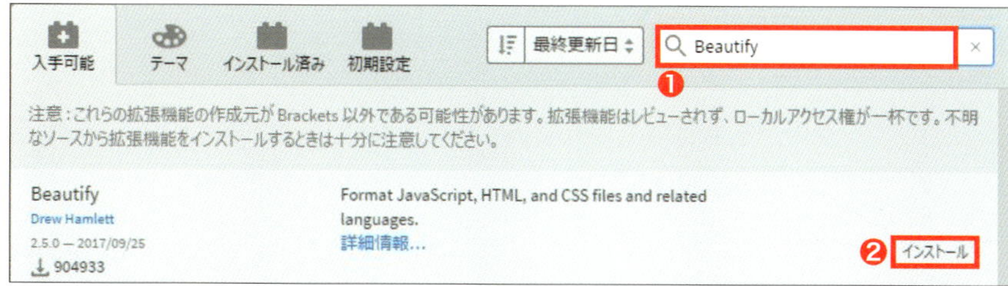

図02 Beautifyのインストール方法
[ファイル → 拡張機能マネージャー]を選択し、❶表示される検索ボックスに「Beautify」と入力すると、自動で検索が始まります。❷検索結果に「Beautify」が出てくるので、「インストール」を選択します。

HTMLを整形してみる

ここではインストールしたBeautifyを使って、階層構造が見づらいHTMLの整形方法を解説します 図03、図04。

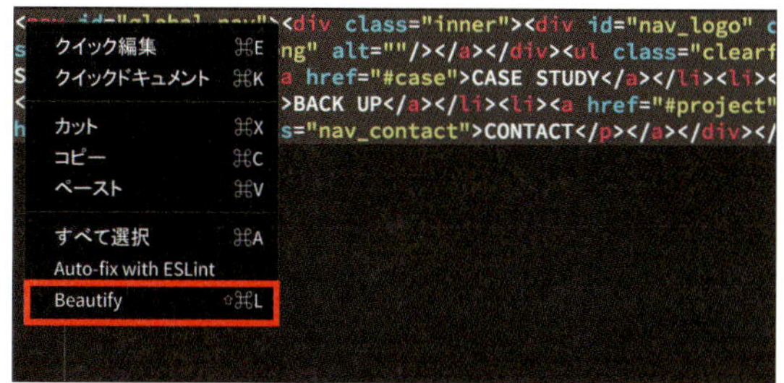

図03 手順①
整形したい箇所をマウスで選択して右クリックし、「Beautify」を選択します。

```
nav id="global_nav">
    <div class="inner">
        <div id="nav_logo" class="nav_logo">
            <a href="/"><img src="/img/nav_img01.png" alt="" /></a>
        </div>
        <ul class="clearfix">
            <li><a href="#about">What's SEGMENT</a></li>
            <li><a href="#case">CASE STUDY</a></li>
            <li><a href="#solution">SOLUTION</a></li>
            <li><a href="#backup">BACK UP</a></li>
            <li><a href="#project">PROJECT TEAM</a></li>
        </ul>
        <a href="/form/">
            <p class="nav_contact">CONTACT</p>
        </a>
    </div>
/nav>
```

図04 手順②
一瞬にしてインデントが作成され、階層構造がわかりやすくなりました。

なお、**BeautifyはHTMLだけでなく、多くの言語で整形を行えます**。もちろん、インデントが増えるほどファイル容量は増加しますが、画像ファイルに比べると非常に微々たるものであるため、積極的に利用するとよいでしょう。

MEMO
GitHubが開発したオープンソース「Atom」も、非常にオススメなエディタの1つです。数多くあるエディタの中から、自分に合った1つを見つけてみてください。

Method
091 画像ファイルはツールを使って軽くする

POINT

- ☑ ランディングページの容量は重くなりやすい
- ☑ 画像の形式と特徴を知り、適切な圧縮方法を知る
- ☑ Webアプリを使うことで、かんたんにファイル容量を圧縮できる

大容量になるランディングページ

ランディングページの表示が遅くなる主な要因は、画像のファイルサイズです。とくに何も対策を施していないと、1ページの容量が4MBを超えることもよくあります。派手なデザインになるほど、あるいはランディングページが長くなるほど、多くの画像を掲載することになり、結果的にファイル容量の増加につながります。

ランディングページは広告ページである以上、**綺麗な見た目を保ちつつも、ユーザーに必要な情報をすばやく届けなければなりません**。表示速度を向上させるために、ここでは画像ファイルの容量を軽量化する方法を解説します。

画像の書き出し形式を確認する

まず最初に確認したいのは、使われている画像の形式が適切かどうかです。よく使用される画像の形式は、「PNG」、「JPEG」、「GIF」の3種類です 図01。

PNGは背景を透過することができ、色数が少ない平坦な画像であれば、容量が軽くなります。反面、写真などの色数が多い画像では、容量が一気に増加します。**商品や人物の背景を切り抜いて使用したい場合を除き、写真にはJPEG形式を使用するのがおすすめです**。

JPEGは、写真の保存によく使われる形式です。色数の多い画像でも、PNGのように容量が増えません。背景を透明にして書き出すことができない点と、一度圧縮してしまうともとに戻せない「非可逆圧縮」である点がデメリットです。また、**圧縮率を高くすると画質の劣化が激しくなる**ので、制作会社への素材の受け渡しの場合は圧縮率を低めに設定しておきましょう。

GIFは、PNGと同様に背景を透過して書き出すことができる形式です。ただし、色数が最大256色までに限定されているため、写真で使用すると粗が目立ってしまいます。GIFから256色の制限をなくしたものがPNGです。また、GIFは**パラパラ漫画のような手法でアニメーションが作れる**ため、動きをつける用途で使用されることも多い形式です。

ファイル形式	背景の透過	色数とファイル容量の関係
PNG	○	色数が多い画像だと極端に重くなる
JPEG	×	色数の多い画像でも重くなりにくい
GIF	○	色の数が最大256色まででアニメーション向き

図01 画像のファイル形式と特徴の比較
画像が適切な形式で書き出されているかどうかを確認し、修正することがファイル容量圧縮の第一歩です。適切な形式に画像を書き出すだけで、全体の容量の半分を削れることもあります。

Webサービスを使って圧縮する

画像の容量をさらに軽くするためには、画像サイズの軽量化も行います。これはWebサービスやアプリケーションを使用することでかんたんに行えます。ここではインストール不要で初心者でもブラウザからすぐに使えるWebサービスを紹介します。

MEMO
画像圧縮アプリには、パソコンなどの端末にインストールして使用するもの、ブラウザ上で使用するもの、「gulp-imagemin」のようにエンジニアがタスクランナーで使用するものと多岐に渡ります。

①PageSpeed Insights

「PageSpeed Insights」図02 は、URLを入力したページのパフォーマンス（読み込み速度）の計測を行うツールですが、**計測後に最適化したファイルのダウンロードもできます**。

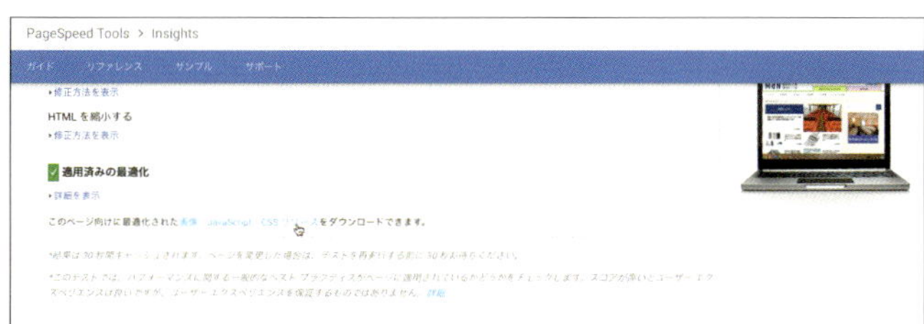

図02 PageSpeed Insights
https://developers.google.com/speed/pagespeed/insights/?hl=ja

②TinyPNG

「TinyPNG」図03 は、**画像をドラッグ&ドロップで圧縮でき、画像の圧縮率が非常に高い**のが特徴です。PNG形式とJPEG形式の両方に対応しています。

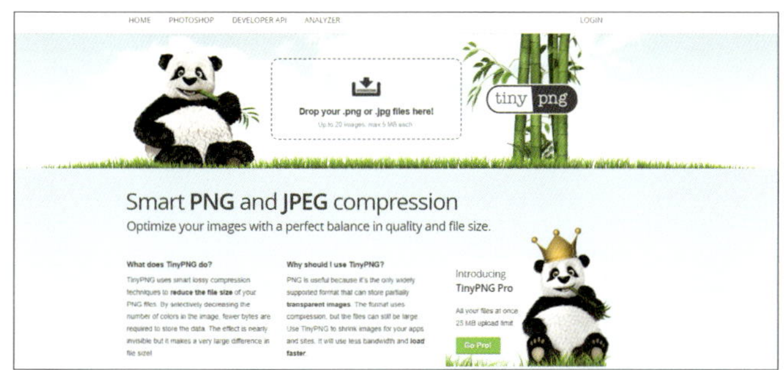

図03 TinyPNG
https://tinypng.com/

Method
092 ブラウザやディスプレイへの対応方法を決める

POINT

- コーダーでなくてもブラウザ対応について知る必要がある
- ブラウザごとに表示と動作をどこまで保証するかを決める
- 高画質ディスプレイの普及を考えた最適化を行う

ブラウザ対応状況を確認する

現状のランディングページを最適化するにあたり、自社ページのブラウザ・OS対応状況を、大まかでもよいので把握しておく必要があります。ユーザーのパソコン環境は多種多様なため、自分が使っているパソコンでの状況を信用してはいけません。「最新のブラウザではフォームも正常に動作し表示も問題ないが、古いバージョンのブラウザになるとフォームが正しく動作しない」といった事態や、「Macでは綺麗に表示できていても、Windowsでは印象がまったく違う」といった事態もあります。**ユーザーが違和感を覚えるほどの表示崩れが発生すると、コンバージョンはゼロになります**。CPCが高いほどその被害は大きいため、対策が必要です。

ブラウザの追加対応には、コストがかかってしまう場合があります。Googleアナリティクスを参考にターゲット層の使用デバイスなども考慮して、あらかじめ対応範囲を決めておきましょう。検証用の閲覧デバイスもひと通り揃えておくと安心です。

用語
CPC
「クリック単価」を指し、広告が1クリックされるたびに発生する広告費のこと。

最低限対応すべき範囲をルール付ける

まずはプロジェクトごとに、**どこまでの範囲の表示と動作に対応するかを明確にしておきましょう**。ただし、具体的にどう設定するかは難しいところなので、ここで1つの具体例と目安を紹介します 図01、図02。

MEMO
Internet Explorerの対応バージョンは、2017年12月時点でのMicrosoftのサポート対象バージョンを例にしています。

①パソコン

	Windows	Mac
Google Chrome	最新	最新
Firefox	最新	最新
Safari	対応なし	最新
Internet Explorer	10～最新	対応なし
Microsoft Edge	最新	対応なし

図01 ブラウザごとの対応範囲の目安（パソコン）
各デバイスで対応していないブラウザは、品質チェックの必要がありません。

②スマートフォン、タブレット

	iOS	Android
Google Chrome	最新	最新
Firefox	最新	最新
Safari	最新	対応なし

図02 ブラウザごとの対応範囲の目安（スマートフォン、タブレット）
Android では Safari に対応していないため、Android での品質チェックは Google Chrome と Firefox のみで問題ないでしょう。

もちろん、ここで挙げた以外のブラウザも存在しますが、ユーザー数が非常に少数であり、対応コストが上がってしまうため、切り捨ててしまっても問題はないでしょう。このような表を準備しておけば、発注側と制作会社のコミュニケーションも円滑になります。

MEMO
プロジェクトチーム全体で、対応ブラウザについての認識は持っておくようにしてください。複数のブラウザや機種での確認作業は、非常に手間とコストがかかるため敬遠されがちです。しかし、クオリティの高いものを作るためには必須の作業です。

高解像度ディスプレイでの表示確認

どこまでの範囲をチェックするかを決めたら、確認用の実機を用意します。最低限、Windows PC、Mac PC、iPhone、Android、iPad、高解像度ディスプレイに対応した端末を用意しましょう。現在では高解像度ディスプレイを搭載したパソコンが増えており、通常のディスプレイで綺麗に見えている画像がぼけて表示されてしまうことがあります。ほんの少しぼけているぐらいであれば、コンバージョンには影響しないでしょう。しかし、**軽量化のために画質を下げすぎると、高解像度ディスプレイを使用しているユーザーからはランディングページ全体が不恰好に見えてしまう**ため、注意が必要です。

昨今の Web 制作の現場では高解像度ディスプレイ対策として、画像を縦横2倍の大きさで作成し、1/2サイズに縮めて表示する、という手法をとることが多くなっています 図03。

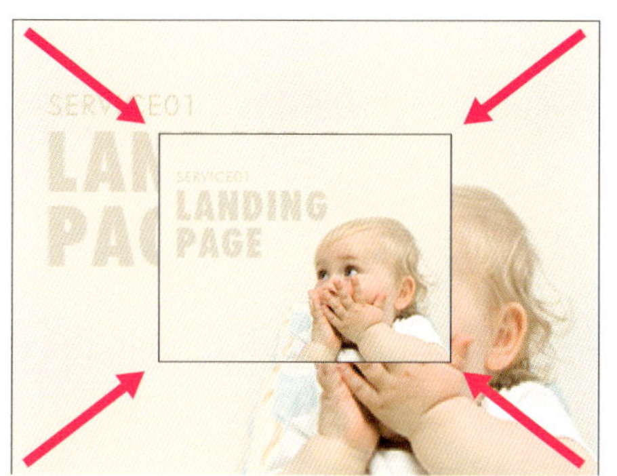


```
<img src="images/img.jpg"
width="100px"
height="80px" alt=""/>
```

図03 縦横 2 倍の大きさで作成した画像を 1/2 に縮小して表示する
高解像度ディスプレイでの表示でぼけないよう、あらかじめ画像を 2 倍で作成し、1/2 サイズに縮めて表示させます。

MEMO
HTML の srcset 属性を利用して、解像度の異なる複数の画像をディスプレイの解像度に応じて切り替える手法も一般的です。制作コストやファイル容量に余裕があれば、積極的に取り入れましょう。

Method
093 見落としやすいポイントと品質チェック項目のリスト化

POINT

- タブレット端末への最適化はすぐに行える
- ユーザーをクリックへと誘導するホバーアクションがしっかりと実装できているか確認する
- 品質チェック項目を作成しておくと確認作業が円滑になる

パソコン版ランディングページはタブレット端末への対応を忘れない

パソコン用とスマートフォン用でランディングページを分けている場合、タブレットではパソコン用のページを見せる場合も多いはずです。この際に何の対策もしていないと、図01 のように見えてしまうことがあります。**ターゲットに響くように考えて作成したキャッチコピーが途切れてしまっているため、コンバージョンが下がる原因にもなりかねません。**

MEMO
Windows、Mac、iPhone、Android と確認していると、タブレット端末による実機チェックを忘れがちなので、注意が必要です。

タブレットに対応していないページ

タブレットに対応したページ

図01 タブレットに対応していないページと対応しているページの例
タブレットに対応できていないページは表示領域が狭く、両サイドのコンテンツが見切れてしまっていることがわかります。

この問題は、「viewport 設定」を行っていないことが原因です。viewport は、スマートフォンやタブレットで表示させる際のページ幅の指定です。1つの例として、コンテンツ領域を幅1200px で制作しているランディングページであれば、図02 のように記述します。

MEMO
パソコン向けとスマートフォン向けのページを同一の HTML で作成するレスポンシブ Web デザインの場合は、viewport の記述は異なります。

```
<meta name="viewport" content="width=1200">
```

図02 viewport 設定
viewport を設定しない場合、「width=980」がデフォルト値として適用されるため、横幅が 980px 以上のコンテンツは見切れてしまいます。

ボタン画像にホバーアクションが設定されているか

ランディングページでは、クリックを誘導するためにCTAのボタンに「ホバーアクション」(特定の箇所にマウスポインターを合わせたときに起こる変化やアニメーション）を加えます。ホバーアクションにはさまざまな種類がありますが、わかりやすい例では、マウスカーソルを合わせるとボタンが透明になり光ったように見えるアクションなどがあり、**「ここはクリックできます」とユーザーにわかりやすく伝える**ことができるものです 図03。このアクションが動作しないと、クリックできるボタンであることが伝わりづらくなってしまいます。最後の品質チェックで「1箇所だけホバーがない」といったミスが見つかることもあるため、すべてのボタンにホバーアクションがかかっているかをしっかり確認しましょう。

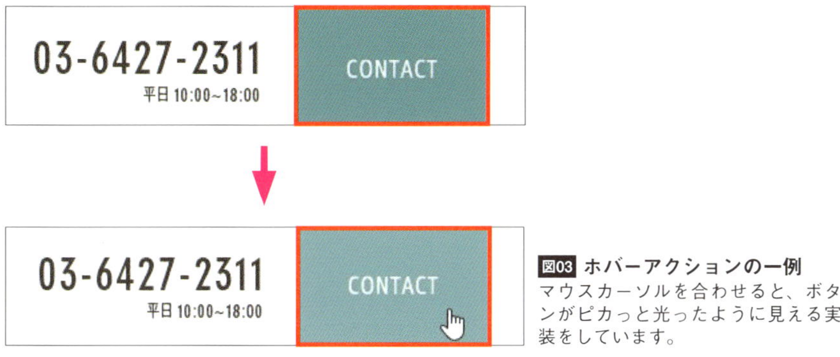

図03 ホバーアクションの一例
マウスカーソルを合わせると、ボタンがピカっと光ったように見える実装をしています。

品質チェック項目をリスト化する

ディレクターやプロジェクトメンバーが品質チェックを行う際は、**「何を確認するのか」を明確にリスト化**しておくことをおすすめします 図04。エクセルでリストを作成し、チェックを行うメンバーに記入・提出してもらうとよいでしょう。

MEMO
コーディングに複数のメンバーが関わっている際も、このリストを記入・提出してもらうことで、コミュニケーションコストを下げることができます。

チェック項目	○か×を記入
CTA のリンク先は全て正しいかどうか	
GTM などの計測用の各種タグは貼られているか	
<title> タグ、<meta> タグ内の記述に問題がないか	
ブラウザのコンソール上でエラーが発生していないか	
画像の alt タグ内にテキストが挿入されているか	
リンクに target=_blank が設定されているか	
PageSpeed Insights の点数は問題がないか	
フォームはどの OS、ブラウザでも正常に動作するか	

図04 品質チェックの項目
エクセルで作成したチェック項目リストを、制作に携わっているメンバーに共有しましょう。

Method
094 長期運用を見据えて改修を前提にコーディングを行う

POINT

- 画像を縦に並べるだけのコーディングと、要素を細かく区切るコーディングがある
- 丁寧なコーディングは大きな利益をもたらす
- 手間はかかっても長期的に得をする合理的な判断をする

ランディングページのコーディング方法は主に2つ

ランディングページのコーディングには、大きく分けて２種類の方法があります。

1つ目は、**デザインカンプを縦からざっくりと切り出して、画像で上から並べる**方法です 図01。コーディングに手間がかからないことから、制作スケジュールが短くリリースまでに時間を確保できないときや、低予算化せざるを得ないときに用いられます。しかし、HTMLのテキストとしての内容が非常に薄くなってしまいます。alt属性に細かく画像の代替テキストを記述することにも無理があり、SEOの効果も期待できません。

2つ目は、**見出し・画像・テキストなどの構成要素を細かく分解して構築する**方法です 図02。丁寧に構築してあるランディングページはテキスト情報も多く、検索で上位表示できる可能性を高めることができます。画像を再度書き出す必要がないため、メンテナンス性も高まります。

図01 画像を並べてランディングページを構築した例
imgタグが並ぶだけのページとなってしまうため、コンテンツの中身は薄くなってしまいます。テキスト情報も少ないため、SEOで評価される要素が少なくなります。

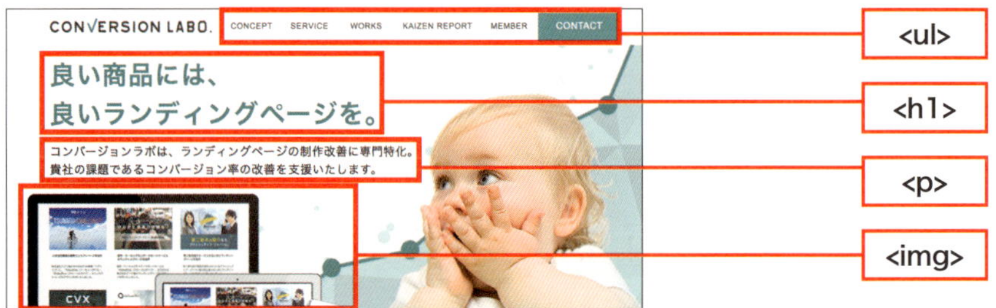

図02 要素を細かく区切って構築した例
テキスト情報が多いため、SEO効果が期待できます。見出し・段落・リストなど詳細に定義を行え、メンテナンス性も高くなります。

丁寧なコーディングは大きな利益をもたらす

コーディングに手間と時間をかけてきちんとHTMLで構築することは、ビジネス上のメリットも非常に大きくなります。ランディングページを長期に渡って運用するのであれば、最適化の作業が不可欠です。公開後にも頻繁な変更が入ることになるため、修正しやすい状態にしておくことには大きな意味があります。**テキストを修正する場合、画像テキストとHTMLテキストでは修正の手間が明らかに異なります** 図03。

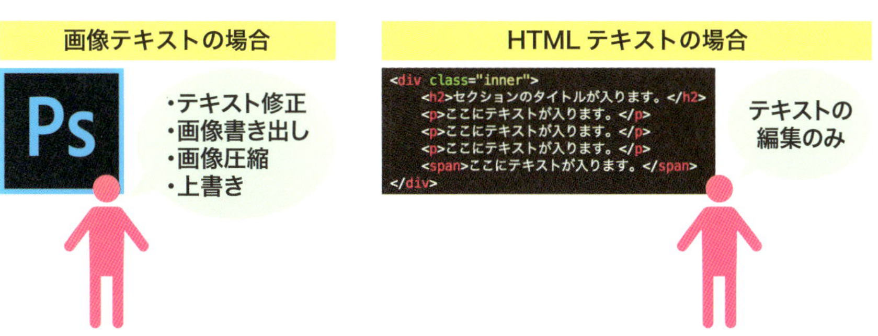

図03 1箇所のみを編集する際の手間の比較
変更時、画像のみで構築したランディングページは作業が多いのに比べ、HTMLできちんと構築したランディングページは、コードを編集するだけのため手間がかかりません。

> **MEMO**
> ランディングページの制作では、コーディングの仕方によってページそのものの品質や改修作業の工数に影響が出ます。そのため、プロジェクトチームのリーダーやディレクターは、そのページがどのようなコーディングで構築されるのかを把握しておく必要があります。

可能な限りHTMLテキストを使用する

メンテナンスの手間を少しでも減らすためには、ページ内のテキストを可能な限りHTMLテキストにできないか検討してみましょう 図04。

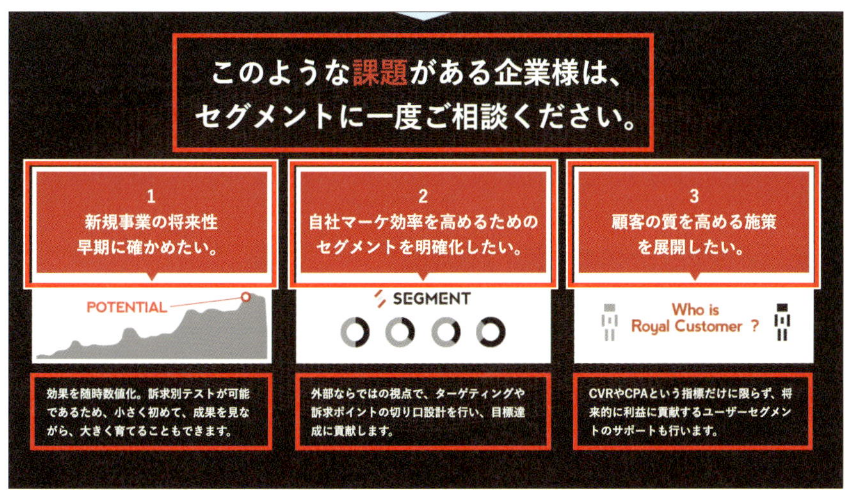

図04 画像テキストをHTMLテキストで再現する
これらはすべてHTMLテキストで再現が可能です。

> **MEMO**
> HTMLテキストで表示するときは、Webフォント（P.117参照）などを使用しない限りデバイスにインストールされたフォントで表示することになります。デザイン時のフォントを再現できない可能性があるため、どこをHTMLテキスト化してよいかについては、デザイナーとコーディング担当者の間でコミュニケーションがとれる体制作りが欠かせません。

> **MEMO**
> 画像を使用せずにHTMLテキストが多くなると、CSSコードも増えてしまいます。そのため、テキストを装飾する際は、頻繁に使用するスタイルをあらかじめclassとしてまとめておくとよいでしょう（P.215参照）。

Method
095 アニメーションの必要性の有無はユーザー目線で評価する

POINT

- ランディングページの目的を客観的に見直す
- アニメーションがマイナスに働く場合もあることを認識する
- アニメーションには役割をつける

ランディングページの目的を客観的に見る

ランディングページの本来の役割は、広告として成果を出し、かつ自社や商品のブランディングも行うことです。ただし、1ページで完結させないといけないため、情報を詰め混みすぎたり、インパクトを強めたりしようとするなど、担当者が必要以上にデザインにこだわってしまう面もあります。「せっかくなら派手に見せたい」という心理が働き、コンテンツにさまざまなアニメーションを加えてしまいがちです。アニメーションはコンテンツを目立たせる手段として優れていますが、**コンバージョンを獲得するという当初の役割から考えるとマイナスに働く場合もあり、削除することも検討しなければなりません**。その理由は、ユーザー目線にあります。

ユーザー目線に立ってアニメーションを考える

MEMO
GIF アニメーションはファイルサイズが大きいため、多用するとページの読み込みが遅くなることもあります。

アニメーションは、「誰に対して何が書かれているか」をユーザーに伝えやすく補助する目的で利用しましょう。たとえば、ブラウザがページをロードしている際に表示させるプリローダーはユーザーのストレスを緩和させ、離脱率の低下を防ぎます 図01。無機質でわかりづらいグラフなどのデータも、アニメーションがあれば頭の中に入ってきやすくなります 図02。商品の使い方をかんたんに視覚で伝えられるGIF アニメーションは、ユーザーの興味・関心を引くことができます 図03。

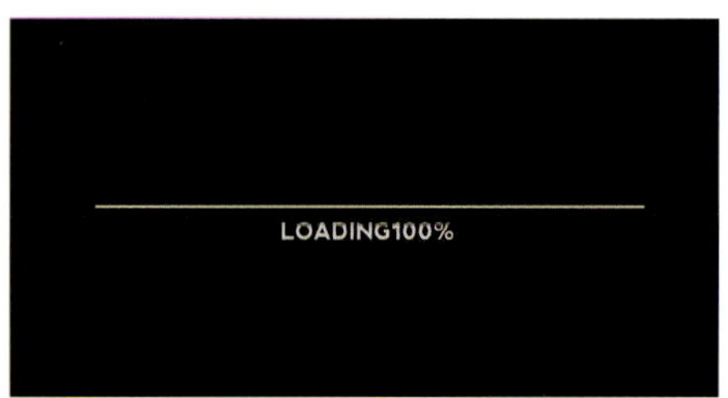

図01 プリローダー
ページの読み込み進捗を % で表示させるプリローダーは、ランディングページにおいても非常に有効です。

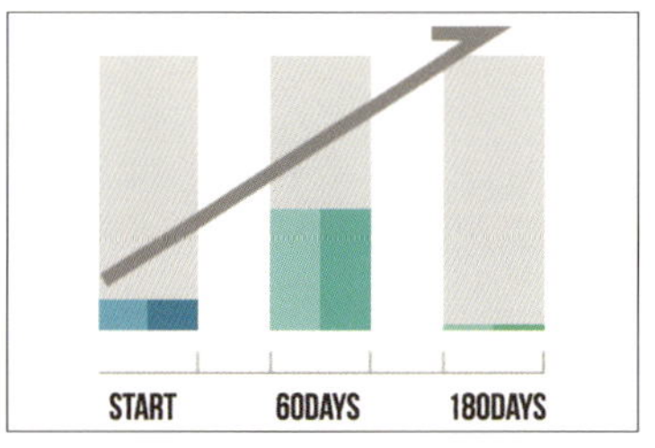

図02 グラフ
客観的なデータを示してユーザーを納得させるグラフは、ランディングページでは頻繁に使われます。

図03 **GIF アニメーション**
ツールの販促ランディングページで GIF アニメーションを使用した例です。ツールの便利さを文章だけでなく動画で伝えることで、実際にそのツールを使っている場面をユーザーに想像させることができます。

過多なアニメーションにならないようにする

担当者独自のこだわりだけで動画・GIF アニメーション・パララックスなどを導入した場合、ユーザーはコンテンツに目を向ける前に「読みづらい」という印象を受けてしまうかもしれません。**アニメーションは、ランディングページにとっての必要条件ではありません**。HTML と CSS のみで構成された極めて静的なページであっても、問題なくコンバージョンを獲得できます。最初はアニメーションの数は必要最低限に抑え、それぞれに役割を持たせるようにするとよいでしょう。

意味を持たないと感じたアニメーションは、切り捨ててしまうことも大切です。理由は、JavaScript コードが長くなり、処理に時間がかかるというデメリットもあるからです。不必要なアニメーションかどうかを判断する際には、導入の効果がわかるヒートマップを活用しましょう。

用語
パララックス
ユーザーがページをスクロールした際に、背景・画像・テキストといった個々の要素が動く速度や方向を変えることにより、驚きやインパクトを狙う手法全般を指す。もともとは「視差」という意味で、たとえば電車に乗って外を眺めたときに、近くのものは速く流れ、遠くの山々は遅く流れるというように、観測者からの距離によって動く速度が異なる現象に由来する。

ユーザーの意見を聞く

ユーザーアンケートも効果的です。よいアニメーションができたと思っていても、ユーザーに意見を求めると「動きがあってインパクトはあるが、イマイチ内容が頭に入ってこない上、何のサービスかわからない」といった意見を耳にすることもあります。**ユーザーを驚かせることと、「ページを読んでもらう」ということには、明確な違いがあります**。ユーザーに「内容が頭に入ってこない」と思われるということは、ランディングページの機能が果たせていないということです。客観的な意見には、常に耳を傾けるようにしましょう。

Method
096

古いInternet Explorerからのアクセスへの対応を決める

POINT

- ☑ アクセス解析で古いブラウザからのアクセス状況を確認する
- ☑ 旧バージョンの表示確認はWindowsパソコンでかんたんに行える
- ☑ 旧バージョンのブラウザで閲覧しても表示が崩れないように編集する

MEMO
古いブラウザへの対応は多少コストがかかるため、対応を切り捨ててしまうのも合理的な判断といえます。

Internet Explorerの旧バージョンへの対応を考える

アクセス解析を用いると、いまだにInternet Explorer（以下IE）のバージョン8、9などの古いブラウザからのアクセスがあることがわかります 図01。**少数でも古いパソコンやブラウザ環境のユーザーがいる限り、このアクセスにどのような対応を取るかを制作段階で議論しておかなければいけません**。Web制作の現場では多くの場合、できる限りの範囲で旧バージョンへの対応を行いながらコーディングします。

まず、アクセス解析で旧バージョンのブラウザから一定の流入数が確認できた場合は、現状のページを古いブラウザでどう見えるか確認します。

ブラウザのバージョン	集客			行動		
	ユーザー ↓	新規ユーザー	セッション	直帰率	ページ/セッション	平均セッション時間
	2,087 全体に対する割合: 2.81% (74,293)	2,056 全体に対する割合: 2.98% (68,926)	2,283 全体に対する割合: 2.34% (97,460)	56.86% ビューの平均: 46.01% (23.56%)	2.65 ビューの平均: 4.36 (-39.27%)	00:01:20 ビューの平均: 00:02:27 (-45.53%)
1. 11.0	1,867 (89.46%)	1,838 (89.40%)	2,055 (90.01%)	56.06%	2.72	00:01:24
2. 8.0	119 (5.70%)	119 (5.79%)	119 (5.21%)	61.34%	2.12	00:00:56
3. 10.0	56 (2.68%)	55 (2.68%)	64 (2.80%)	56.25%	2.20	00:00:57
4. 9.0	39 (1.87%)	39 (1.90%)	39 (1.71%)	79.49%	1.21	00:00:09

図01 旧バージョンからのアクセス
［ユーザー→テクノロジー→ブラウザとOS］で表中の「Internet Explorer」をクリックすると、バージョンの内訳が表示されます（表示されている情報はGoogleアナリティクスのデモアカウントのものです）。

旧バージョンのIEをエミュレートする

用語
エミュレート
模倣ソフトウェアのこと。IEには、旧バージョンの機能を模倣できる機能がある。

旧バージョンのIEの表示は、Windowsがインストールされたパソコンであればかんたんにエミュレートすることができます。ここでは、古いバージョンのIEのエミュレート方法の手順を解説します 図02 〜 図04。

図02 手順①
IEを起動し、表示を確認したいページにアクセスしたら、右クリックで「要素の検査」をクリックします。

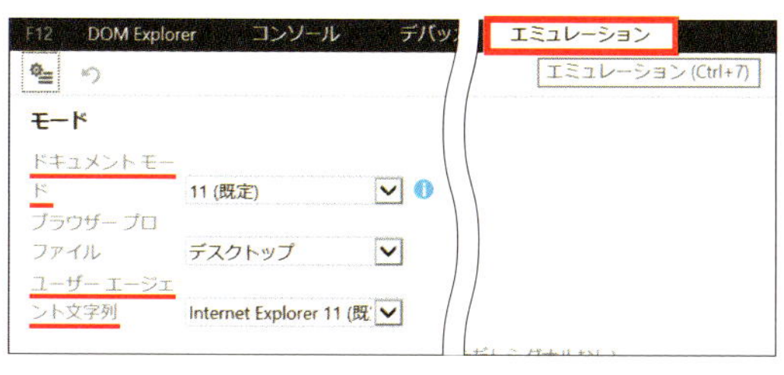

図03 手順②
開発者ツールが表示されたら、右上にある「エミュレーション」タブをクリックします。「ドキュメントモード」、「ユーザーエージェント文字列」という2つのプルダウンメニューを変えることで、異なるバージョンをエミュレートできます。

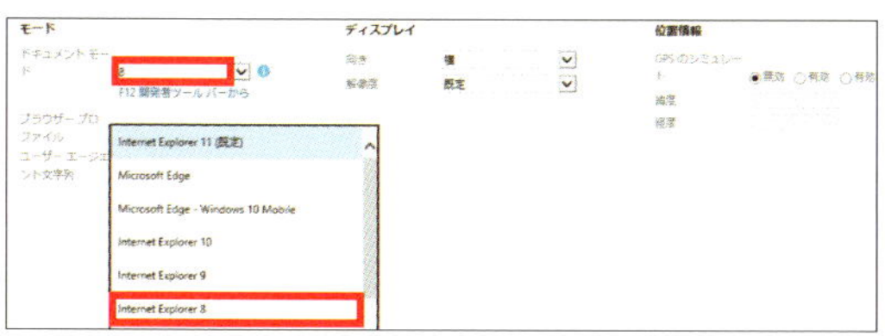

図04 手順③
IE 8をエミュレートしたい場合は、ドキュメントモードを「8」にし、ユーザーエージェント文字列を「Internet Explorer 8」にします。

どこまで古いバージョンに対応させるか

ブラウザのバージョンが古いほど、使用できるHTML・CSS・JavaScriptの技術は限られます。そのため、新しいブラウザと古いブラウザでまったく同じ表示やアニメーションで見せようとすると、ページの表示が遅くなったり、ブラウザごとに別のコードを書く必要ができたりと、制作効率が悪くなり、メンテナンスも大変になります。このため、古いブラウザに対応する場合でも、**「まったく同じ表示やアニメーションにする必要はなく、リンクなどページ内の重要な動作に問題がないようにすればよい」**という考え方をとることがほとんどです。

現在のコーディングの主流であるHTML5とCSS3がIE8に対応していないため、そのままでは表示が崩れてしまいます。この場合はHTML5とCSS3をIE8に対応させる「html5shiv」と「selectivizr.js」というJavaScriptライブラリーがあるので、これを 図05 のように条件付きコメントで読み込んで調整を行うことになります。なお、jQueryにはバージョン1系～3系がありますが、IE8に対応しているのはバージョン1系のみのため、使用する際は注意しましょう。

MEMO
Web開発者は常にトレンドとシェアを確認しながら、古いブラウザだけでなく、新しいブラウザに対応させる知識も必要となります。

```
<!--[if lt IE 9]>
<script type="text/javascript" src="/js/html5shiv.min.js"></script>
<script type="text/javascript" src="/js/selectivizr-min.js"></script>
<![endif]-->
```

図05 条件付きコメントの例
このように、JavaScriptライブラリーを条件付きコメントを利用して読み込ませることで、対応させることができます。

対応ブラウザについては、Method.092でも解説しているように、範囲を最初に決めておきましょう。古いIEへの対応には相応の手間がかかり、コストもついて回ります。アクセス解析の結果とベンダーのサポート状況を見ながら判断しましょう。

Method
097 HTMLテキストにした際のタイポグラフィ処理を押さえる

POINT

- ☑ 文字量の多いランディングページは文字のデザインで印象が変わる
- ☑ コーダーもデザイナーと同じ目線に立って作業を行う必要がある
- ☑ CSSのコードをまとめておく

用語

タイポグラフィ

タイポグラフィとは、活字書体の配色・レイアウト・フォント選定など、文字に関するデザイン全般のことを指す。

HTMLテキストのデザインでページの印象を作る

「デザイナーが作ったデザインカンプはカッコイイのに、実際にコーディングしてみたら地味に感じた」、「しっかり余白を再現して画像を貼り付けられているのに、大きく印象が違っている」などといった感想を抱いたことはないでしょうか。コーディング後、このような課題にぶつかってしまったとき、原因は大きく分けて以下の2つであることが多いようです。

1つは画像の画質を落としすぎたときです。デザイナーが使用しているPhotoshopやIllustratorといったアプリケーションでは高画質の状態で画像を使用できますが、コーディング段階ではページのファイル容量を重くしないために、画質を落とさざるを得ない場合もあります。もう1つは、あまり問題視されることのない、HTMLテキストのタイポグラフィの再現の甘さです。図01を例に挙げて解説します。

パターン A

ランディングページの新規作成もCVXで可能。
100種類以上のデザインテンプレートを標準搭載
「穴埋めに近い感覚」で驚くほど簡単にランディングページ作成もできる。

ランディングページの新規作成もCVXで可能。
100種類以上のデザインテンプレートを標準搭載
「穴埋めに近い感覚」で驚くほど簡単にランディングページ作成もできる。

図01 タイポグラフィを意識した場合としていない場合の比較
パターンAはテキストをそのままコピー＆ペーストしただけの状態、パターンBはタイポグラフィを意識して制作した状態です。

MEMO

デザインカンプを作成するデザイナーはタイポグラフィを常に意識しているため、コーディング担当者もその意図をくんでページを仕上げなくてはなりません。

テキストをコピー＆ペーストしただけのパターンAは、やや詰まった印象です。**パターンBはタイポグラフィを意識していて、読みやすく余裕のある印象を受けます**。このようにタイポグラフィはそのページの印象に大きく関わってくる大切な部分になります。ランディングページはテキスト量が多いため、HTMLテキストのデザインの作り込みが甘いと、全体的に締まらない印象を与えてしまいます。

文字間・行間・フォントサイズを正確に読み取る

「デザインカンプと比べて、コーディング後のビジュアルが物足りない」と感じたとき、**真っ先に確認するべきことは、デバイスフォントの文字間・行間・サイズの3点です**。実際にこの3点が意識されているだけで、ページの出来は大きく変わってきます。以下は主にコーディング担当者向けの知識になりますが、仕上がりチェックの際にも知っておくと役立ちます。まず、もとのデザインカンプのPSDファイルのフォント情報は、該当するレイヤーをクリックして取得します 図02。Webページ上で文字の間隔をコントロールしたい場合はCSSの「letter-spacing」、行間をコントロールしたい場合は「line-hight」というプロパティを使います 図03。

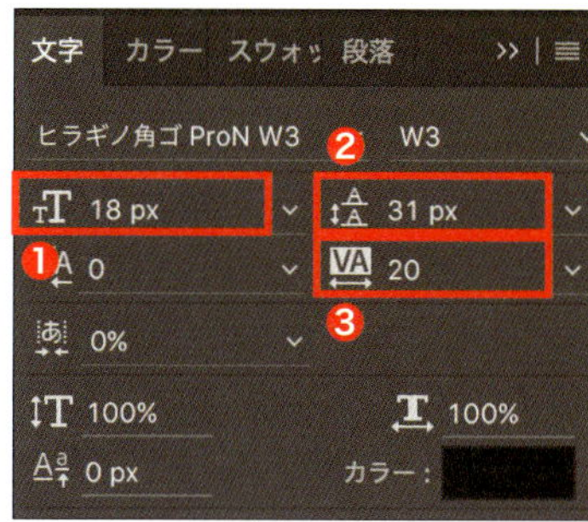

図02 フォントに関する情報を確認する
タイポグラフィと大まかにいっても、「デザインを再現する」という立場で見たとき、重視すべき箇所は主に❶フォントサイズ、❷行間、❸文字間の3点です。

```
.sample-txt { line-hight:1.6; letter-spacing:1px; }
```

図03 文字間と行間をコントロールする際のプロパティ
「line-hight:1.6」で行間を1.6倍に、「letter-spacing:1px」で文字間を1px空けるように指定しています。

デザイナーは意図を持って行間、文字間を調整しているため、コーディングでも単なる文字情報としてとらえずに、しっかりとデザインを再現するように意識する必要があります。普段からタイポグラフィを意識してデザインを見ることで、行間や文字間への感性はある程度身に付きます。実装の際には個々の箇所にそれぞれline-heightやletter-spacingを記述していると煩雑になるため、図04 のように行間や文字間の調整に特化したclassを作っておくと、HTML上でそのclassを指定するだけで済むため効率的です。

```
/*
 * line-height
 */
.line-h16 { line-height:1.6; }

.line-h17 { line-height:1.7; }

.line-h18 { line-height:1.8; }
```

```
/*
 * letter-spacing
 */
.xxs-spacing { letter-spacing:1px; }

.xs-spacing { letter-spacing:2px; }

.s-spacing { letter-spacing:3px; }
```

図04 よく使用するclassの組み合わせの例
このようなclassを作成しておくことで、効率的にコーディングすることができます。

Method 098

HTMLテキストは OS・デバイスにより表示が変わる

POINT

- Webデザインは Photoshop上ほど自由にフォントを変えられない
- OSとフォントの関係を知る
- コーディング後のチェックは日を置くことが必要

デバイスフォントとWebフォント

デザインにこだわるのであれば、「手書きテイストのフォントにしたい」、「高級感漂う明朝体にしたい」といったように、HTML テキストも好きなフォントを選びたいと思うでしょう。しかし、Web ページ上で好きなフォントを自由に使うことは、仕組み上難しいとされています。

ブラウザが HTML テキストを表示する際に使用するフォントは、大きく分けて「デバイスフォント」と「Web フォント」の2つです。デバイスフォントはユーザーが使用しているパソコンまたはスマートフォンにインストールされているフォントで、Web フォントは Web サーバー上にアップロードされたフォントです 図01。

デバイスフォント

Web フォント

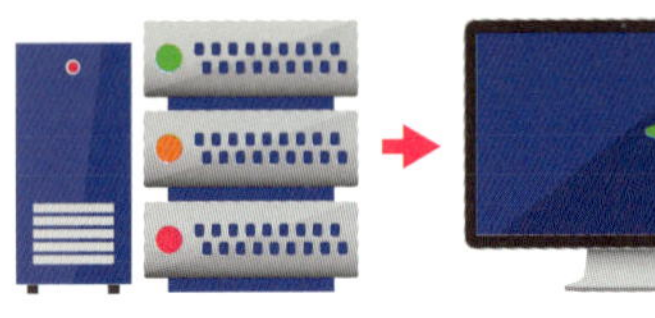

図01 デバイスフォントと Web フォントの違い
デバイスフォントと Web フォントの違いは、HTML テキストがブラウザで表示されるときに、フォントをパソコンから読み込むか、サーバーから読み込むかです。

MEMO
日本語フォントは欧文書体に比べて文字の数が多いため、ファイル容量も大きくなります。

デバイスフォントはパソコンにインストールされたフォントのため、ユーザーのパソコンに指定したものがインストールされていなければ再現することができません。対して、Web フォントは機種に依存することなく、同じフォントと見た目をユーザーに提供できます。一見、Web フォントを使用したほうがよさそうに思えますが、Web フォントにもデメリットがあります。

1つは、表示速度の低下です。ページを表示するたびにサーバーからフォントデータを読み込むため、速度の遅れは免れません。もう1つは、フォントのライセンスです。フォントにも著作権が存在するため、ライセンスにも気を配る必要があります。

以上の点から、**ユーザーの使用するデバイスごとにフォントが変わってしまうものの、デバイスフォントを前提としてデザインを行うほうをおすすめします。**

読み込ませるデバイスフォントを選択する

基本的にパソコンやスマートフォンには複数のフォントがインストールされているので、どのフォントで表示するかはCSSで指定できます。図02 はゴシック体で表示したい場合の一般的なCSSの指定例です。**デバイス内で最初に見つかったフォントで表示されるので、優先順位の高いフォントから順に指定していきます。**

```
font-family: "Hiragino Kaku Gothic Pro", "ヒラギノ角ゴ Pro", "メイリオ", Meiryo, "MS P Gothic", "MS Pゴシック", Osaka, Arial, Helvetica, sans-serif;
```

図02 デバイスフォント表示のCSSの例
Macで主に使われているヒラギノ角ゴシックを優先して読み込み、それがなかったらWindowで主に使われているメイリオを、それがなかったら〜〜と柔軟に指定できます。

> **MEMO**
> Mac OS 10.9とWindows 8.1から游書体が使えるようになったため、WindowsとMacで同じフォントが使用できます。ただし、太さが異なるので、指定の際は注意しましょう。

iOSとAndroid

パソコンと同様に、iOSとAndroidではインストールされているフォントが異なるため、デザインの印象が変わる場合もあります 図03。**iOSとAndroidで表示を統一したい場合は、画像でテキストを作成します。**

> **MEMO**
> 画像テキストにする際は、解像度が低いと文字がぼけてしまったり、幅いっぱいにレイアウトすることで文字が拡大・縮小されてしまうこともあるので、違和感がないか実機でチェックしましょう。

iOS

効率よく質の高いLPを開発する
フロントエンドテクニック

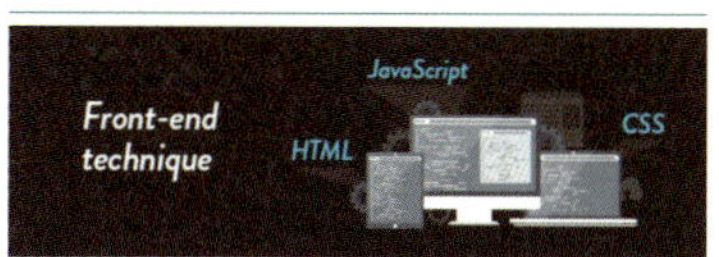

「限られた時間の中で高品質なランディングページを開発する」

これはコーディングの依頼を受けたフロントエンドエンジニアの方であれば、どの方にも当てはまることかと思います。

Android

効率よく質の高いLPを開発するフ
ロントエンドテクニック

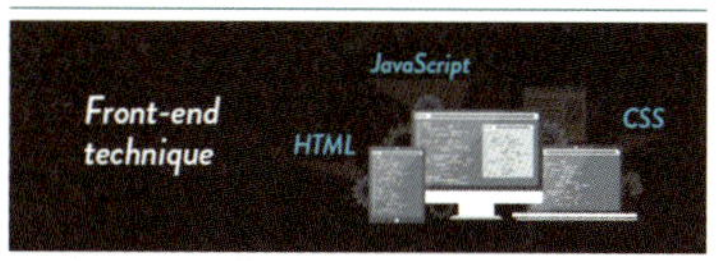

「限られた時間の中で高品質なランディングページを開発する」

これはコーディングの依頼を受けたフロントエンドエンジニアの方であれば、どの方にも当てはまることかと思います。

図03 iOSとAndroidの表示の違い
iOSとAndroidでは端末内にインストールされているフォントが異なります。同じデザインでも、表示するデバイスによって印象が違うと感じる場合もあるでしょう。

コーディング完了後は時間を空けてチェックする

ランディングページが完成した直後は客観的な視点が持てないため、明らかなミスでも見つけられないものです。そのため、ページの品質チェックは1日以上時間を空けましょう。時間をおくことでシビアにページを見直すことができます。

Method
099 マイクロコンバージョンを設定して最適化の粒度を細かくする

POINT

- マイクロコンバージョンとは何かを知る
- 必要であればマイクロコンバージョンを設定する
- 電話やSNSへの誘導を計測する

コンバージョンとマイクロコンバージョン

コンバージョンポイントとしてもっとも一般的なものは、購入や資料申し込みなどが終わった後に表示する「サンクスページ」です。ランディングページから複数のページを経てコンバージョンに至る場合も、ユーザーが申し込みを完了し、サンクスページに到達したことをコンバージョンとしてカウントします。

毎月数十もの獲得数が取れるWebサイトであれば、この計測方法でも問題ないでしょう。しかし、ユーザーの検討時間が長く、なかなか獲得に結び付かない商材などは、「月1件～2件コンバージョンが上がればよいほう」ということもあります。この場合、**少ない獲得数から傾向を読み解いて対策を取ることは、ユーザー１人の行動に大きく影響を受けてしまうため、あまりよい方法とはいえません**。

このようなケースでは、「マイクロコンバージョン」という考え方を取り入れるとよいでしょう。マイクロコンバージョンとは「中間コンバージョン」、もしくは「最終コンバージョンの手前のコンバージョン」という意味です 図01。

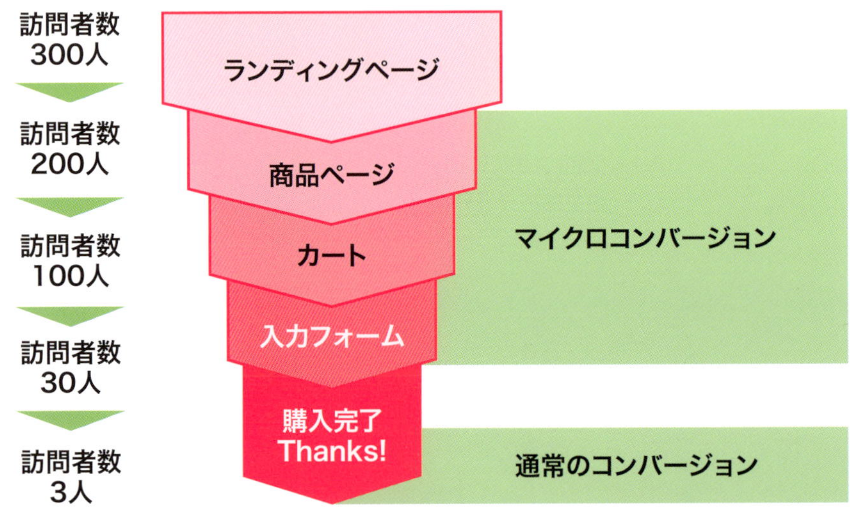

図01 **マイクロコンバージョンのイメージ**
マイクロコンバージョンを設けることで、通常のコンバージョンの一歩手前の大きなデータからユーザーの傾向を分析することができます。

中間コンバージョンを設定する

ユーザーが、ランディングページの最終目的である「完了ページ」に至るまでには、複数のステップが必要です。たとえば、ECサイトに来たユーザーは、まず商品を探して商品ページに到達します。その後、商品をカートに入れて購入フォームを記入し、購入完了に至ります。この**カート追加やフォーム到達の数値を、「中間コンバージョン」として捉えてみましょう**。そうすることで、商品購入の意思があるユーザーを確認することができるだけでなく、どこで離脱したかなどを見ることで判断材料が増え、運用改善がしやすくなります。

電話やSNSへの誘導の計測を行う

ページによっては、ユーザーを電話やSNSアカウントなどに誘導しているものもあります。とくに近年ではスマートフォンの普及が進み、スマートフォン向けのサイトから電話発信やSNSアカウントへリンクさせることが容易になりました。

しかし、こうした場合にはサイトの外部に出てしまうため、最終的な目的地点に到達したのかどうかが測定できません。こうした場合にも、マイクロコンバージョンの考え方が有効です。**電話発信ボタンのクリックやSNSアカウントへのリンクボタンのクリックなどを計測することで、ユーザーの行動を可視化することができます** 図02。

図02 外部へ遷移するボタンへの施策
サイト内の電話発信ボタンに広告媒体のタグを設置することで、ボタンのクリック数を計測することが可能になります。

この計測を行う際には、コンバージョンタグとは別に「オンクリックタグ」をボタンに設置します。しかし、このタグは誤タップによる発信や遷移も計測してしまうという欠点もあります。その結果、広告主が実際に計測したデータと乖離が大きくなってしまい、途中で計測をやめてしまうケースもあります。あくまでもマイクロコンバージョンという中間の指標なので、上手に活かして運用改善に役立てましょう。

用語
コンバージョンタグ
Google AdWordsやYahoo!プロモーション広告の管理画面上でコンバージョンを計測するために、「サンクスページ」などに設置するコードの総称。タグの名称や内容は広告媒体によって異なる。

用語
オンクリックタグ
Google アナリティクスなどの分析ツールでボタンやリンクなどのクリック数・タップ数を計測するために設置するコードのことで、「イベントトラッキングタグ」とも呼ばれる。誤クリック・誤タップも計測してしまうデメリットがある。Ptengineを利用している場合はこのタグを設置していなくてもクリック数を計測できる（P.89参照）。

Method 100

複数の広告を組み合わせた際の評価方法を理解する

POINT

- カスタマージャーニーからインターネット広告を考える
- 広告最適化への適切なステップを整理する
- アトリビューション分析を活用する

用語

カスタマージャーニー

カスタマージャーニーとは、ユーザーがコンバージョンに至るまでの行動や思考などのプロセスのことを指す。

インターネット広告を改めてカスタマージャーニーから考える

インターネット広告の特徴は、数値が可視化されていることで、同じ指標で媒体ごとの獲得効率を比較しやすいことにあります。しかし、数値が可視化されて判断が容易になった反面、一つひとつの広告媒体で部分的な最適化を図ってしまい、マーケティング施策の全体が近視眼的になってしまうことがよくあります。指標の1つだけを見て改善するのではなく、ユーザーの行動全体を把握し、各広告の役割を理解しなければビジネス全体での効果改善は難しいでしょう。

広告の運用担当者は、広告媒体の特性を把握し、**実施している施策がカスタマージャーニーの中でどのような目的を持っているのか**を理解しておく必要があります 図01。

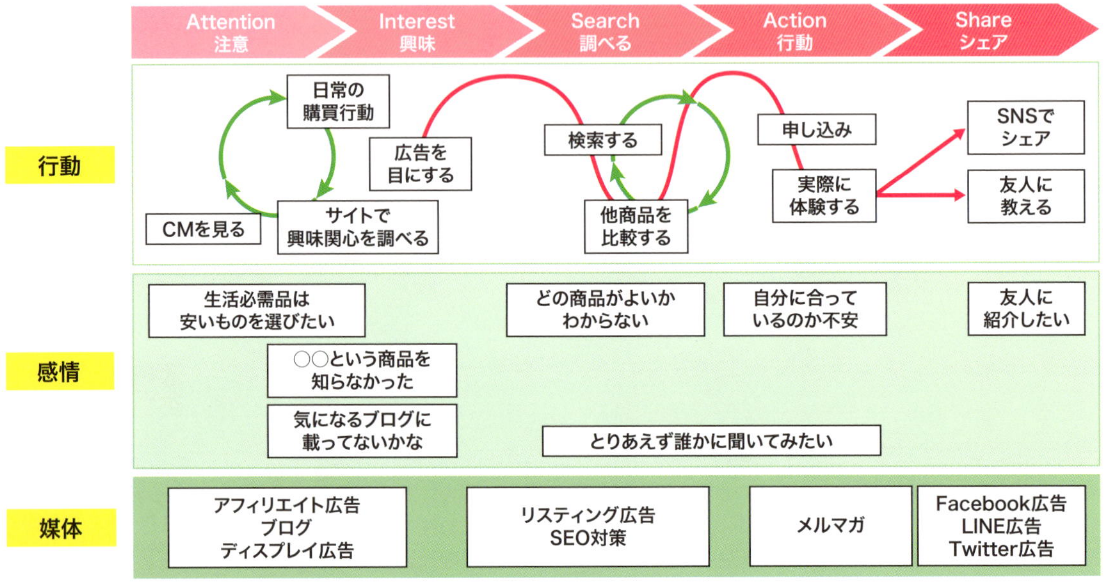

図01 **カスタマージャーニーの中で見たインターネット広告（AISASモデル）**

AISAS（購買行動）モデルのカスタマージャーニーマップです。カスタマージャーニーを考えることで、複数の広告媒体を効果的に運用できるようになります。

カスタマージャーニーをもとにした広告設計

カスタマージャーニーマップをもとに、以下のように広告の設計を進めます。

①ユーザーの行動を段階的に捉え、各ステップごとの課題を明確にしておく

広告主が持っている**顧客データからペルソナを作成し、その行動パターンをモデル化**します。横軸には認知・興味関心・比較検討・行動（購入）を時系列で並べ、それぞれのステップでペルソナがどのような課題を持っているかをまとめます。

②各広告媒体の特徴を活かすよう、各ステップごとの施策に落とし込んでいく

各ステップのペルソナの行動パターンの中で接点となる媒体を選び、その特性を活かしながら、ユーザーの抱えている課題を解決するための施策を考えていきます。

MEMO
課題は各ステップごとで異なるため、各ステップごとに最適なランディングページが用意されているのがベストです。

③各ステップ・各媒体での最適化を図る

実際の広告運用のデータをもとに各ステップの最適化を図っていきます。施策がカスタマージャーニーの中でどういう位置付けなのかを常に意識して運用しましょう。

④アトリビューション分析をもとに、最適な予算配分を考える

「アトリビューション分析」とは、直接的に成果につながった最終接触だけを評価するのではなく、成果到達までの接触履歴を分析し、貢献度を導き出す分析手法です。この分析結果から、どこのポイントにどれだけの予算を振り分けるか考えます。

MEMO
アトリビューション分析は、Google アナリティクスなどで行えます。

評価モデルの種類

コンバージョンに至るまでの経路上には複数の媒体が入り込んでいるため、**どの広告がもっともコンバージョンに貢献しているかを可視化**する必要があります 図02。その際に、アトリビューション分析を活用しましょう。アトリビューション分析の評価モデルにはさまざまな種類があります。終点モデルでは、コンバージョン前に最後にクリックした媒体の評価がもっとも高くなります。起点モデルでは、コンバージョン経路のいちばん最初にクリックした媒体の評価がもっとも高くなります。

MEMO
そのほかにも、コンバージョン経路上の媒体すべてに均等の評価が割り振られる線形モデルなどがあります。

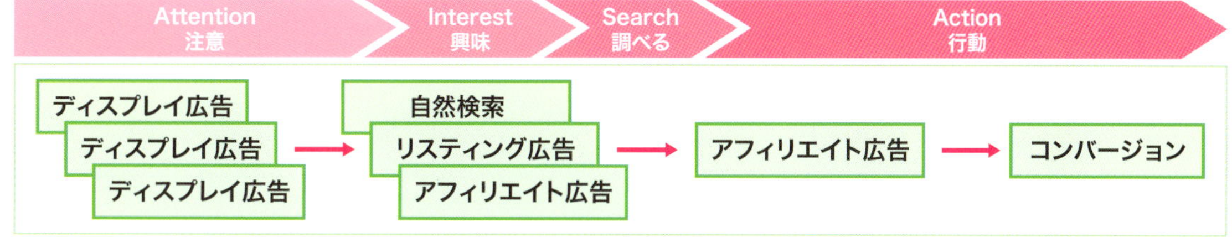

図02 アトリビューション分析でコンバージョン貢献度を可視化する
アトリビューション分析で、どの広告がもっともコンバージョンに貢献しているのかを確認します。その際にも、AISAS モデルに当てはめて図式で見るとわかりやすいでしょう。

INDEX

アルファベット

ア

カ

サ

タ

ナ

ハ

マ

ヤ

ラ

ワ

●本文執筆
近藤悦彦、水沢矢成、大瀧将司、菅野将太郎、牧野 真

●制作スタッフ
装丁　渡邊民人（TYPEFACE）
本文デザイン　清水真理子（TYPEFACE）
編集・DTP　有限会社リンクアップ

編集長　後藤憲司
担当編集　後藤孝太郎

ランディングページ
成果を上げる100のメソッド

2018年1月21日　初版第1刷発行

著　者　株式会社ポストスケイプ
発行人　藤岡 功
発　行　株式会社エムディエヌコーポレーション
〒101-0051　東京都千代田区神田神保町一丁目105番地
https://www.MdN.co.jp/

発　売　株式会社インプレス
〒101-0051　東京都千代田区神田神保町一丁目105番地

印刷・製本　中央精版印刷株式会社

【カスタマーセンター】
造本には万全を期しておりますが、万一、落丁・乱丁などがございましたら、送料小社負担にてお取り替えいたします。お手数ですが、カスタマーセンターまでご返送ください。

●落丁・乱丁本などのご返送先
〒101-0051　東京都千代田区神田神保町一丁目105番地
株式会社エムディエヌコーポレーション カスタマーセンター　TEL：03-4334-2915

●書店・販売店のご注文受付
株式会社インプレス　受注センター　TEL：048-449-8040 ／ FAX：048-449-8041

●内容に関するお問い合わせ先
株式会社エムディエヌコーポレーション カスタマーセンター メール窓口
info@MdN.co.jp
本書の内容に関するご質問は、Eメールのみの受付となります。メールの件名に「ランディングページ　成果を上げる100のメソッド　質問係」とご明記ください。電話やFAX、郵便でのご質問にはお答えできません。ご質問の内容によりましては、しばらくお時間をいただく場合がございます。また、本書の範囲を超えるご質問に関しましてはお答えいたしかねますので、あらかじめご了承ください。

ISBN978-4-8443-6729-1　C3055